高等职业院校精品教材系列

室内分布系统设计与实践

主编 郭 渝 张林生
副主编 张慧敏 张祥丽 蒋海娜 杨昌黎
主审 陶亚雄

电子工业出版社
Publishing House of Electronics Industry
北京·BEIJING

内 容 简 介

随着通信技术的快速发展，城市各类建筑物室内信号覆盖的作用越来越重要。本书结合最新的移动通信网络技术与课程改革成果进行编写，共分为 5 章，主要介绍室外宏基站和室内分布系统的概念与组成；有、无源器件，馈线及天线的原理、主要技术指标和类型；同轴电缆室内分布系统的原理与功率计算；室内分布系统的工程流程和勘察设计规范要求；室内分布系统工程勘察的内容、流程、方法与规范要求；传统同轴电缆室内分布系统设计的内容、步骤、规范与目标；室内分布系统链路设计与链路功率计算；室内信号常用的传播模型与模拟测试方法；室内分布系统容量估算方法；室内分布系统小区的划分、配置与切换设计；室内分布系统信源设备的安装设计与配套电源的设计；分布式皮基站组网结构与各设备网元的特性；分布式皮基站的选型与安装规范；分布式皮基站室内分布系统设计时小区划分与配置及实际设计范例。

每章结束后附有知识梳理与归纳、自我测试，方便读者检验各章的学习效果；还附有技能训练，可以指导读者进行室内分布系统设计的具体操作。本书简化枯燥的理论分析，以实际操作技能训练为主要目的，配有大量的实际工程设计图样与插图，浅显易懂。

本书为高等职业本专科院校相应课程的教材，也可作为开放大学、成人教育、自学考试、中职学校及培训班的教材，以及工程技术人员的参考书。

本书配有免费的电子教学课件、测试题参考答案，详见前言。

未经许可，不得以任何方式复制或抄袭本书之部分或全部内容。
版权所有，侵权必究。

图书在版编目（CIP）数据

室内分布系统设计与实践 / 郭渝，张林生主编. —北京：电子工业出版社，2021.6
ISBN 978-7-121-41304-9

Ⅰ. ①室… Ⅱ. ①郭… ②张… Ⅲ. ①码分多址移动通信－通信系统－高等学校－教材 Ⅳ. ①TN929.533

中国版本图书馆 CIP 数据核字（2021）第 105923 号

责任编辑：陈健德（E-mail:chenjd@phei.com.cn）
印　　刷：大厂回族自治县聚鑫印刷有限责任公司
装　　订：大厂回族自治县聚鑫印刷有限责任公司
出版发行：电子工业出版社
　　　　　北京市海淀区万寿路 173 信箱　邮编 100036
开　　本：787×1 092　1/16　印张：14　字数：358.4 千字
版　　次：2021 年 6 月第 1 版
印　　次：2023 年 7 月第 3 次印刷
定　　价：52.00 元

凡所购买电子工业出版社图书有缺损问题，请向购买书店调换。若书店售缺，请与本社发行部联系，联系及邮购电话：(010) 88254888，88258888。
质量投诉请发邮件至 zlts@phei.com.cn，盗版侵权举报请发邮件至 dbqq@phei.com.cn。
本书咨询联系方式：chenjd@phei.com.cn。

随着通信技术的快速发展，移动通信网络不断演进，从 2G 网络到 4G 网络的演进只用了短短 10 年时间，而 5G 网络也已在全国各地开始了逐步应用，这使得移动网络建设的进程被加快。室内分布系统作为移动网络覆盖的重要一环，其建设脚步也从未落后，特别是移动网络从语音业务为主逐步转换为以数据业务为主后，用户对于建筑物室内的信号覆盖需求越来越高，因此，行业企业对室内分布系统设计与建设的人才需求数量明显增大。

本书结合最新的移动通信网络技术与课程改革成果进行编写，在内容选取与规划、章节安排和编写上有以下特点。

（1）充分考虑到高职学生的文化基础与学习能力，理论知识由浅入深，并配有大量的插图与案例，让完全没有室内分布系统工程经验的学生也能够轻松地阅读学习。编者在每一章后都精心设计了多种类型的练习题，内容覆盖各章的重点，对于学生巩固课程内容，理解掌握所学知识有很大的帮助，同时也为教师开展教学提供有力的帮助。

（2）对室内分布系统的勘察设计安排有具体的操作流程和规范。本书为了让学生更好地掌握室内分布系统勘察设计的具体工作方法，将勘察设计的工作内容科学地分割为多个阶段的技能训练，并结合具体内容安排在不同章节后，使学生在学习完相应内容后可以通过技能训练进行实践操作，理论和实践相结合，能够更好地掌握与理解所学内容。

（3）本书依据行业室内分布系统设计与建设的发展现状进行编写，书中引入了在 4G 和 5G 室内分布系统建设中已经广泛使用的分布式皮基站技术，并专门划分章节详细讲解该技术的特点与设计的差异。

（4）编者在编写本书时与行业内相关企业有密切合作，与行业内相关企业的工程师就内容规划、章节划分、技能训练安排等都有深度交流。书中系统地将室内分布系统勘察设计的工程经验与总结融入知识内容中，让学生能够通过有条理的文字理解许多与实际工作经验相关的内容，使学生在学习本书后能够快速地进入并适应相应的工作岗位。

本书共分为 5 章，第 1 章为室内分布系统基础，简单介绍基站的概念、室外宏基站和室内分布系统的概念与组成等；第 2 章为同轴电缆室内分布系统，主要讲解射频器件、馈线及天线的原理和类型，以及室内分布系统的功率计算方法；第 3 章为室内分布系统的工程勘察，本章依托实际的工程经验，详细讲述室内分布系统的工程流程及勘察设计的流程与规范；第 4 章为传统室内分布系统的设计，详细讲述传统室内分布系统设计的内容、步骤、规范与目标，以及信源与配套电源的设计；第 5 章为分布式皮基站的应用与室内分布系统设计，详细讲解分布式皮基站的组网与设备特性、选型与安装规范、小区划分与配置等。

本书由重庆电子工程职业学院的郭渝、张林生主编，由郭渝统稿、陶亚雄教授主审。其中，第 1 章由蒋海娜、赵阔编写，第 2 章由张林生编写，第 3 章由张祥丽、张慧敏编写，第 4 章由郭渝编写，第 5 章由黄祎、杨昌黎编写。此外，本书在编写过程中得到了重庆鸿捷通信科技发展有限公司范文翔和周雅馨工程师、中国移动通信集团设计院重庆分公司夏菠工程师、广州天越电子科技有限公司工程师的大力支持和帮助，以及电子工业出版社编审人员为本书付出的辛苦劳动，在此一并表示衷心的感谢。

由于编者水平有限，书中难免会有疏漏和不妥之处，恳请各位读者批评指正。

为了方便教师教学，本书还配有免费的电子教学课件、测试题参考答案，请有此需要的教师登录华信教育资源网（http://www.hxedu.com.cn）免费注册后再进行下载，在有问题时请在网站留言或与电子工业出版社联系（E-mail:hxedu@phei.com.cn）。

编　者

目 录

第1章 室内分布系统基础 ·········· 1
学习目标 ·········· 1
内容导航 ·········· 1
1.1 移动通信与基站 ·········· 2
1.1.1 蜂窝覆盖与基站 ·········· 2
1.1.2 室外宏基站 ·········· 4
1.1.3 室内分布系统 ·········· 6
1.1.4 室内分布系统的网络制式 ·········· 9
1.2 室内分布系统的类型 ·········· 11
1.2.1 同轴电缆分布系统 ·········· 11
1.2.2 泄漏电缆分布系统 ·········· 12
1.2.3 光纤分布系统 ·········· 13
1.2.4 五类线分布系统 ·········· 14
1.3 室内分布系统信源的类型 ·········· 15
1.3.1 传统基站 ·········· 16
1.3.2 分布式基站 ·········· 19
1.3.3 皮/飞基站 ·········· 21
1.3.4 无线接入点 ·········· 23
1.3.5 直放站 ·········· 26
技能训练1 观察并认识身边的基站 ·········· 27
自我测试1 ·········· 28

第2章 同轴电缆室内分布系统 ·········· 30
学习目标 ·········· 30
内容导航 ·········· 30
2.1 功率计算基础 ·········· 31
2.2 无源器件 ·········· 32
2.2.1 功分器 ·········· 33
2.2.2 耦合器 ·········· 36
2.2.3 合路器 ·········· 39
2.2.4 电桥 ·········· 41
2.2.5 衰减器 ·········· 42
2.2.6 负载 ·········· 44
2.3 有源器件 ·········· 44
2.3.1 干放 ·········· 44

		2.3.2 多系统接入平台	45
2.4	馈线及同轴连接器		48
	2.4.1	馈线	48
	2.4.2	同轴连接器	49
2.5	天线		52
	2.5.1	天线的原理与可逆性	52
	2.5.2	天线的主要指标	54
	2.5.3	室内分布系统天线的类型	58
	技能训练2　同轴电缆室内分布系统的链路预算		**63**
自我测试2			66

第3章 室内分布系统的工程勘察 70

学习目标 70
内容导航 70

3.1	室内分布系统的建设方式		71
	3.1.1	多网络共用分布系统	71
	3.1.2	双路分布系统	72
	3.1.3	室内分布系统外拉覆盖方式	74
3.2	室内分布系统工程实施流程		74
	3.2.1	立项阶段	75
	3.2.2	实施阶段	76
	3.2.3	验收投产阶段	77
3.3	室内分布系统勘察设计流程		78
	3.3.1	初步勘察与方案制定	78
	3.3.2	工程勘察与施工图设计	79
	3.3.3	设计变更	79
3.4	室内分布系统的工程勘察		80
	3.4.1	室内分布勘察的准备	80
	3.4.2	建筑环境的勘察	81
	3.4.3	无线信号的勘察	84
	3.4.4	工程实施环境的勘察	86
	技能训练3　教学楼室内分布系统勘察		**102**
	技能训练4　分布系统共址机房勘察		**103**
自我测试3			105

第4章 传统室内分布系统的设计 109

学习目标 109
内容导航 109

4.1	传统室内分布系统设计概述		110
	4.1.1	传统室内分布系统设计的分工界面	110

  4.1.2 传统室内分布系统设计的内容 ………………………………………………… 111
  4.1.3 传统室内分布系统设计的步骤 ………………………………………………… 120
  4.1.4 室内分布系统设计的规范 ……………………………………………………… 121
  4.1.5 室内分布系统设计的目标 ……………………………………………………… 122
 4.2 室内分布系统链路预算设计 …………………………………………………………… 124
  4.2.1 室内覆盖的链路预算 …………………………………………………………… 124
  4.2.2 分布系统链路的设计 …………………………………………………………… 125
  4.2.3 分布系统链路的功率计算 ……………………………………………………… 129
  4.2.4 室内信号的传播模型 …………………………………………………………… 131
  4.2.5 室内分布系统模拟测试 ………………………………………………………… 133
 4.3 容量估算与小区划分 …………………………………………………………………… 136
  4.3.1 容量估算 ………………………………………………………………………… 136
  4.3.2 小区的划分与配置 ……………………………………………………………… 143
  4.3.3 小区的切换设计 ………………………………………………………………… 146
 4.4 信源及配套电源设计 …………………………………………………………………… 150
  4.4.1 信源设备的安装设计 …………………………………………………………… 150
  4.4.2 市电与交流箱的设计 …………………………………………………………… 151
  4.4.3 开关电源与蓄电池的设计 ……………………………………………………… 156
  4.4.4 电导线的选取 …………………………………………………………………… 161
 工程案例 1 传统室内分布系统设计 …………………………………………………… 162
  技能训练 5 教学楼的 TD-LTE 分布系统设计 ……………………………………… 179
  技能训练 6 分布系统共址机房的设计 ……………………………………………… 180
 自我测试 4 …………………………………………………………………………………… 182

第 5 章 分布式皮基站的应用与室内分布系统设计 ……………………………………… 187
 5.1 分布式皮基站的原理 …………………………………………………………………… 188
  5.1.1 分布式皮基站的组网结构 ……………………………………………………… 188
  5.1.2 分布式皮基站的设备特性 ……………………………………………………… 190
 5.2 分布式皮基站的设计 …………………………………………………………………… 192
  5.2.1 pRRU 的选择与安装设计 ……………………………………………………… 192
  5.2.2 小区设计 ………………………………………………………………………… 195
 工程案例 2 分布式皮基站室内分布系统设计 ………………………………………… 198
  技能训练 7 学生宿舍楼分布式皮基站 TD-LTE 室内分布系统设计 ……………… 214
 自我测试 5 …………………………………………………………………………………… 215

参考文献 ……………………………………………………………………………………… 216

第1章 室内分布系统基础

学习目标

1. 理解蜂窝覆盖的意义,掌握基站的概念。
2. 了解室外宏基站的组成与分类。
3. 掌握室内覆盖解决的几个主要问题,掌握分布系统的组成。
4. 了解移动通信的发展历程,熟悉各网络制式及工作频段。
5. 掌握常见的室内分布系统的类型、结构与优缺点。
6. 掌握常见的室内分布系统的信源类型、组网方式与优缺点。

内容导航

随着移动通信技术和市场的不断发展,手机已经成为了人们日常生活中重要的生产和生活工具,是人们获取信息、通信交流的重要通道。与此相对应,移动通信网络建设也不断更新换代,移动基站的规模越来越大,以满足和适应人们日常的手机使用需求。伴随城市的发展建设,大中型建筑物越来越多,室内信号覆盖越来越受到人们的重视,室内分布系统作为解决大中型建筑物室内信号覆盖的主要方式,是各大移动通信运营商网络建设的重点之一。

室内分布系统主要由来自各种制式网络的施主信源和信号分布系统两部分组成。其中,信源可分为宏蜂窝基站、微蜂窝基站、分布式基站和分布式皮基站等;按信号传输介质的不同,分布系统可分为同轴电缆分布方式、光纤分布方式、泄漏电缆分布方式和五类线分布方式等。

本章主要从蜂窝覆盖与基站谈起,详细讲述了基站的概念、室外宏基站的组成、室内分布系统的概念与组成,并介绍了室内分布系统的网络制式及工作频段,最后详细讲解了常见的室内分布系统及其信源的类型与特点。

1.1 移动通信与基站

1.1.1 蜂窝覆盖与基站

1. 基站的概念

在移动通信中，基站是指在一定的无线电覆盖区域内，通过移动通信交换中心，与移动电话终端之间进行信息传递的无线电收发信电台。基站和移动台都设有收发信机和天线，实现移动网络与用户之间的无线链路连接，再通过移动通信交换网络，实现与同网络其他用户、其他移动电话网、公共电话网和互联网的通信。

如图 1-1 所示为移动通信网络的结构示意图。基站是移动通信网络中用于无线网络覆盖的重要单元，是移动通信的基础，基站设备主要负责信息的收发与处理。

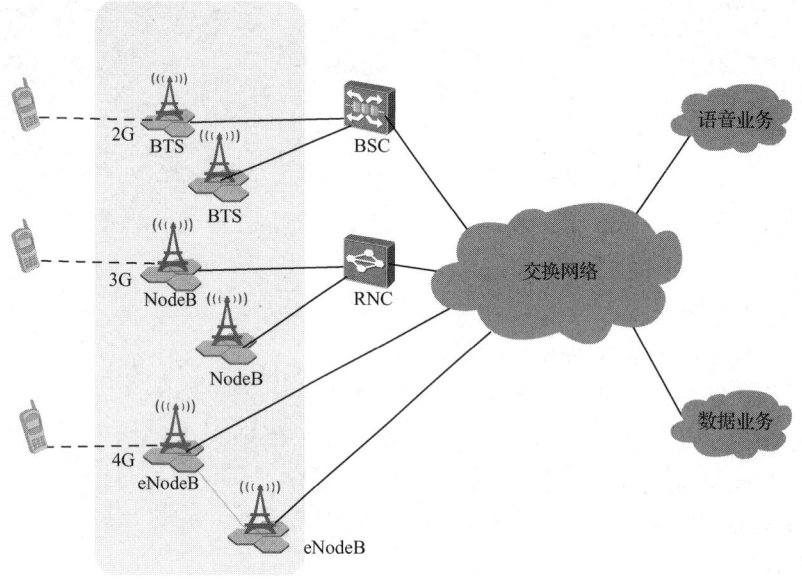

图 1-1 移动通信网络的结构示意

移动通信系统中的基站主要负责与无线有关的各种功能，为 MS（移动台）提供接入系统的空中接口，和 MS 通过无线相连接，与核心网之间通过有线连接。

不同的网络制式，基站相关设备的组成和称呼不一样。在 GSM 网络中，基站设备被称作 BTS，它与核心网之间要连接基站控制器 BSC，一个基站控制器可以控制十几至数十个基站收发信机；而在 WCDMA 等 3G 系统中，类似的设备被称作 NodeB 和 RNC；4G 网络则采用扁平化结构，基站设备被称作 eNodeB，它直接与核心网连接；5G 基站设备包括基带处理单元（BBU）、有源天线单元（AAU）、电源柜、传输柜等，通常 AAU 就安装在电信铁塔上，BBU 安装于塔下或附近的机房中。

2. 蜂窝覆盖与小区

在移动通信中，信息总是要使用一定频率的无线信号作为载体进行传输和通信，而频率资源是有限的，在一定频段内所能支持的同时进行移动通信的用户也是有限的，因此为了实现成千上万个移动电话用户同时进行通信，必须进行频率复用。

在大容量的移动通信系统中，把信号的覆盖分成一个个小的区域，如图 1-2 所示。一个基站可以覆盖一个或多个区域，这些区域被称作无线小区。所有的小区一起构成了连续的移动网络覆盖，由于整个网络很像蜂窝，因此移动网络覆盖也称作蜂窝覆盖。

基站控制小区信号的发送和接收，并对小区的覆盖范围进行控制。在相邻的小区间，分配不相同的频率，用于区分信号避免同频干扰；在满足间隔距离要求的不同小区之间，则可使用重复的频率，

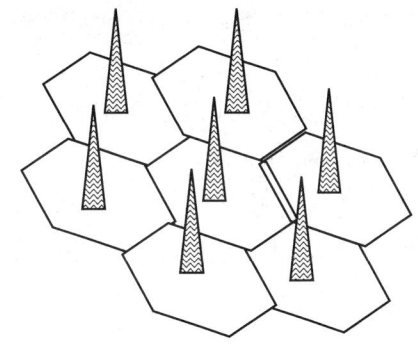

图 1-2　蜂窝移动通信示意

这样就实现了频率的复用，增加了系统容量，从而使系统支持更多的移动通信用户数，如图 1-3 所示。

移动通信中每个小区都会分配一定的频率资源，频率资源的数量称为载频数。在相同的移动网络制式下，小区内的用户数越多，所需要配置的载频数也越多。

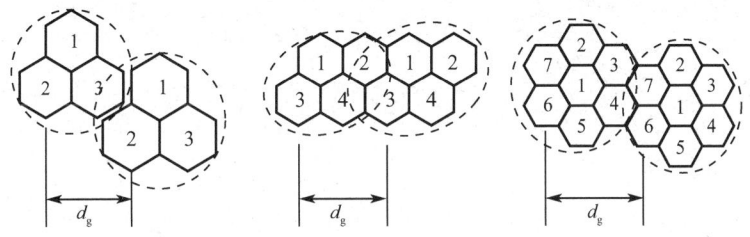

图 1-3　蜂窝覆盖频率复用示意

3. 基站的构成

在移动通信网络中，基站通常由无线收发设备、天线馈线（通常简称为天馈）系统和基站配套设备设施组成，如图 1-4 所示。

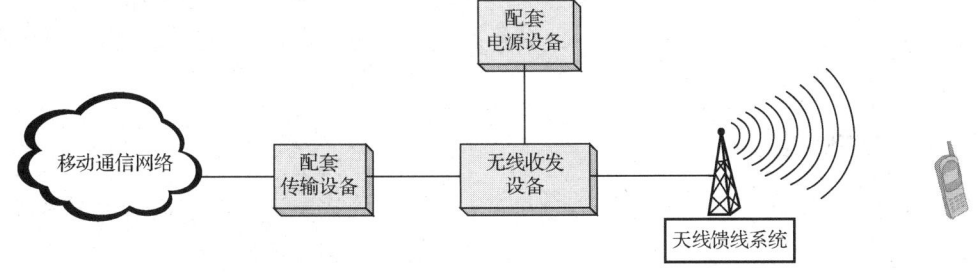

图 1-4　基站构成示意

（1）无线收发设备是基站的核心，常被称作基站设备，负责收发信号的适配处理、调制解调等。

（2）天线馈线系统主要由天线与馈线组成。下行将基站调制后的射频电信号转换成电磁信号辐射出去，发送给手机终端；上行将用户手机发送的电磁信号接收转换成电信号，传递回基站设备，实现基站与移动终端的通信。

（3）基站配套设备设施包括配套电源设备、配套传输设备及其他配套设施。配套电源设备为基站设备的正常运转提供稳定的电源供给和后备电源支持；配套传输设备完成信号的转换，实现基站与移动网络其他设备的信息传输；其他配套设施，如机房、铁塔、抱杆、走线架等，它们为基站的正常工作提供必要的环境支持。

4．基站的分类

广义上，移动通信基站可以分为室外宏基站和室内分布系统。室外宏基站和室内分布系统相辅相成，它们共同实现了移动通信连续的网络覆盖，如图1-5所示。

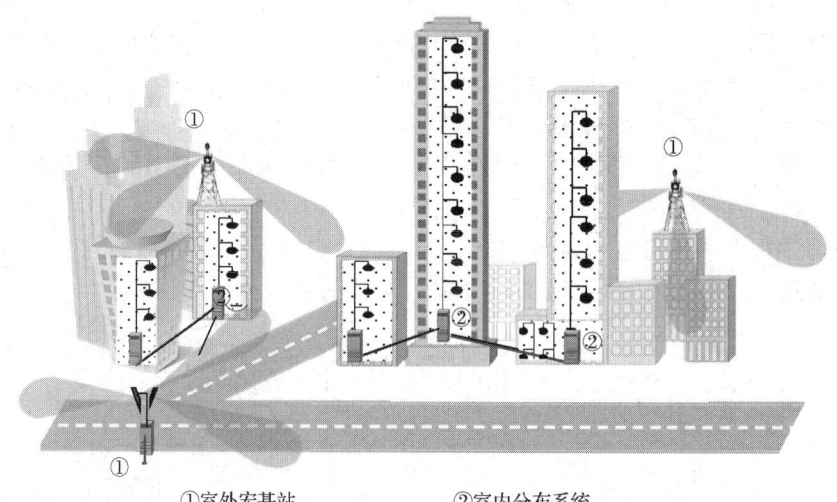

①室外宏基站　　　②室内分布系统

图1-5　室外宏基站和室内分布系统覆盖示意

室外宏基站简称宏站，是利用大型室外天线，对广域范围的室外区域进行覆盖的方式，又被称为广域覆盖或室外覆盖。室外宏基站覆盖时，可以兼顾建筑结构较简单的室内区域，进行室内浅覆盖，但对于室内的深度覆盖，则需要室内分布系统完成。

室内分布系统简称室分，主要是针对建筑结构较复杂、移动通信业务需求较大、室外宏基站信号无法有效覆盖的建筑物内部的深度覆盖。它利用室内小天线分布系统将移动基站的信号均匀分布在室内的每个角落，因此而得名，工程中又常被称为室内深度覆盖或室内微站。

1.1.2　室外宏基站

移动通信网络发展初期，室内通信的主要方式还是固定电话，移动电话主要是在室外移动过程中使用，这个时期运营商的主要目标是建设大型的室外宏基站进行室外广域覆盖。初期的室外宏基站一般建设在很高的楼顶或山顶，基站天线尽可能做得很高，以取得尽可能大的覆盖面积，覆盖半径通常在几千米以上，甚至达到十几千米。

随着移动通信的发展，手机用户数量迅速增加，单个基站的最大容量受到频率资源限制的矛盾逐步显现，发展初期的宏基站建设方法不再适合。为了适应用户数和业务量的增加，宏基站不再盲目选择高点进行建设，其覆盖范围也随着用户的增加而不断缩小，特别是在密集城区，室外宏基站的覆盖半径大大降低，最小只有几百米。单个宏基站覆盖的面

第1章 室内分布系统基础

积减少，单位面积内频率的复用程度提高。

1. 室外宏基站的组成

典型的室外宏基站一般有较大的机房、专用的设备机柜，天线安装在相对高的建筑物上，可以提供较大的容量和较广的覆盖范围。室外宏基站通常由天面和机房两部分组成，如图 1-6 所示。天面是指天线所在的平台，主要包括天线、天线支撑杆或塔杆、室外馈线，3G 和 4G 系统的天面通常还安装有室外远端射频单元（radio remote unit，RRU）和 GPS/北斗天线；机房则是指提供给基站设备安装的空间，包括基站设备、配套电源设备、传输设备、监控设备和空调等。

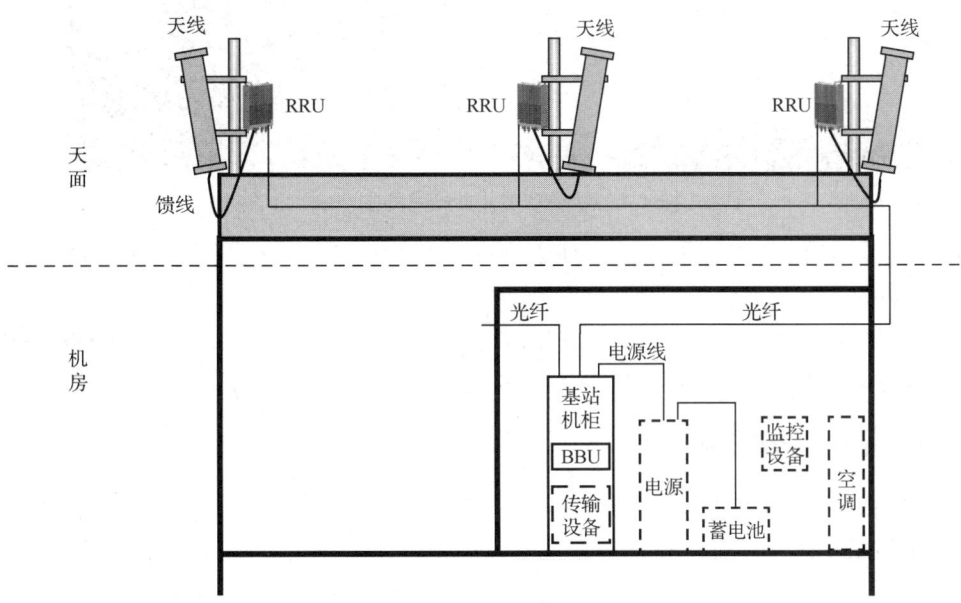

图 1-6 典型宏基站的组成

2. 室外宏基站的分类

随着基站的建设数量越来越多，覆盖的环境越来越多样化，现在在建设室外宏基站时，可以选择和采用的样式也越来越多。

（1）依照所采用天线的类型不同，室外宏基站可以分为全向站和定向站。由于定向站对覆盖范围的控制具有明显的优势，因此运营商在基站建设时，多采用定向站。

（2）依照天线安装位置的不同，室外宏基站可以分为屋面抱杆站、铁塔站、灯杆站等。如图 1-7 所示为屋面抱杆室外宏基站，如图 1-8 所示为铁塔和美化灯杆室外宏基站。

图 1-7 屋面抱杆宏基站

图1-8 铁塔和美化灯杆室外宏基站

（3）依照所采用的设备不同，室外宏基站可以分为室外宏蜂窝、室外微蜂窝、拉远站、室外一体化基站等多种类型。

（4）依照是否采用美化方式，室外宏基站可以分为普通室外宏基站和美化室外宏基站。

（5）依照站点的性质的不同，室外宏基站可以分为容量站和覆盖站。

1.1.3 室内分布系统

随着移动互联网的迅速发展与智能手机的普及，手机不再是简单拨打电话的工具，手机的使用也不再局限于室外，移动用户在室内也频繁使用移动通信网络进行通话、上网，室内移动业务大幅增加。有运营商和研究机构在国内外多个城市进行测试，平均约80%的移动流量来源于室内终端，但是由于室内深度覆盖网络的欠缺，平均约70%的室内业务被室外宏基站吸收，加重了室外宏基站的网络负荷。因此，移动网络的室内分布系统覆盖显得越来越重要。

1. 室内信号覆盖存在的问题

伴随着城市大规模建设发展，复杂的大型建筑越来越多，这些大型建筑室内的无线信号会存在以下几方面的问题。

（1）覆盖方面：大型建筑通常是基于钢筋混凝土的封闭框架结构，建筑物自身有较强的屏蔽和吸收作用；在密集建筑群内的建筑物，建筑物之间会因相互遮挡产生明显的阴影衰落。因此，室外宏基站无线信号进入室内时，会有很大的损耗，导致室内移动信号弱覆盖，在一些较复杂的建筑物内部，以及电梯和地下停车库甚至会形成覆盖盲区。

（2）容量方面：建筑物诸如大型购物商场、会议中心，由于移动电话使用过于集中，局部网络容量不能满足用户需求，会发生无线信道拥塞现象。

（3）质量方面：建筑物高层空间极易同时存在多个基站的弱信号，相互形成干扰，服务小区信号不稳定，出现乒乓切换效应，话音质量难以保证，极易出现掉话现象。

因此，仅仅依靠室外宏基站很难在室内形成良好的深度覆盖。

2. 室内分布系统的概念与适用场景

室内分布系统是指将基站信源射频信号均匀地分散到多个小功率低增益天线上的室内覆盖方式。小功率天线分散安装在室内的各个区域，从而保证建筑内拥有较理想的、均匀的无线信号覆盖，如图 1-9 所示。

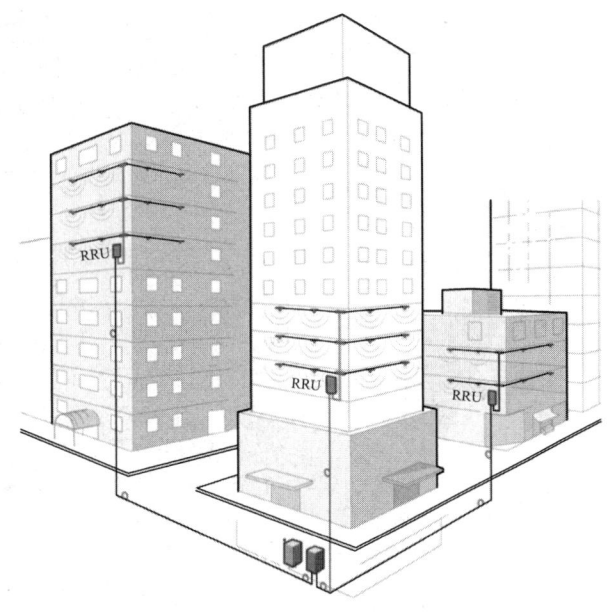

图 1-9 室内分布系统示意

室内分布系统主要是针对室内用户群，用于改善建筑物内移动通信环境，实现室内信号的深度覆盖。室内分布系统的建设，可以较为全面地改善建筑物内的通话质量，提高移动电话接通率，开辟出高质量、高速率的室内移动通信区域；同时，可以分担室外宏基站话务，扩大网络容量，从整体上提高移动网络的服务水平。

常见的建筑物与楼宇都可以采用室内分布系统对其内部进行移动通信信号覆盖，工程中通常依据建筑物的结构和性质的异同，将建筑物按场景进行分类，如表 1-1 所示。

表 1-1 室内分布系统常见的场景划分

序号	场景分类	细分场景
1	交通枢纽	机场、火车站、汽车站、码头、地铁、隧道
2	大型场馆	体育场馆、会展中心、会议中心、公共图书馆、博物馆、歌剧院
3	写字楼和酒店	写字楼、酒店、政府机关、医院
4	商场超市	购物中心、超市、聚类市场
5	学校	教学楼、宿舍楼
6	住宅小区	别墅、多层住宅、高层住宅、城中村

室内分布系统建设常见的覆盖场景有交通枢纽、大型场馆、写字楼和酒店、商场超市、学校和住宅小区等，不同场景、相同场景的不同区域在进行室内分布系统覆盖时，分布系统布局、设备选型与载频配置都有所不同。

3. 室内分布系统的组成

随着移动网络的发展，室内分布系统的形态也在变化。现网最多的同轴电缆室内分布系统主要由信号源和分布系统组成，如图 1-10 所示为典型的室内分布系统组成图。

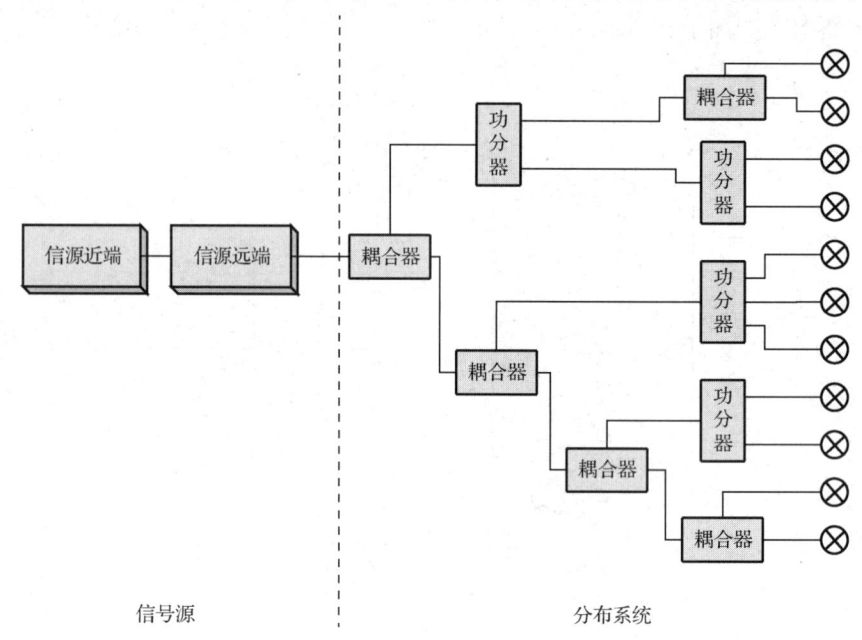

图 1-10　典型的室内分布系统组成

（1）信号源，简称信源，负责提供用于移动通信的射频载波信号。

室内分布系统的信源，通常是指基站设备。基站设备通过内部的射频单元产生射频信号，是信号真正的源头。在室内分布系统中，信源常采用的基站设备类型包括宏蜂窝基站、微蜂窝基站、分布式基站和分布式皮基站设备等。

直放站是一种射频信号中继设备。它将基站设备产生的射频信号进行中转处理放大，再发射出去。直放站没有承载话务的能力，它是只能将母基站的覆盖范围增大，因此严格意义上不能将直放站称作信源。只是在工程中，为了将其与分布系统区分开来，通常也将其纳入信源范畴。直放站可分为光纤直放站和无线直放站。

（2）分布系统，负责将信源送出的射频信号通过各种有、无源器件和线缆等分配到室内各个角落的小功率天线上去，实现室内的均匀覆盖。

分布系统根据其传输介质的不同，可以分为同轴电缆分布系统、泄露电缆分布系统、光纤分布系统、五类线分布系统等，其中同轴电缆分布系统是现网中采用最广泛的分布系统。

同轴电缆分布系统主要由射频同轴电缆、室内天线和元器件组成，其中元器件又可以分为无源器件和有源器件。

① 射频同轴电缆俗称馈线，主要完成射频电信号的传输。

② 室内分布系统中所采用的天线主要是小增益室内天线，覆盖范围相对较小。室内天线主要完成射频电信号与电磁波信号的转换，实现无线信号的发送与接收。

③ 室内分布系统所采用的元器件种类有很多，功能各不相同。其中，使用最多的器件是功分器和耦合器，它们主要负责射频电信号上下行传输过程中的合并与分配。

1.1.4 室内分布系统的网络制式

1. 历代移动通信网络

移动通信的发展非常迅速，至今经历了以 AMPS、TACS 为主要技术标准的第一代模拟移动通信（1G），以 GSM、IS95 为主要代表的第二代数字移动通信（2G），以 WCDMA、CDMA 2000、TD-SCDMA 三大标准为代表的第三代移动通信技术（3G），以 TD-LTE、FDD-LTE 两大核心技术标准为基础的第四代移动通信技术（4G），以及第五代移动通信技术（5G）NR，如图 1-11 所示。

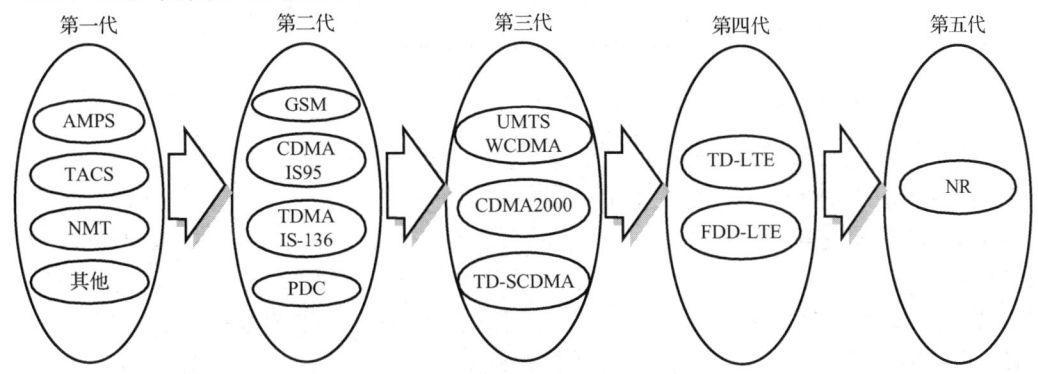

图 1-11　移动通信系统的演进

在过去的一段时间内，2G、3G、4G、5G 移动通信系统先后运营使用，中华人民共和国工业和信息化部允许各运营商采用的 2G、3G、4G、5G 移动通信系统如表 1-2 所示，不同网络制式进行通信所在频段范围不同，需要的载频带宽也不同。

表 1-2　国内各运营商网络制式及频率

运营商	网络制式	带宽（MHz）	下行（MHz）	上行（MHz）
中国移动	GSM 900	2×20	935～1954	890～909
	GSM 1800	2×25	1805～1830	1710～1735
	TD-LTE（F 频段）	30	1885～1915	
	TD-SCDMA（A 频段）	15	2010～2025	
	TD-LTE（E 频段）	50	2320～2370	
	TD-LTE（D 频段）	60	2575～2635	
	5G NR（n41 频段）	160	2515～2675（其中 60 与 D 频段重叠）	
	5G NR（n79 频段）	100	4800～4900	
中国电信	CDMA 800	2×10	870～880	825～835
	LTE FDD1.8G	2×15	1860～1875	1765～1780
	LTE FDD2.1G	2×15	2110～2125	1920～1935
	TD-LTE2.3G	20	2370～2390	
	5G NR（n78 频段）	100	3400～3500	

室内分布系统设计与实践

续表

运营商	网络制式	带宽（MHz）	下行（MHz）	上行（MHz）
中国联通	GSM 900	2×6	954～960	909～915
	GSM 1800/LTE FDD1.8G	2×30	1830～1860	173～-1765
	WCDMA 2100	2×15	2130～2145	1940～1955
	TD-LTE2.3G	20	2300～2320	
	5G NR（n78 频段）	100	3500～3600	
中国广电	5G NR（n28 频段）	60	703～733/758～788	
	5G NR（n79 频段）	60	4900～4960	

2. 无线局域网

在实际工程中，室内分布系统接入的网络除了 2G 到 5G 这样的移动通信网络以外，还包括 WLAN（wireless local area network，无线局域网）。

WLAN 网络采用 IEEE 802.11 标准，该标准原本主要用于解决办公室局域网和校园网中用户与用户终端的无线接入，并非运营级网络标准。在 4G 网络正式运营之前，随着移动互联网的发展，无线数据流量呈现爆发式增长，各大运营商为了承载这些无线数据流量，分担 3G 网络的压力，在一些室内热点区域进行了较大规模的运营级 WLAN 网络建设。WLAN 通常不限制流量，在资费上有一定的优势，因此 4G 网络商用后仍然存在。

在大型建筑的 WLAN 网络覆盖时，通常是将信号接入室内分布系统来实现的，因此 WLAN 也成了室内分布系统的网络制式之一。WLAN 所采用的 IEEE 802.11 标准经历了几个阶段，如表 1-3 所示。

表 1-3 WLAN 网络主要标准的对比

标准号	IEEE 802.11b	IEEE 802.11a	IEEE 802.11g	IEEE 802.11n	IEEE 802.11ac
标准发布时间	1999 年 9 月	1999 年 9 月	2003 年 6 月	2009 年 9 月	2013 年
工作频率范围（GHz）	2.4～2.4835	5.150～5.350 5.475～5.725 5.725～5.850	2.4～2.4835	2.4～2.4835 5.150～5.850	5.150～5.350 5.725～5.850
非重叠频段数	3	5（中国）	3	15	13（中国 5）
最高速率（Mb/s）	11	54	54	300～600	1300（wave1） 3470（wave2）
实际吞吐量（Mb/s）	6	24	24	100 以上	800（wave1） 2200（wave2）
兼容性	802.11b	802.11a	802.11b/g	802.11a/b/g/n	802.11a/n（wave1） 802.11a/b/g/n（wave2）

WLAN 网络有 2.4 GHz 和 5.8 GHz 两个工作频段，使用较多的是 2.4 GHz 频段，频率范围为 2.4～2.4835 GHz，共 83.5 MHz 带宽，该频段总共有 13 个子信道，每个子信道的频段带宽为 22 MHz，但是互不干扰的频点只有 3 个，一般选择 1、6、11 这 3 个互不干扰的频点，如图 1-12 所示。

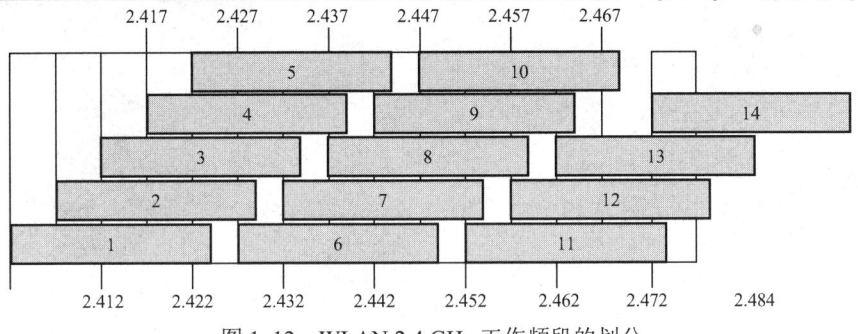

图 1-12 WLAN 2.4 GHz 工作频段的划分

WLAN 网络可实现较高速率的上网体验，但其工作频段有限，且都为公共频段，在网络运营时，干扰较大，网络性能及稳定性较移动通信网络差。随着 4G 网络的完善以及 5G 网络的出现，运营商已不再大规模布署 WLAN 网络。

1.2 室内分布系统的类型

室内分布系统是将移动基站的信号均匀分散到多个小功率天线上，各天线分散安装在建筑物内部，对建筑物内部进行均匀信号覆盖的覆盖方式。依据连接天线的传输媒介的不同，室内分布系统通常可以分为同轴电缆分布系统、泄露电缆分布系统、光纤分布系统、五类线分布系统。

1.2.1 同轴电缆分布系统

1. 同轴电缆分布系统的概念与类别

同轴电缆分布系统是室内分布系统中应用最广、技术最成熟的分布系统建设方式，它主要由同轴电缆、天线及室分元器件组成。同轴电缆分布系统依据所使用的元器件是否含有有源器件，可以分为无源同轴电缆分布系统和有源同轴电缆分布系统。

1）无源同轴电缆分布系统

无源同轴电缆分布系统是指所采用的元器件全部为无源器件的分布系统。无源器件是指在不需要外加电源的条件下，就可以显示其特性并工作的电子元器件，室内分布系统中常采用的无源器件包括合路器、功分器、耦合器、衰减器、负载和电桥等。它们与同轴电缆和天线共同组成了无源同轴电缆分布系统，在不需要外加电源的条件下，就能够实现无线信号的覆盖。无源分布系统在传输和分配过程中会造成信号的衰减和损耗，在信源一定的情况下，其覆盖的面积是有限的。

2）有源同轴电缆分布系统

有源同轴电缆分布系统是指所使用的元器件中含有有源器件的分布系统，其中最典型的就是含有干线放大器的分布系统。干线放大器简称干放，它可以用于补偿信号传输和分配过程中功率因衰减引起的不足，放大射频信号功率，从而达到扩大覆盖面积的目的。由于干放需要外加电源才能工作，因此这个系统被称作有源同轴电缆分布系统。

如图 1-13 所示为无源与有源同轴电缆分布系统的对比示意图。

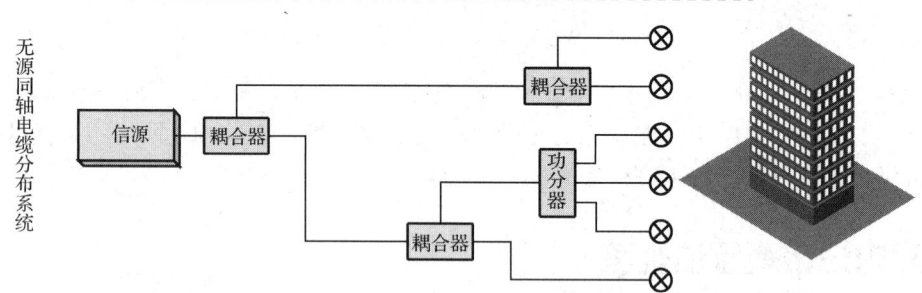

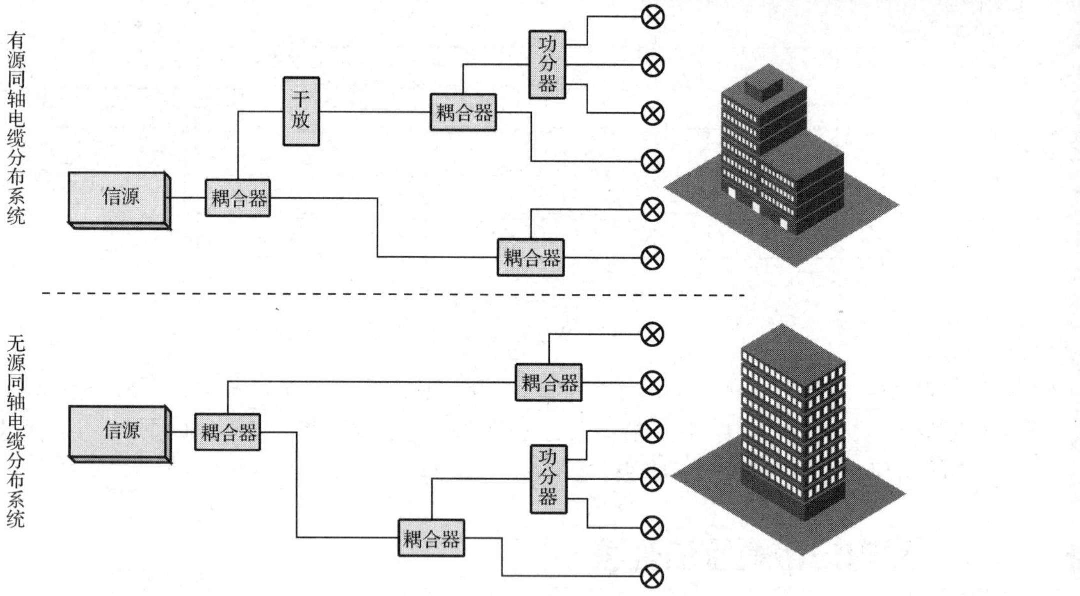

图1-13 无源与有源同轴电缆分布系统的对比示意

2. 无源与有源同轴电缆分布系统的优缺点

无源同轴电缆分布系统的优点是故障率低、系统容量大，这使它成为现网中应用最广的分布系统建设方式。其缺点是整个系统无法监控，且分布系统多隐藏在建筑物吊顶内，一旦出现故障，定位和维护难度较大。

含有干放的有源同轴电缆分布系统的优点是其覆盖范围较无源分布系统大。其缺点是干放的工作稳定性低于无源器件，故障率高，导致系统稳定性差；并且干放的使用还会抬升系统的背景噪声（常称为底噪），特别是多个干放级联时，对网络性能和质量的影响很大；同时干放仍然具有监控与维护难度大的问题。

随着信源设备种类的发展与价格的降低，采用增加信源设备的方式既可以扩大覆盖面积，还保证了网络性能和质量，因此含有干放的有源分布系统已经被运营商逐步放弃。

1.2.2 泄漏电缆分布系统

使用泄露电缆进行信号覆盖的分布系统称作泄露电缆分布系统。泄露电缆是一种特殊的同轴电缆，在电缆的外层有一系列周期性或非周期性的槽孔，每个槽孔都可以实现电磁波的辐射，起到对射频电信号的传递与无线信号的辐射、接收功能。

与同轴电缆分布系统相比，它也可能使用馈线、合路器、功分器、耦合器、负载、干放等器件，但是它主要靠泄漏电缆实现无线信号的辐射与接收，也就是说泄漏电缆同时起到了馈线和天线的作用。典型的泄露电缆分布系统连接示意图如图1-14所示，泄露电缆末端通常要加上负载，也可以使用天线，以防止信号反射造成驻波比过大影响系统性能。

泄露电缆分布系统主要用于隧道覆盖，特别是在铁路隧道中，隧道空间狭窄，火车车厢会影响电波传输，只有用泄露电缆才能保证均匀的信号覆盖及良好的通信质量。泄露电缆成本较高，这限制了它的广泛应用，但是它目前仍然是如地铁、铁路隧道等信号屏蔽严重且要求无线信号均匀分布的狭长型覆盖场景的最佳方案。

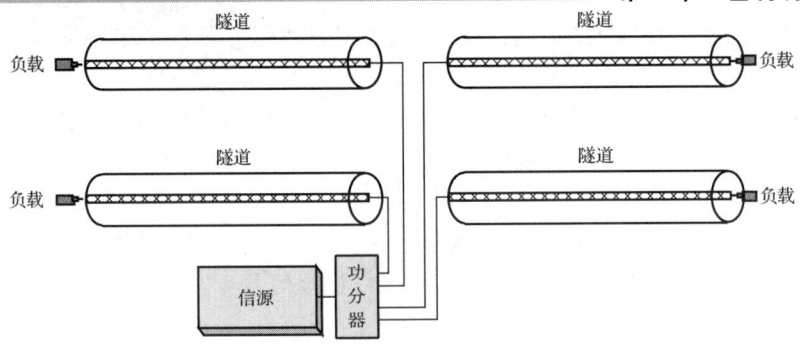

图 1-14　典型的泄露电缆分布系统连接示意

泄露电缆的安装一般位于隧道内墙壁一侧车窗高度的位置，可以通过车窗辐射进列车，同时应确保电缆远离墙壁 20 cm 以上，并尽量远离其他电缆，以减少对泄露电缆性能的影响。

1.2.3　光纤分布系统

1. 光纤分布系统的结构

光纤分布系统是一种大量使用光纤作为传输介质的分布系统，它利用光纤传输的低损耗特点，直接通过光纤传输将射频信号分配至各处的天线节点，再经光电转换把射频信号连接到每个天线上。光纤分布系统由主单元、扩展单元、远端单元组成，其典型组网结构如图 1-15 所示。

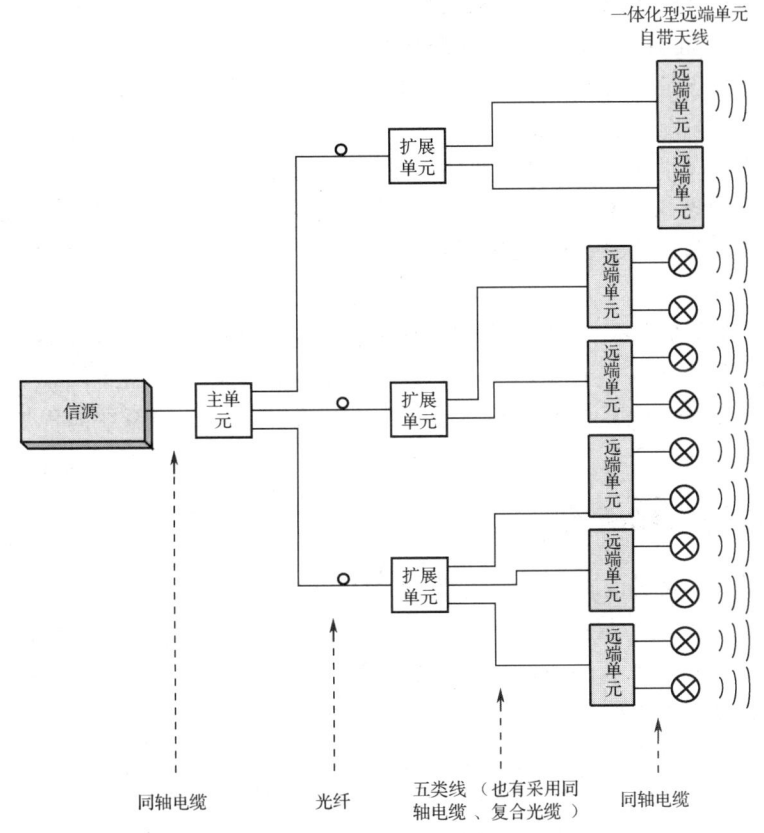

图 1-15　光纤分布系统的典型组网结构

室内分布系统设计与实践

（1）主单元通过同轴电缆耦合基站设备，实现射频信号与数字中频信号、电信号与光信号的转换。

（2）扩展单元完成光信号与电信号的转换，它与主单元采用光纤连接，与远端单元连接多采用五类线。也有采用同轴电缆或复合光缆的，此时的扩展单元的功能略有不同。

（3）远端单元则完成中频与射频信号的转换，它可以分为一体化型远端单元和室分型远端单元两种。一体化型远端单元中集成有天线，可以直接安装在覆盖区域内实现信号收发；室分型远端单元则需要利用同轴电缆连接天线进行信号收发。

主单元、扩展单元和远端单元全部可视化监控，可以远程进行查询及参数调整。主单元和扩展单元需要电源设备为其供电，远端单元则通过五类线利用扩展单元远程供电。

2. 光纤分布系统的优缺点

光纤分布系统基于三层架构组网，是一种较新型的分布系统方式，具有以下优势。

（1）覆盖面积大，基站设备使用数量少。光纤的传输损耗较同轴电缆更小，因此其传输距离大，基站设备使用量大大减少。

（2）建设方式灵活，施工难度小。光纤分布系统的设备体积小，质量轻，便于安装，而光纤较同轴电缆尺寸更小、弯曲度更好，敷设方便。

（3）网络监控好，维护方便。光纤分布系统的所有设备可进行联网监控，故障定位准确方便，从信源接入至末端所有节点全面监控，实现全网资产和网络质量的可视化管理，而同轴电缆分布系统中无源器件无法被监控。

（4）多系统合路支持性好。多制式系统共建时，不同网络制式的基站可以同时耦合主单元，光纤分布系统端到端设计，无须逐个系统不同频率进行链路预算。

不过光纤分布系统也有其缺点。

（1）建设成本高。光纤分布系统整体成本还是要高于同轴电缆分布系统。

（2）对于供电要求较高。扩展单元位于建筑场景内，靠近各覆盖区域，增加了对供电的要求，同时远端单元利用五类线从扩展单元取电，五类线长度一般不超过 100 m，也增加了系统取电的难度。

（3）光纤分布系统设备为中继设备，增加了通信过程中的信号处理，使系统稳定性下降。

现网中光纤分布系统得到少许应用，它相比于同轴电缆分布系统，有明显的优势，缺点也很鲜明。但随着分布式皮基站设备的出现与发展，光纤分布系统的优势不再明显，其发展将受到很大限制。

1.2.4　五类线分布系统

五类线就是我们常见的网线，它是双绞线的一种，由 4 对双绞线扭绞，外套一种高质量的绝缘材料组成，用于数据、语音等信息业务的传输，适用于 100 Mb/s 的高速数据传输，广泛应用于宽带接入和局域网中。现代建筑中，基本已经敷设了五类线，五类线分布系统可以直接利用已经敷设的五类线实现分布系统建设和网络覆盖，使工程建设量大大减少，同时降低了对业主的干扰。

五类线分布系统主要由主单元和远端单元两部分组成，其典型组网结构如图 1-16 所示。

主单元完成射频与中频信号的转换，通过同轴电缆从基站信源耦合射频信号，通过网线实现与远端单元的连接通信。

远端单元完成与主单元相反的射频与中频的转换,通过同轴电缆连接天线,实现信号的收发。

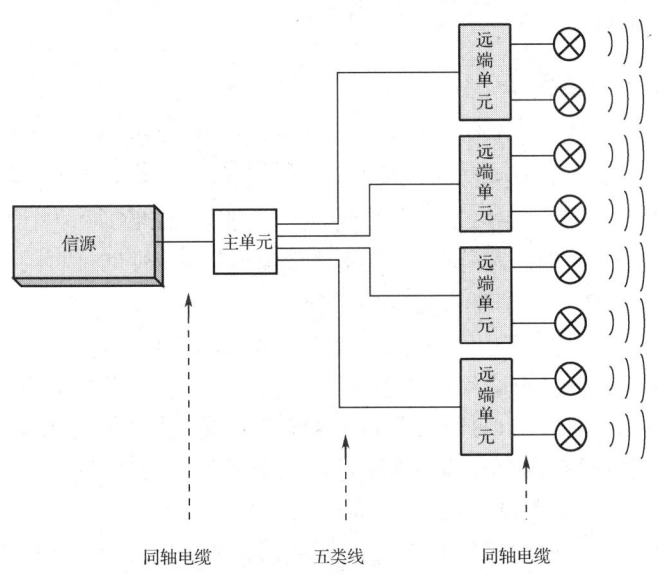

图 1-16 五类线分布系统的典型组网结构

五类线分布系统施工工程量小,对业主影响小,可以降低协调难度,成本也相对较低。但是五类线信号传输距离一般不超过 100 m,且带宽有限,这大大限制了它的使用空间,通常五类线分布系统只用在一些有特殊需求的小型建筑场景。

1.3 室内分布系统信源的类型

随着移动通信技术的发展,基站设备的形态也在不断演进,室内分布系统所采用的信源设备也在不断地演进更替。室内分布系统发展初期,主要采用包括宏蜂窝、微蜂窝在内的传统基站设备独立或与直放站配合使用作为信源,后来分布式基站设备逐渐成熟,并迅速在室内分布系统中得到了广泛应用。随着 4G 基站设备的发展与成熟,一体式皮/飞基站和分布式皮/飞基站开始出现,特别是分布式皮/飞基站在 4G 室内分布系统建设中迅速得到了广泛应用,如图 1-17 所示。

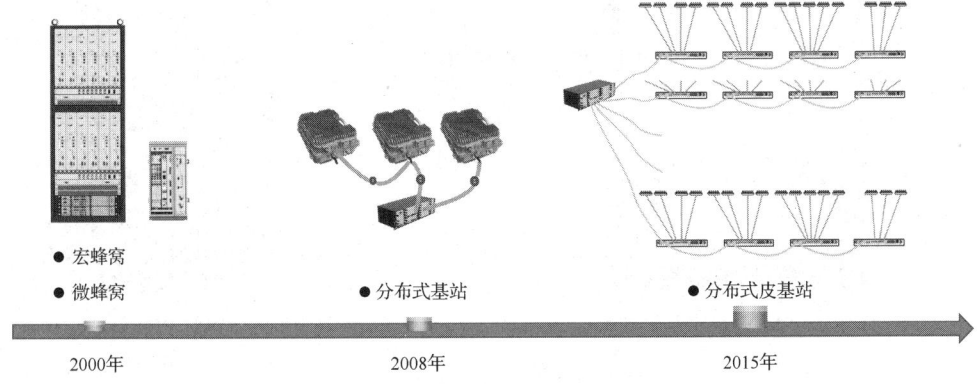

图 1-17 室内分布系统信源设备的发展

另外，WLAN 网络在接入分布系统时，通常采用无线访问接入点（access points，AP）作为信源。

1.3.1 传统基站

1. 传统基站的分类与特点

传统基站包括宏蜂窝基站和微蜂窝基站，它们是具备基站完整功能的信源，包括射频处理子系统和基带处理子系统两部分，射频处理子系统负责把数据调制成无线信号发射出去，同时负责把接收下来的经过滤波的无线信号解调成数据信息传给基带处理单元（building baseband unit，BBU）。基带子系统负责信道编解码、扩频、加扰等处理过程。宏蜂窝、微蜂窝基站的射频处理和基带处理两部分在同一机柜内。

（1）宏蜂窝基站射频信号输出功率大，通常单载波输出功率在 10 W 以上，支持配置的载波数和小区数多，可吸收的话务容量大，但体积也更大，其机柜对机房条件和用电的要求也更高，造价也更高。如图 1-18 所示为 GSM 宏蜂窝基站机柜示意图，该设备必须落地安装。机房用落地式机柜有几个较典型的尺寸，高通常为 1600 mm 或 2000 mm，宽通常为 600 mm 或 800 mm，厚通常为 450 mm 或 600 mm。

（2）微蜂窝射频信号输出功率相对较小，通常单载波输出功率在 500 mW～10 W 之间，设备支持配置的载波数也较小。但因体积更小，可以挂墙安装，组网安装更灵活方便。如图 1-19 所示为 GSM 微蜂窝基站，微蜂窝基站设备各厂家的尺寸差异较大。

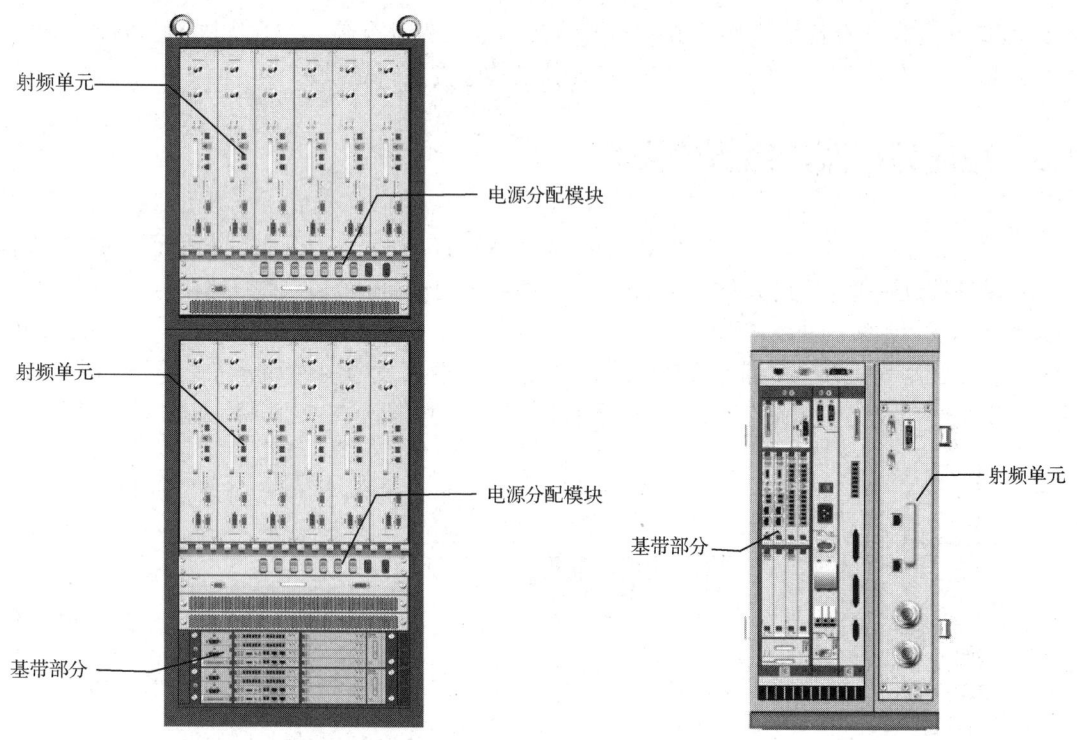

图 1-18　GSM 宏蜂窝基站机柜示意　　　　图 1-19　GSM 微蜂窝基站

2. 传统基站用作信源的组网方式

传统基站由于设备功能集中，且自身无法拓展，而机顶输出功率有限，单个设备所支持覆盖的面积也有限，因此在用作室内分布系统信源时有很大的局限。工程中采用很多方式来弥补它的局限，以适应不同的场景，常见的典型方式有以下几种。

（1）完全独立用作室内分布系统信源。这种方式只适合于业务需求量大且面积较小的建筑，多采用微蜂窝设备，适用的场景相对较少。通常建筑面积小的场景业务量也相对有限，单独使用一个基站设备会浪费设备资源；而业务量大的场景面积通常也较大，单个传统基站设备不增加外设又无法满足覆盖，因此传统基站，特别是宏蜂窝基站独立用作室内分布系统信源的情况较少。

（2）共用室外宏基站设备作为信源。这种方式适用于拟覆盖建筑楼内有宏基站且建筑面积不大的情况，多在宏蜂窝设备上使用，适用的场景也相对较少。分布系统接入宏基站的某个空闲小区，使用其全部或部分功率用作建筑室内的信号覆盖，如图 1-20 所示。

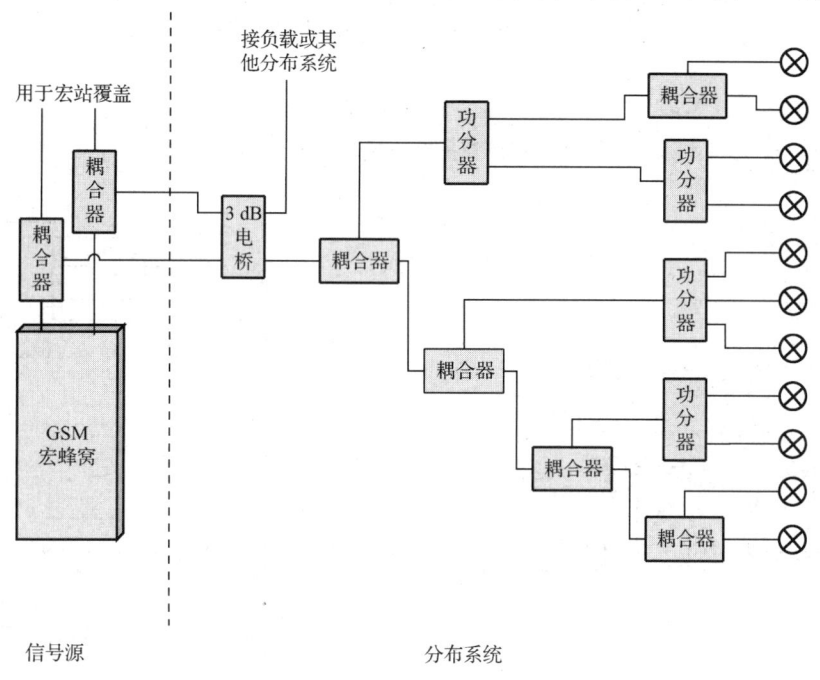

图 1-20 宏蜂窝部分功率用于室内覆盖示意

（3）配合干放用作信源。干放可以放大信号，拓展覆盖面积，有效地弥补了传统基站覆盖面积受限的问题。干放成本较低，组网灵活，在室内分布系统发展初期，这种方式使用较多。如图 1-21 所示为微蜂窝配合干放使用的组网示意图。但是含有干放的分布系统故障率高，系统稳定性差，且覆盖面积大时通常会同时使用多个干放，而多个干放级联时，系统底噪抬升明显，网络性能和质量的下降显著。因此，这种方式已经逐步被淘汰。

（4）配合光纤直放站用作信源。这是在室内分布系统发展初期使用最广泛的方式，光纤直放站由近端机和远端机两部分组成，组网灵活，可以极大地拓展基站设备的覆盖范围。如图 1-22 所示，近端机通过馈线和无源器件与基站相连，完成基站射频信号与光信号的转换，再通过光纤与多个远端机连接，实现拉远与信号覆盖的拓展；远端机连接分布系

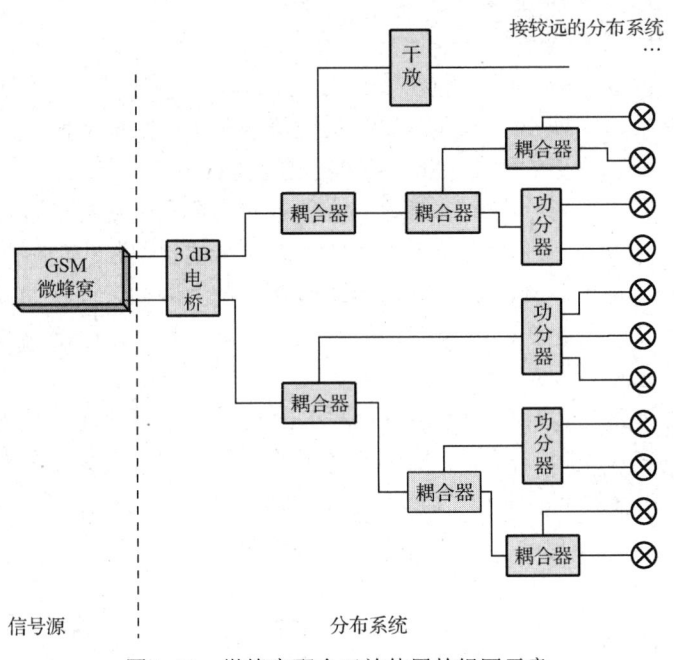

图 1-21　微蜂窝配合干放使用的组网示意

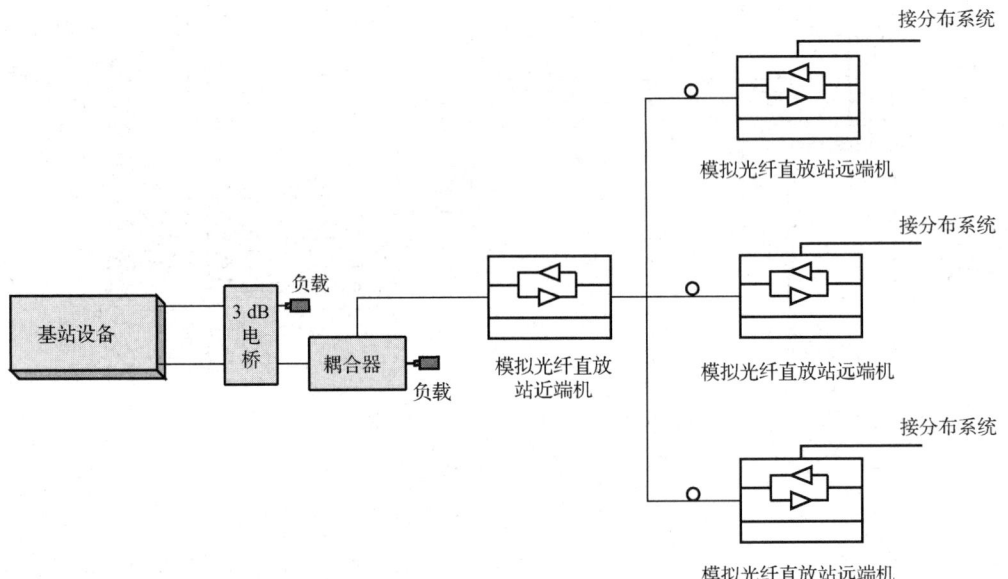

图 1-22　光纤直放站典型连接示意

统，实现光信号与分布系统射频信号的转换。

光纤直放站分为模拟光纤直放站和数字光纤直放站。

模拟光纤直放站的光纤中传送的是射频信号，在近端和远端都是对模拟信号进行的光电转换，会引入额外的噪声，增加系统的底噪，导致网络整体质量下降。同时模拟光纤直放站随着远端拉远距离的增加，信号恶化量也增加，因此远端通常不能级联。

数字光纤直放站是将射频信号数字化后再进行光电转换，光纤中传送的是经过处理的数字信号，这样可以有效地抑制噪声叠加，信号可多次再生，其远端拉远的距离与信号恶化量无关，支持远端站级联，如图 1-23 所示。数字光纤直放站在控制底噪、组网灵活性和可监控等方面都优于模拟光纤直放站，另外数字光纤直放站可以通过自动或手动调整时延，消除各个远端覆盖区之间的干扰。

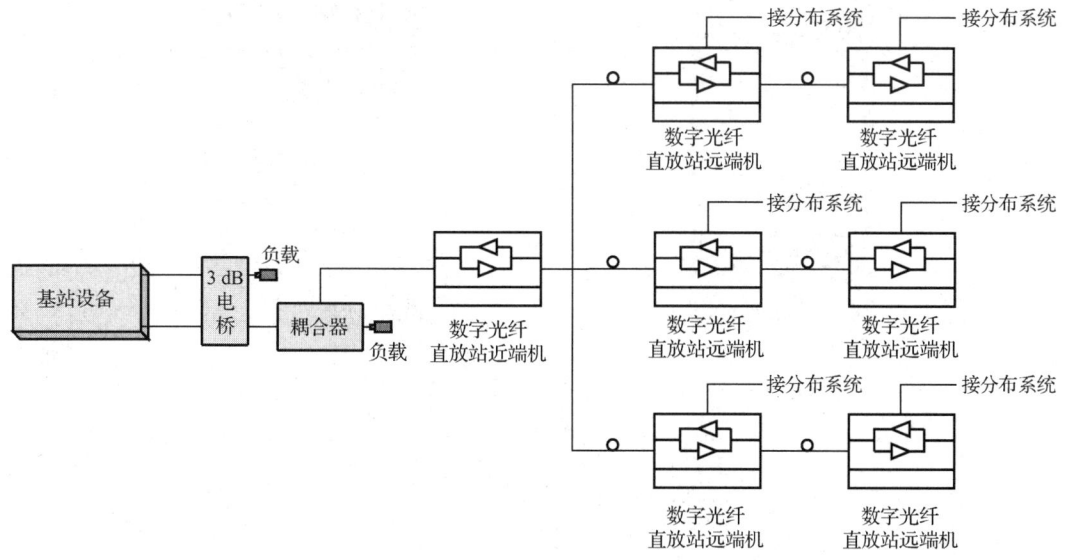

图 1-23 数字光纤直放站典型连接示意

光纤直放站不属于基站设备，它只是一个中继，它延伸了施主基站的覆盖范围，却不能为施主基站增加容量，对信号的中继放大引入的噪声，反而会降低施主基站的容量。同时光纤直放站会带来时延，因此在组网时，其覆盖区域不能与施主基站直接覆盖的区域产生切换，否则会因为两个覆盖区域的时延不同，在切换区域出现掉话，影响网络质量。

1.3.2 分布式基站

1. 分布式基站的原理与结构

在 2G 网络建设初期，基站形态单一，只有宏蜂窝、微蜂窝这两种设备形态，传统基站在组网灵活性上的缺陷，使光纤直放站在室内分布系统覆盖中得到了广泛应用，但同时也给网络质量带来了一系列问题。伴随着 3G 网络的商用，分布式基站设备开始出现，逐步在室内分布系统中得到广泛应用，有效地解决了这个问题。

分布式基站结构的核心概念就是把传统宏基站 BBU 和射频处理单元分离，形成独立的 BBU 和 RRU 设备，二者通过光纤相连，如图 1-24 所示。

分布式基站主要由 BBU 和 RRU 两部分组成，各部结构与功能如图 1-25 所示。

（1）BBU 的主要功能包括基带信号处理、传输、主控，还有时钟等功能。承担各种上下行信道业务数据处理任务，实现基站与基站控制器或核心网之间的数据传输处理，对整个基站进行控制和管理，为基站系统提供时钟信号。

（2）RRU 可完成对射频信号的滤波、信号放大和上下变频处理，并采用数字中频技术来实现从中频模拟信号到基带数字信号的转换。

室内分布系统设计与实践

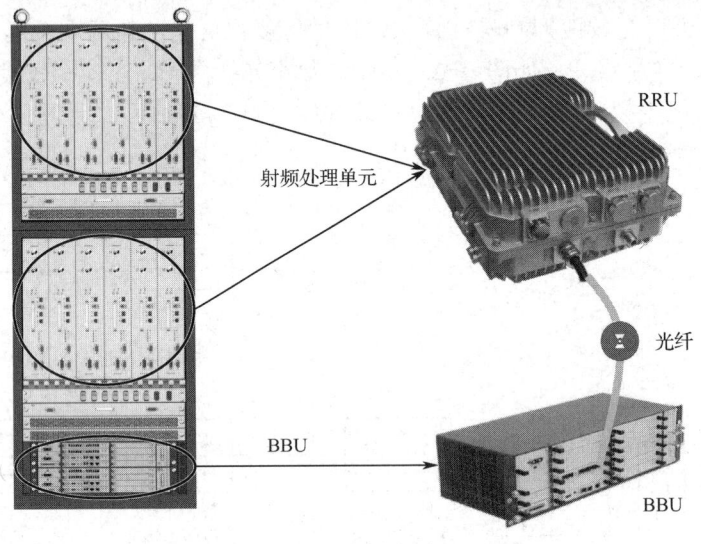

图 1-24 分布式基站与传统基站对比

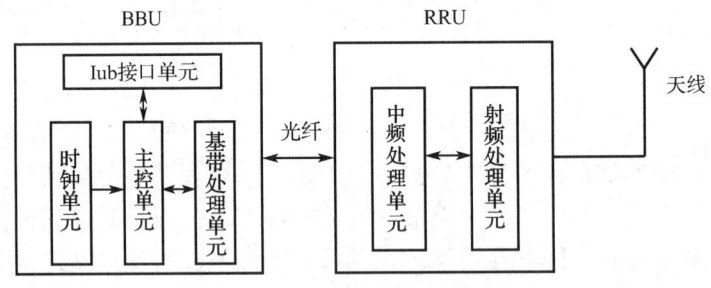

图 1-25 分布式基站的结构功能

BBU 通常可以配置多个基带处理板卡和接口板卡，能承载较大的业务，可以安装在标准机柜中，也可以挂墙安装，安装方式灵活。RRU 尺寸较小，通常部署在靠近分布系统的地方，挂墙安装，与分布系统直接相连。RRU 可以分为单通道 RRU 和多通道 RRU，在室内分布系统中主要使用单通道 RRU，在一些特殊场景，双通道 RRU 有少量使用。

2. 分布式基站用作信源的组网方式

通常一台 BBU 可以并行连接多台 RRU，RRU 还可以多级级联，它们中间都采用光纤连接，每个 RRU 都可以连接独立的分布系统，如图 1-26 所示。BBU 并行连接 RRU 的接口数，以及 RRU 最大串联个数都有限制，不同厂家与制式的设备都各不相同，在设计中需要注意区分。

分布式基站作为室内分布系统信源具有以下优点。

（1）分布式基站组网非常灵活。BBU 可集中放置在附近机房，BBU 到 RRU 及 RRU 之间的光缆所允许的最大长度可以达到数千米，而 RRU 体积较小，防护等级高，环境适应性强，可以分散安装在靠近分布系统的弱电井、楼梯间等很多地方。

（2）分布式基站中 BBU 容量较大，还可以根据实际需求灵活配置软硬件资源，扩容较方便。多个 RRU 可以共享 BBU 基带资源，可以节省基带投资。

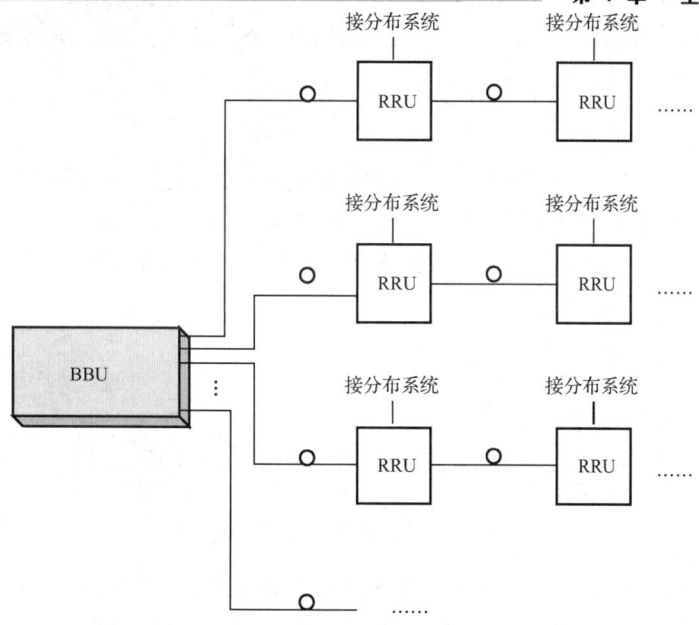

图 1-26 分布式基站的典型连接示意

（3）分布式基站作为室内分布系统信源时不需要引入中继设备，不会给网络增加额外干扰，网络质量和稳定性高。

因此，分布式基站适合用作室内分布系统的信源。在 3G 和 4G 网络的室内分布系统覆盖中，大部分采用分布式基站作为信源，在 2G 网络中，设备厂家也逐步研发出分布式基站设备，在室内分布系统中推广应用。

1.3.3 皮/飞基站

1. 皮基站和飞基站的定义与分类

随着 4G 网络技术的发展与成熟，基站的形态也进一步得到发展，一些低功率的基站设备形态逐渐出现，并在现网中得到应用。其中，最具代表的就是皮基站和飞基站，它们在室内分布系统已开始广泛应用。

依据 3GPP 无线网络基站设备分类标准和科学计数法的命名原则，将无线网络基站设备按发射功率大小分为四大类：宏基站（MACRO SITE）设备、微基站（MICRO SITE）设备、皮基站（PICO SITE）设备和飞基站（FEMTO SITE）设备。各类基站设备的参数如表 1-4 所示。

表 1-4 各类基站设备名称及单载波发射功率参数表

类型		单载波发射功率（20 MHz 带宽）	覆盖能力（覆盖半径）
名 称	英 文 名		
宏基站	（MACRO SITE）	10 W 以上	200 m 以上
微基站	（MICRO SITE）	500 mW～10 W（含 10 W）	50～200 m
皮基站	（PICO SITE）	100 mW～500 mW（含 500 mW）	20～50 m
飞基站	（FEMTO SITE）	100 mW 以下（含 10 0mW）	10～20 m

皮基站和飞基站均属于小功率基站，它们依据设备形态的不同，又分为一体化皮/飞基站和分布式皮/飞基站。

2. 一体化皮/飞基站

一体化皮/飞基站是一种小型化、低功率、低功耗的蜂窝技术，通过宽带网络回传到移动核心网，为用户提供移动通信业务。一体化皮/飞基站系统主要由一体化皮/飞基站、安全网关、接入网关、一体化皮/飞基站网管系统等部分组成。其系统架构如图1-27所示。

图1-27 一体化皮/飞基站的系统架构

按设备制式，一体化皮/飞基站可分为单模和多模设备。一体化皮/飞基站体积小、质量轻、便于安装，适用于小面积室内的信号覆盖，如营业厅、沿街商铺、超市等室内较开阔的小型建筑场景。

在室内有一定墙体穿透损耗的情况下，一体化飞基站单站覆盖面积为 $100 \sim 200 \ m^2$；一体化皮基站单站覆盖面积在 $1000 \ m^2$ 以内。对于建筑面积在 $1000 \sim 5000 \ m^2$ 的建筑，若内部可分为几个相对独立而封闭的大开间，且业务需求较高，也可使用多台一体化皮基站组网覆盖。

一体化皮/飞基站在室内覆盖中适合的应用场景相对较少，应用前景不明确。

3. 分布式皮/飞基站

分布式皮/飞基站系统组成包括基带单元（BBU）、扩展单元（又称作集线器单元 RHUB）、射频拉远单元（pRRU）。BBU 与 RHUB 间、RHUB 之间均采用光纤连接，最大拉远距离为 10 km；RHUB 与 pRRU 之间采用五类线或六类线连接，pRRU 支持 POE 供电。pRRU 特别小巧（直径为 10 cm 左右），可以直接放装或外接天线，可实现多制式功率自动匹配同覆盖。

分布式皮/飞基站所有设备都支持后台监控，可支持多系统的共同覆盖，其单独覆盖网络结构如图 1-28 所示。

分布式皮/飞基站具有以下优点。

（1）易于协调、施工快捷。传统的分布系统无源器件多，采用馈线布放，容易引起业主反感，施工周期也比较长。分布式皮/飞基站采用光纤和网线连接，降低了协调难度，且比同轴电缆（馈线）易于布放，建站速度快。

（2）末端功率精确控制，减少弱覆盖。传统分布系统有多级的功分器和耦合器，导致天线末端的功率无法精确控制，容易产生弱覆盖区域。分布式皮/飞基站的 pRRU 功率和频段都是可调的，可以精确控制天线口输出功率，对减少外泄和小区间的同频干扰有很好的效果。

（3）软件设置小区合并或分裂，扩容方便。传统分布系统扩容可能会增加 RRU 数量，并对分布系统进行小区分裂，造价高且施工难度大。分布式皮/飞基站中每个 pRRU 都可以划分为一个小区，直接在网管系统后台配置即可完成扩容，简单快捷，便于灵活构建较大规模的分布系统。

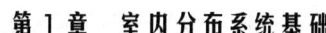

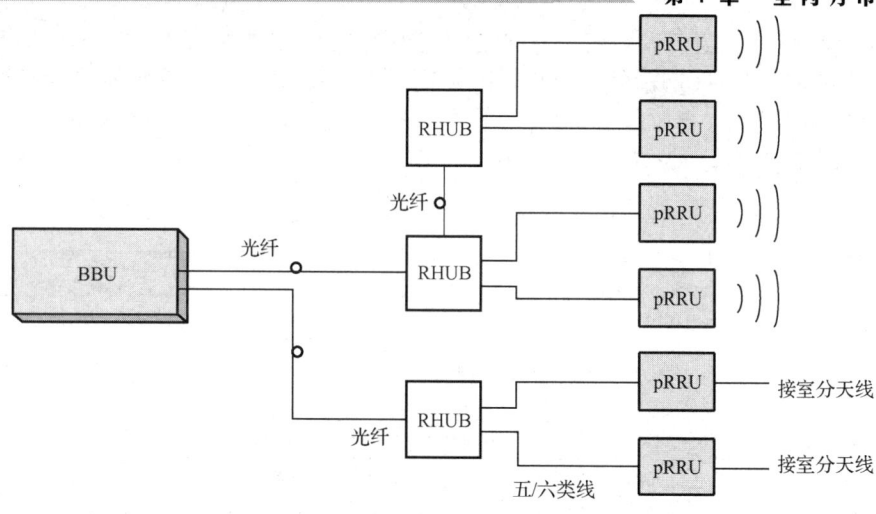

图 1-28 分布式皮/飞基站单独覆盖网络结构

（4）全系统监控，运维成本低。传统室内分布都是无源系统，中间环节出现故障，只能翻开吊顶检修，定位故障难度大，给维护带来很大的麻烦。分布式皮/飞基站各个网元都可以通过网管实时监控，很容易定位故障点，运维成本低。

分布式皮/飞基站的主要缺点如下。

（1）主设备厂家支持程度有一定的差别，造价成本较高，个别厂家设备成熟度低。

（2）在建设前需要明确支持的网络制式和频段。如建成后需要提供其他系统或新的频段覆盖时，则需更新远端模块，产生一定的改造工程量。

（3）远端为有源设备，需要独立供电或通过五类线供电，因此不适用于取电困难、封闭、潮湿的场景。

分布式皮/飞基站适用于覆盖和容量需求均较大的重要室内大型场景，尤其适用于大型场馆、交通枢纽等覆盖面积巨大、单位面积业务密度大或潮汐效应明显的场景，在 4G 和 5G 室内分布系统中得到了广泛应用。

1.3.4 无线接入点

无线接入点的全称为无线访问接入点，是使用无线设备（手机、笔记本电脑等）用户进入局域网络的接入点。它就相当于有线网络的集线器，能够把各个无线终端连接起来，它是 WLAN 网络的信号源。

1. "胖" AP 组网和 "瘦" AP 组网

WLAN 网络的组网方式较灵活，也因此衍生出两种功能差异的 AP："胖" AP（FAT AP）和"瘦" AP（FIT AP）。"胖" AP 可以独立完成射频发送、数据帧封装、认证和加密、移动及策略控制等所有功能，它可以独立工作；"瘦" AP 只承担射频发送、数据帧封装的功能，而认证和加密、移动及策略控制等功能则由无线交换机或无线控制器完成，它不可脱离无线交换机独立工作。

"胖" AP 和 "瘦" AP 对应的 WLAN 的组网方式称作 "胖" AP 组网和 "瘦" AP 组网，它们的性能比较如表 1-5 所示，运营商在 WLAN 网络建设时主要采用 "瘦" AP 组网

方式，家庭用 WLAN 网络可以看作"胖"AP 组网。不同运营商、不同业主在采用"瘦"AP 组网方式进行 WLAN 网络建设时，组网拓扑有细微差异，图 1-29 所示为一种较为典型的"瘦"AP 组网方式，与"胖"AP 组网最显著的区别是增加了接入控制器（access controller，AC），用于对 AP 进行管理与配置。

表 1-5 "胖"AP 组网和"瘦"AP 组网的性能比较

性能比较	"胖"AP	"瘦"AP
安全性	传统加密、认证方式，普通安全性	基于用户位置安全策略，高安全性
配置管理	每个 AP 需要单独配置，管理复杂	AP 本身零配置，统一由接入控制器（AC）集中配置，维护简单
网络管理	需要固定硬件支持，管理能力较弱，维护工作量大	可视化的网管系统，管理能力强，维护轻松
切换	在不同 AP 之间切换会中断原有业务，要重新认证、获取地址	支持在不同 AP 之间无缝地漫游，用户不会丢失连接
WLAN 组网规模	适合小规模组网	适合大规模组网

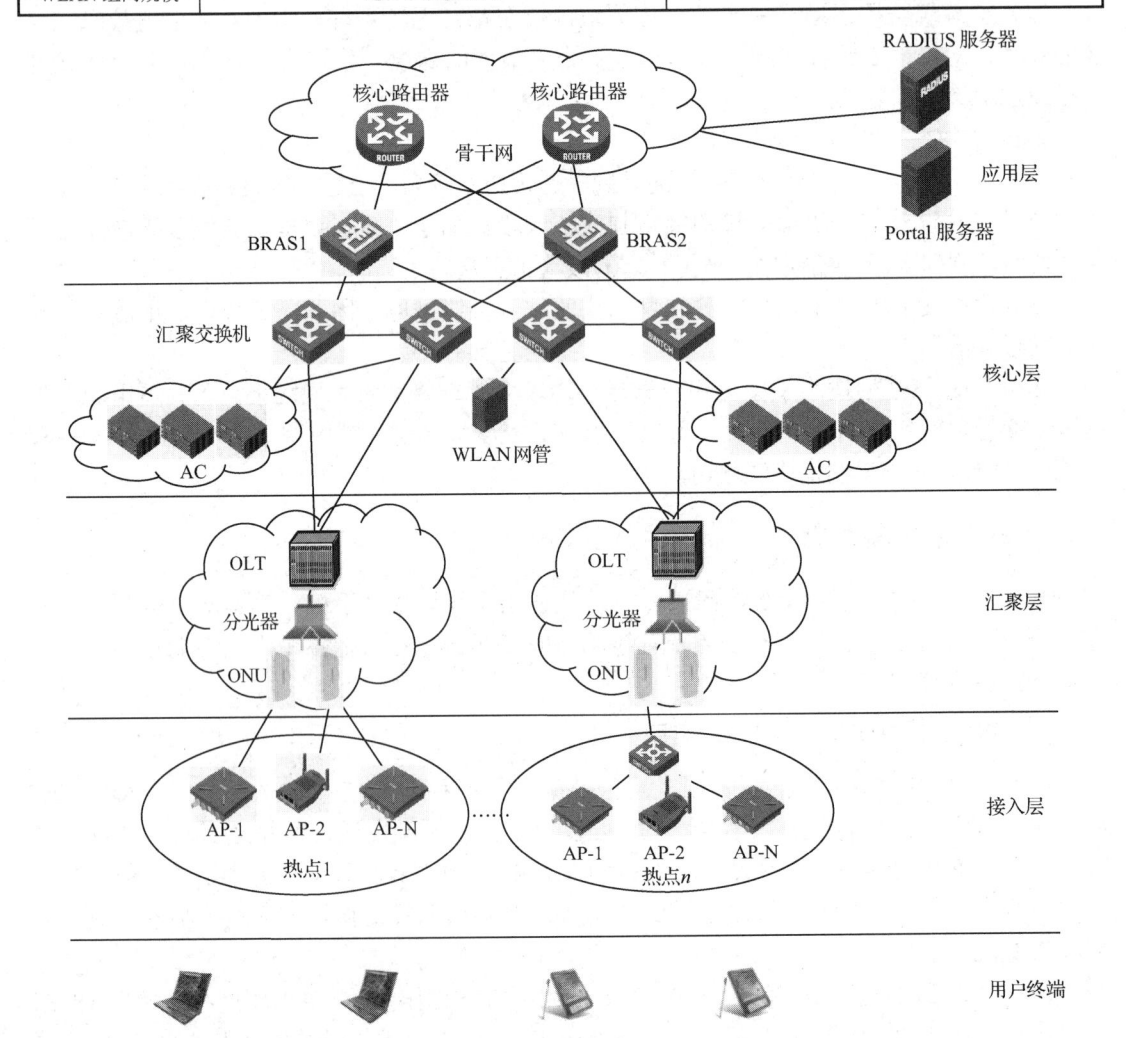

图 1-29 典型的"瘦"AP 组网 WLAN 网络拓扑

2. 合路型 AP 和直放型 AP

按工作方式的不同，AP 可分为合路型 AP 和直放型 AP，如图 1-30 所示。

图 1-30　合路型 AP 和直放型 AP 示例

合路型 AP 自身没有天线，需要外接分布系统才能工作；直放型 AP 自带天线，外型与家用无线路由器类似，可以直接安装在需要信号覆盖的地方，网络开通后即可工作。合路型 AP 的最大射频输出功率通常只有 500 mW，接入分布系统时通常只能接 4~6 个天线；直放型 AP 的最大射频输出功率通常只有 100 mW，覆盖面积也非常有限。

如图 1-31 所示为合路型 AP 和直放型 AP 典型的工作方式示意图，合路型 AP 通过馈线连接天线进行信号覆盖，直放型 AP 利用自带天线直接进行信号覆盖，AP 通过超五类线与 ONU 进行连接，并利用其进行供电，通常单根超五类线不超过 100 m，ONU 通过光纤与传输网络相连。

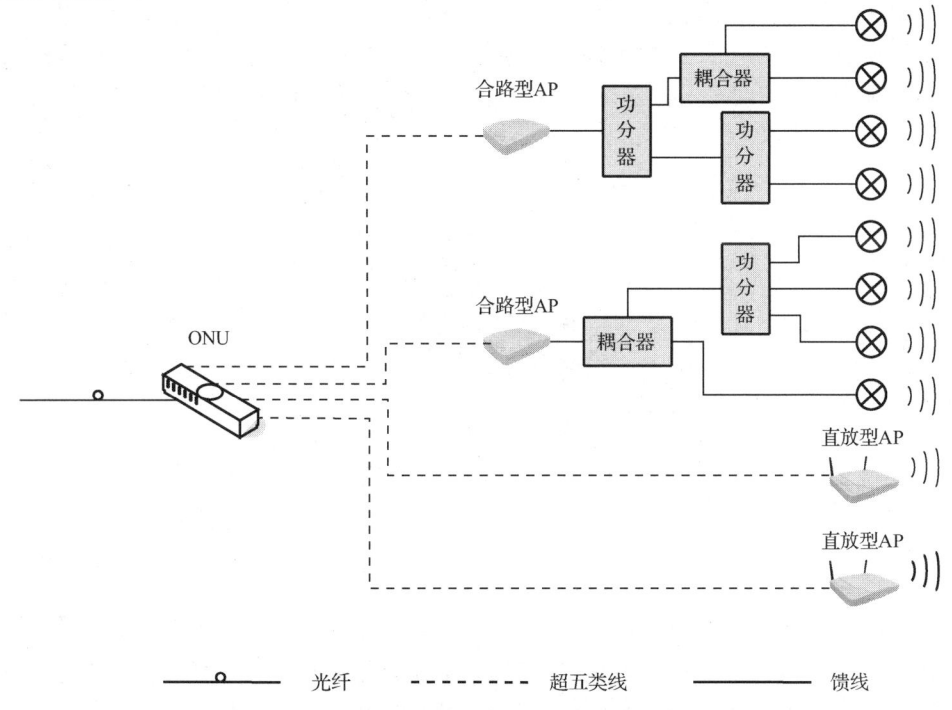

图 1-31　合路型 AP 和直放型 AP 典型的工作方式示意图

1.3.5 直放站

直放站是一种射频中继设备,属于同频放大器,在室内分布系统中作为信源设备,实际上是将主基站的射频信号放大和中转。直放站按工作原理的不同可分为光纤直放站和无线直放站,其中光纤直放站主要配合传统基站使用,在1.3.1中已经介绍。

无线直放站又称作射频直放站,它通过施主天线耦合基站信号,经过放大后通过馈线接入室内分布系统,对目标区域进行覆盖,其工作原理如图 1-32 所示。

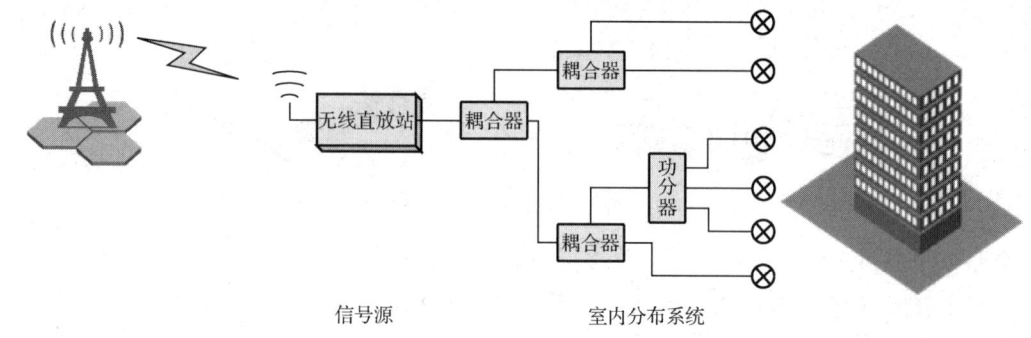

图 1-32　无线直放站的工作原理示意

无线直放站对安装的要求较高,如果安装不当,收发天线隔离度不够,或整机增益偏大时,输出信号经延时后会反馈到入端,导致直放站输出信号发生严重失真产生自激。所谓自激是指经无线直放站放大后的信号再次进入接收端进行二次放大,发生自激后信号波形质量变差,严重影响通话质量,会发生掉话的现象。

克服自激现象的方法有两种,一是增大施主与重发天线的隔离度,二是降低直放站增益。因此无线直放站的施主天线和业务天线存在隔离度要求,为避免自激,施主天线需要采用方向性很强的定向天线,实际应用中多采用八木天线,如图 1-33 所示。

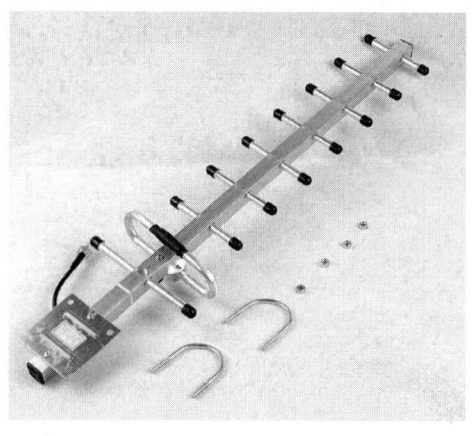

图 1-33　八木天线

和光纤直放站一样,无线直放站自身也没有承载话务的能力,只是将主基站的信号进行延伸。无线直放站延伸覆盖面积有限,对周围基站有较大干扰,对网络质量指标有很大的影响。因此,现在运营商已不再使用无线直放站作为室内分布系统的信号源。

技能训练1　观察并认识身边的基站

1．实训目的
（1）熟悉常见宏基站的类型与形态。
（2）掌握室内分布系统的结构，认识室内分布系统的天线。

2．实训工具
照相机或智能手机。

3．实训内容与步骤
（1）观察学校内及学校周边的宏基站，并用照相机拍摄记录。
（2）观察学校教学楼、宿舍、食堂等建筑内室内分布系统天线，观察相邻天线之间的间距，用照相机拍摄记录天线的形态、位置。

4．实训结果
（1）整理所拍摄记录的宏基站照片，按照天线的类型、天线的安装位置、可能的基站设备类型、是否采用美化方式及站点的性质，描述对应宏基站的类型。

（2）按建筑物整理所拍摄的室内分布系统天线，描述其安装位置与覆盖区域。

5．总结与体会

知识梳理与归纳

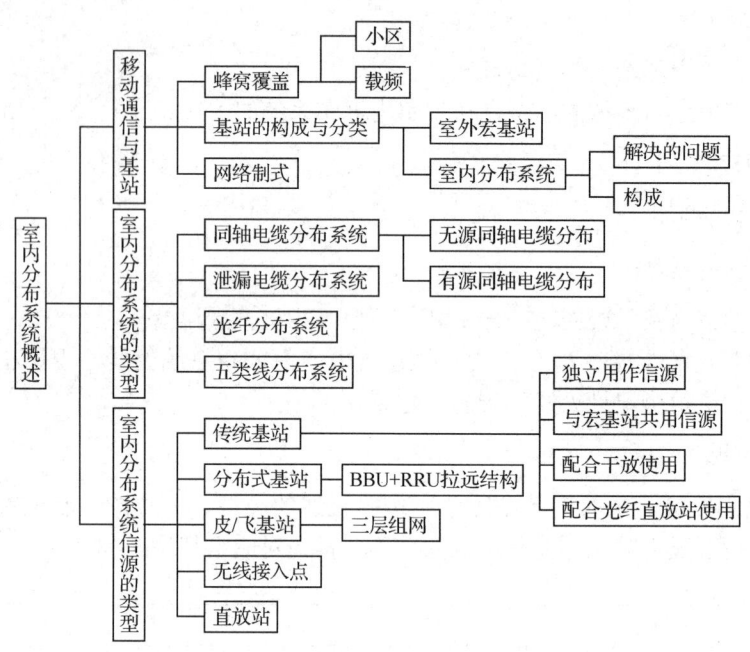

自我测试1

一、填空题

1. ＿＿＿＿＿＿是通过移动通信交换中心，与移动电话终端之间进行信息传递的无线电收发信电台。它通过＿＿＿＿＿＿发送和接收无线信号，实现与移动电话终端的通信，再通过有线方式连接到＿＿＿＿＿＿实现用户与本网络或其他网络用户间的通信。

2. 移动通信基站，一般包括＿＿＿＿＿＿、＿＿＿＿＿＿及基站配套设备设施。

3. 移动基站覆盖可以分为＿＿＿＿＿＿覆盖和＿＿＿＿＿＿覆盖两类。

4. 第三代移动通信技术以＿＿＿＿＿＿、＿＿＿＿＿＿、＿＿＿＿＿＿三大标准为代表；第四代移动通信技术以＿＿＿＿＿＿、＿＿＿＿＿＿两大核心技术标准为基础。

5. 典型的室外宏基站由＿＿＿＿＿＿和＿＿＿＿＿＿两部分组成。依据采用天线的不同，其可以分为＿＿＿＿＿＿和＿＿＿＿＿＿两种类型。

6. 室内分布系统是指基站信源射频信号通过＿＿＿＿＿＿进行分路，经由＿＿＿＿＿＿将无线信号均匀地分散到多个＿＿＿＿＿＿上。

7. 现网最多的同轴电缆室内分布系统主要由＿＿＿＿＿＿与＿＿＿＿＿＿两部分组成。

8. 分布式基站是将传统宏基站＿＿＿＿＿＿和＿＿＿＿＿＿分离，形成两个独立的设备，中间通过＿＿＿＿＿＿进行连接。

9. RRU可以分为＿＿＿＿＿＿通道RRU和＿＿＿＿＿＿通道RRU，在室内分布系统中主要使用＿＿＿＿＿＿通道RRU。RRU可以＿＿＿＿＿＿更多的RRU，中间采用光纤连接，每个

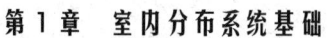

RRU 都可以连接独立的分布系统。

10. 分布式皮基站包括_____、_____和_____。

11. 直放站是一种射频中继设备，在室内分布系统中作为信源设备，实际上是将主基站的射频信号放大和中转，直放站按工作原理的不同可分为_____和_____。

12. WLAN 网络有_____和_____两个工作频段，按照组网方式和功能的差异，AP 可以分为_____和_____，运营商在 WLAN 网络建设时主要采用_____组网方式。

二、单选题

1. 基站的核心是（　　），它负责信号的适配处理、调制解调等。
　　A．无线收发设备　　　B．天线　　　　C．配套电源设备　　D．配套设备设施

2. 室内分布覆盖，以下（　　）不是主要针对的对象。
　　A．较复杂建筑结构　　　　　　　　　B．室内移动通信业务需求较大
　　C．建筑结构简单的室内区域　　　　　D．室内盲区

3. 下列（　　）不是传统基站用作室内分布系统信源的组网方式。
　　A．单独用作信源　　　　　　　　　　B．射频处理单元拉远用作信源
　　C．与干放配合用作信源　　　　　　　D．与光纤直放站配合用作信源

4. 以下（　　）不是 BBU 和 RRU 之间传送的信号。
　　A．数字信号　　　　B．射频信号　　　C．基带信号　　　　D．光信号

5. 下列（　　）设备是一种射频信号发射中转设备，它本身不产生射频信号。
　　A．室外宏基站　　　B．微站　　　　　C．RRU　　　　　　D．直放站

6. 以下（　　）场景不适合室内覆盖。
　　A．偏僻的农村　　　　　　　　　　　B．大型写字楼
　　C．高级酒店　　　　　　　　　　　　D．流动人员密集的车站

三、判断题

1. 基站通过无线信号实现与移动电话终端、移动运营商交换网络之间的通信。
　　　　　　　　　　　　　　　　　　　　　　　　　　　　　　　　　　（　　）
2. 基站在相邻小区之间不使用相同的频率，主要目的是克服同频干扰。　　（　　）
3. 室内分布系统采用小功率大增益天线多点覆盖。　　　　　　　　　　　（　　）
4. 无源同轴电缆分布系统的优点是故障率低，系统容量大。　　　　　　　（　　）
5. 光纤直放站既可增加室内分布系统的覆盖面积，也可以增加系统容量。（　　）
6. 分布式皮基站采用三层组网，所有设备都支持后台监控。　　　　　　　（　　）

四、简答题

1. 由于复杂的大型建筑、室内业务量的需求增长等原因，室内分布系统主要用于解决哪几方面的问题？
2. 简述传统基站设备用作信源时的几种组网方式。
3. 简述"胖"AP 组网和"瘦"AP 组网的区别。

第2章 同轴电缆室内分布系统

学习目标

1. 理解分贝功率的含义,掌握分贝毫瓦和分贝的计算方法。
2. 掌握各种无源器件的功能、用途与关键技术指标。
3. 掌握功分器、耦合器的功率损耗计算方法。
4. 了解常见有源器件的功能与用途。
5. 了解馈线及同轴连接器的分类,掌握馈线功率损耗的计算方法。
6. 了解天线的基本原理与基本指标,掌握常见天线的类型与适用场景。

内容导航

同轴电缆室内分布系统是现网存量最多的一种室内分布系统,它主要由无源器件、有源器件、馈线与天线组成。

同轴电缆分布系统的工作原理是将基站信源射频信号通过无源器件进行分路,经由馈线将无线信号均匀地分配到室内各个角落的每一副独立的小功率低增益天线上,从而保证室内区域理想的信号覆盖。它是一种技术成熟的解决建筑物室内信号覆盖的方案,同时还可以分担室外宏蜂窝话务,扩大网络容量,从而保证良好的通信质量,整体上提高移动网络的服务水平。

本章首先讲述了分贝功率的含义及计算方法,然后详细介绍了无源器件、有源器件、馈线与同轴连接器,以及天线的原理、主要技术指标、类型与用途,并系统地讲解了同轴电缆室内分布系统的链路预算。

2.1 功率计算基础

同轴电缆室内分布系统是由各种射频器件、馈线和天线构成的,它们是如何将移动基站的射频信号功率均匀分散到各个天线上的?本章将详细介绍它们的工作原理。本节首先讲解在移动通信网络工程中功率的计算方法。

在移动通信中,信号从基站设备发射出来到手机接收,功率呈对数级别衰减,为了计算直观和方便,通常采用分贝毫瓦和分贝。

1. 分贝毫瓦

分贝毫瓦(dBm)是一个表征功率的单位,是使用对数形式表示功率的一种测量方法,它与毫瓦的换算公式为

$$P(\mathrm{dBm}) = 10\lg \frac{P(\mathrm{mW})}{1(\mathrm{mW})} \tag{2-1}$$

式中,P 为功率。

> **实例 2-1** 如果一个基站设备射频输出功率为 20 W,按 dBm 计量为多少?
> **解:**
> $$P(\mathrm{dBm}) = 10\lg \frac{20\,000(\mathrm{mW})}{1(\mathrm{mW})} = 10\lg(2 \times 10\,000) = 10\lg 2 + 10\lg 10\,000 = 43\,\mathrm{dBm}$$

> **实例 2-2** 如果一台手机接收到信号功率为 −100 dBm,此时信号功率为多少 mW?
> **解:**
> $$P(\mathrm{mW}) = 10^{\frac{P(\mathrm{dBm})}{10}} = 10^{-10}\,\mathrm{mW}$$

dBm 是一个绝对值,表征功率的大小,它的换算公式以 1 mW 为参考,取值既可为正,也可为负。当取值为正时,表示功率大于 1 mW;当取值为负时,表示功率小于 1 mW;而当取值为 0 时,并不代表没有功率,而是表示功率等于 1 mW。

在室内分布系统中,信源设备的射频输出功率、天线口射频输出功率、手机接收信号功率,一般采用 dBm 为计量单位。用 dBm 表示的信号功率大小,通常又被称作信号电平值。

2. 分贝

dB 是一个表征功率增益的单位,是使用对数形式表示两个功率的大小关系的一种测量方法,它的计算公式为

$$\mathrm{dB} = 10\lg \frac{P_A}{P_B} \tag{2-2}$$

式中,P_A、P_B 为功率,单位必须相同,同为瓦(W)或毫瓦(mW),该表达式含义是 A 的功率相比于 B 的功率增益变化多少 dB。

> **实例 2-3** 以瓦特为单位时,甲功率为乙功率的 2 倍,用 dB 表示,甲功率比乙功率大多少?若甲功率是乙功率的一半,用 dB 表示,甲功率比乙功率小多少?

解：

（1）甲功率为乙功率的 2 倍，则

$$10\lg\frac{甲功率}{乙功率}=10\lg2=3\text{ dB}$$

（2）甲功率是乙功率的一半，则

$$10\lg\frac{甲功率}{乙功率}=10\lg\frac{1}{2}=-10\lg2=-3\text{ dB}$$

dB 是一个相对值，用于表示功率的变化或两个功率的比值，与功率的大小无直接关系。当取值为正时，表示信号增加或甲信号大于乙信号；当取值为负时，表示信号减弱或甲信号小于乙信号。

3. dBm 和 dB 的关系

将式（2-2）进行对数变换，可得

$$\text{dB}=10\lg P_\text{A}-10\lg P_\text{B}=P_\text{A}(\text{dBm})-P_\text{B}(\text{dBm}) \tag{2-3}$$

该式将功率的大小比值变化转换为了分贝毫瓦与分贝的加减运算。

在功率变化过程中，信号每增加 1 倍，采用分贝表示就相当于增加 3 dB；信号每减少一半，采用分贝表示就相当于减少 3 dB。

实例 2-4 在一段分布系统中，输出信号功率是输入信号的 1/4，已知输入信号是 17 dBm，请问此时输出信号是多少 dBm。

解：

$$P_\text{out}=P_\text{in}-(2\times3\text{ dB})=17-6=11\text{ dBm}$$

实例 2-5 已知某基站天线口输出功率为 10 mW，若手机要求接收到的最小电平值为 −100 dBm，试计算从天线口到手机所允许的最大功率损耗为多少 dB。

解：

$$P(\text{dBm})=10\lg\frac{10(\text{mW})}{1(\text{mW})}=10\text{ dBm}$$

$$\text{dB}=10-(-100)=110\text{ dB}$$

由该例题可以看出，在移动通信中信号衰减的值非常大，衰减前后的信号功率通常不是同一计量级的，计算很不方便且不直观。而采用分贝毫瓦和分贝进行计算时，可以把很大的功率变化取对数后简短地表示出来，将复杂的倍数变化关系转换为简单的加减运算，大大减小计算的复杂程度。

在室内分布系统中，无源器件的分配损耗、插入损耗及馈线的传播损耗均采用 dB 为计量单位。

2.2 无源器件

同轴电缆室内分布系统中常用的器件分为有源器件和无源器件，它们都属于线性互易

元件。线性互易是指对射频信号进行线性变换而不改变频率特性，并满足互易原理。其中，最常用的无源器件有功分器、耦合器、合路器、电桥、衰减器、负载等，它们在不需要外加电源的条件下，就可以正常工作。

2.2.1 功分器

1. 功分器的原理与分类

功分器是一种平均分配功率的无源器件，即将一路输入信号能量平均分成两路或多路输出，也可反过来将多路信号能量合成一路输出。功分器由输入端和输出端两部分组成，输出端口之间应保证一定的隔离度。根据功分器输出端的数量不同，功分器可分为二功分器、三功分器、四功分器，如图 2-1 所示，通过级联可以形成多路功率分配。使用功分器时，多余的输出端口必须接匹配负载，不应空载。

功分器遵守能量守恒定律，在不考虑传输损耗时，各输出端口功率（mW）相加总和等于输入端口功率（mW），二功分器每个端口得到 1/2 的输入功率，三功分器每个端口得到 1/3 的输入功率，四功分器每个端口得到 1/4 的输入功率。

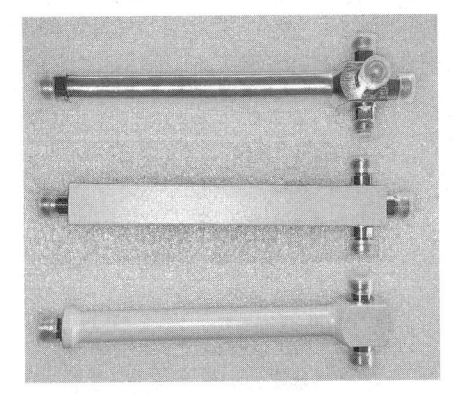

图 2-1 功分器实物图

2. 功分器的插入损耗

功分器的插入损耗是功分器输入端口功率与输出端口功率比值的度量，用 dB 来表示，它是功分器重要的指标之一，其计算方法如下：

$$插入损耗（dB）=10\lg\frac{输入功率（mW）}{输出功率（mW）} \tag{2-4}$$

对上式进行对数变换可得

$$插入损耗（dB）=输入功率（dBm）-输出功率（dBm） \tag{2-5}$$

因此，功分器各输出端功率可以由输入功率和插入损耗计算，方法如式：

$$输出端功率（dBm）=输入功率（dBm）-插入损耗（dB） \tag{2-6}$$

插入损耗包括分配损耗和传输分配过程中的介质损耗。

（1）分配损耗是指功率在器件中分配前后功率差值的度量，也用 dB 表示。二功分器分配前后功率比为 2，因此其分配损耗为 10lg2＝3 dB；同理，三功分器的分配损耗为 10lg3＝4.8 dB；四功分器的分配损耗为 10lg4＝6 dB。

（2）介质损耗是指功分器在传送分配过程中的传输损耗，它受生产材料、工艺水平等影响，取值存在差异，一般不超过 0.5 dB。较为典型的二功分器、三功分器、四功分器的插入损耗如表 2-1 所示。

表 2-1 功分器的插入损耗

类别	二功分器	三功分器	四功分器
分配损耗（dB）	3	4.8	6
介质损耗（dB）	0.3	0.4	0.5
插入损耗（dB）	3.3	5.2	6.5

实例 2-6 设输入端口信号功率为 12 dBm，计算二功分器、三功分器、四功分器的输出端口功率分别为多少。

解：
二功分器的输出功率：12 dBm − 3.3 dB = 8.7 dBm
三功分器的输出功率：12 dBm − 5.2 dB = 6.8 dBm
四功分器的输出功率：12 dBm − 6.5 dB = 5.5 dBm

功分器功率分配计算示意如图 2-2 所示，功率计算是同轴电缆室内分布系统设计的基础，它是同轴电缆分布系统能否均匀地进行信号覆盖的关键。

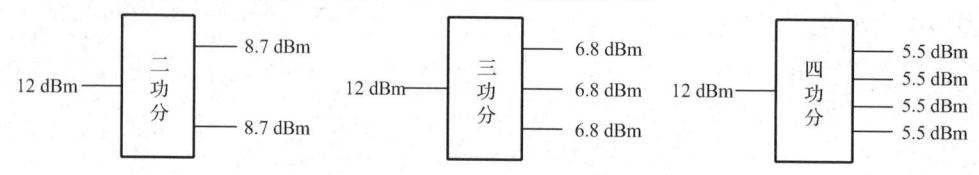

```
            ┌─────┐ ── 8.7 dBm              ┌─────┐ ── 6.8 dBm              ┌─────┐ ── 5.5 dBm
12 dBm ─────│ 二功分 │                  12 dBm ─────│ 三功分 │── 6.8 dBm        12 dBm ─────│ 四功分 │── 5.5 dBm
            └─────┘ ── 8.7 dBm              └─────┘ ── 6.8 dBm              └─────┘ ── 5.5 dBm
                                                                                       ── 5.5 dBm
```

图 2-2 功分器的功率分配计算示意

3. 功分器的主要指标要求

功分器根据其内部原理的不同可以分为腔体功分器和微带功分器。腔体功分器在总体性能上优于微带功分器，实际应用更广泛。典型功分器的技术指标如表 2-2 所示。

表 2-2 典型功分器的技术指标

型号	二功分器		三功分器		四功分器	
插入损耗（dB）	≤3.3		≤5.2		≤6.5	
频率范围（MHz）	800～2700					
阻抗（Ω）	50					
驻波比	≤1.25		≤1.25		≤1.3	
带内波动（dB）	≤0.3		≤0.45		≤0.55	
三阶互调（dBc）（@+43 dBm×2）	≤−150	≤−140	≤−150	≤−140	≤−150	≤−140
五阶互调（dBc）（@+43 dBm×2）	≤−160	≤−155	≤−160	≤−155	≤−160	≤−155
接口类型	DIN 型	N 型	DIN 型	N 型	DIN 型	N 型
平均功率容限（W）	500	300	500	300	500	300
峰值功率容限（W）	1500	1000	1500	1000	1500	1000

1）频率范围

频率范围指的是所有器件、天线能正常工作的频率范围。功分器的设计结构与工作频率密切相关，必须首先明确功分器的工作频率，才能进行下面的设计。

通常要求支持国内三大运营商 2G、3G、4G 网络全部频段，一般为 800～2700 MHz。建设模式是合路原有分布系统时，需要核实原系统中所有无源器件是否支持新系统接入的频段。

2）阻抗

阻抗又称特征阻抗，它是射频传输线影响高频电波电压、电流的幅值和相位变化的固有特性，等于各处的电压与电流的比值，单位是欧姆（Ω）。

射频信号在传输的过程中,如果传输路径上的特性阻抗发生变化,信号就会在阻抗不连续的节点产生反射,而传输线特性阻抗在 77 Ω时传输损耗最低,在 30 Ω时承载功率最大。因此移动通信兼顾以上多个因素,特性阻抗选择 50 Ω,包括信号源内阻、器件、馈线、天线等所有介质特性阻抗都采用 50 Ω,从而保证整个分布系统阻抗匹配。

3)驻波比

在电波传播过程中,会有少部分能量反弹回来,形成反射波,正反两个波的相互作用会形成驻波。驻波上电压振幅最大的点称作波腹,最小的点称作波节。而电压驻波比(voltage standing wave ratio,VSWR)是指驻波波腹电压与波谷电压幅度之比,用来表征各端口反射波的大小,从而判断器件、馈线、天线和信源连接是否匹配。

驻波比越小(最小为 1),表示反射波电压越小,器件与设备的匹配程度就越好。当驻波比等于 1 时,表示馈线、器件、天线的阻抗完全匹配,此时电波完全向前传播,没有能量的反射损耗,这是最理想的情况。驻波比越大,表示反射波电压越大,器件与设备的匹配程度就越差。若驻波比大于 1,则表示有一部分电波被反射回来,造成分布系统的能量损耗。在室内分布系统规范中,要求整个室内分布系统驻波比要小于1.5。

分布系统中器件、天线与馈线连接断路、阻抗不匹配都会引起驻波,过大的驻波比会减小基站的覆盖并造成系统内干扰加大,影响基站的服务性能,因此,分布系统中任何器件端口都不能空载,必须要安装负载,否则会引起驻波比过高。维护人员则可以利用驻波的这一特点,在分布系统出现故障时,利用驻波仪对驻波比的大小和位置进行测试,从而定位找出分布系统的故障点。

4)带内波动

功分器在其工作频段内,输出端口的功率值存在一定的波动,输出端口在工作频段范围内最大信号和最小信号的功率差值被称作带内波动,单位为 dB。带内波动是反映功分器稳定性的重要指标。

5)互调

互调是指非线性射频线路中,两个或多个频率混合后产生噪声信号的现象。互调产生本来并不存在的"错误"信号,此信号会被系统误认为是真实的信号。互调可能是由器件机械结构接触不良、虚焊和表面氧化、材质磁性导体和射频传导面的污染、工艺及设计等多种因素引起的。

dBc 是相对于载波功率而言的,用来度量与载波功率的相对值,如干扰信号与载波信号功率的比值,用来度量干扰对系统影响的大小。

具有两个载波信号 F_1 和 F_2 的系统,由于非线性因素,会产生如下的互调信号。

二阶:$F_1 \pm F_2$。

三阶:$2 \times F_1 \pm F_2$,$2 \times F_2 \pm F_1$。

四阶:$3 \times F_1 \pm F_2$,$3 \times F_2 \pm F_1$,$2 \times F_2 \pm 2 \times F_1$。

五阶:$4 \times F_1 \pm F_2$,$4 \times F_2 \pm F_1$,$3 \times F_1 \pm 2 \times F_2$,$3 \times F_2 \pm 2 \times F_1$。

由于 F_1、F_2 信号频率比较接近,其产生的三阶互调信号 $2 \times F_1 - F_2$、$2 \times F_2 - F_1$,五阶互调信号 $3 \times F_1 - 2 \times F_2$、$3 \times F_2 - 2 \times F_1$ 与实际工作的频率会很相近,会干扰到正常工作的频点,这就是三阶互调干扰和五阶互调干扰。互调的阶数越高,信号强度就越弱,所以三阶

互调和五阶互调是主要的干扰，会造成信号丢失、虚假信道繁忙、语音质量下降、系统容量受限等问题。

以 GSM 系统为例，若信号频点 $F_1 = 935\text{ MHz}$，$F_2 = 960\text{ MHz}$，其三阶互调失真信号频率为 $2 \times F_1 - F_2 = 1870 - 960 = 910\text{ MHz}$，在 GSM 上行频段内，带来上行干扰。若频点 $F_1 = 935\text{ MHz}$，$F_2 = 954\text{ MHz}$，其五阶互调失真信号频率为 $3 \times F_1 - 2 \times F_2 = 2805 - 1908 = 897\text{ MHz}$，也在 GSM 上行频段内，带来干扰。

6）功率容限

功率容限是指无源器件因大功率射频输入所导致的电气性能恶化不超出最低允许范围时的最大功率负荷。无源器件由于电阻和介质损耗所消耗产生的热能会导致器件的老化、变形等现象，功率容限反映了器件正常工作时输入信号功率的最大承受限度。

平均功率容限指无源器件正常工作时输入端口所允许的最大输入平均功率；峰值功率容限指无源器件正常工作时输入端口所允许的最大瞬时输入功率。

采用 DIN 型接头无源器件的功率容限较大，在多个制式网络共用分布系统时，通常用在分布系统靠近信源的前几级。采用 N 型接头的器件功率容限相对较低，用于中小功率场景。但 N 型接头具有螺纹连接结构，具备良好的力学性能，是室内分布中应用最为广泛的一种连接头。

2.2.2 耦合器

1. 耦合器的耦合度

耦合器是一种非均匀分配功率的器件，一般用于需要从主功率通道上耦合一小部分功率时，它由一路输入、两路输出组成。其中，两路输出端的功率不相等，直通端输出的信号功率较大，耦合端输出的信号功率较小，如图 2-3 所示。耦合器同样遵守能量守恒定律，在不考虑传输损失时，其直通端与耦合端的功率（mW）之和等于输入端功率（mW）。

耦合度是指输入端口的功率与耦合端口的功率比值的度量，用 dB 表示，其计算方法如下：

$$耦合度（\text{dB}）= 10\lg \frac{输入端功率（\text{mW}）}{耦合端功率（\text{mW}）} \tag{2-7}$$

对上式进行对数变换可得

$$耦合度（\text{dB}）= 输入端功率（\text{dBm}）- 耦合端功率（\text{dBm}） \tag{2-8}$$

耦合端功率可以直接利用输入功率和耦合度计算：

$$耦合端功率（\text{dBm}）= 输入端功率（\text{dBm}）- 耦合度（\text{dB}） \tag{2-9}$$

耦合器的名称一般用耦合度来表示，如耦合度为 5 dB 的耦合器被称为 5 dB 耦合器；耦合度为 15 dB 的耦合器称为 15 dB 耦合器。耦合器实物图如图 2-4 所示。

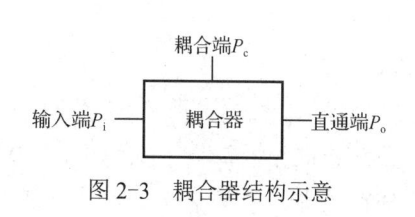

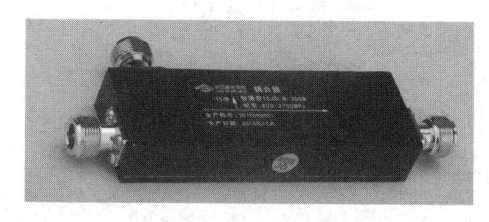

图 2-3 耦合器结构示意

图 2-4 耦合器实物

2. 耦合器的插入损耗

耦合器的插入损耗是指耦合器输入端功率和直通端功率比值的度量，也用 dB 表示，其计算方法如下：

$$插入损耗（dB）=10\lg\frac{输入端功率（mW）}{直通端功率（mW）} \tag{2-10}$$

对上式进行对数变换可得

$$插入损耗（dB）=输入端功率（dBm）-直通端功率（dBm） \tag{2-11}$$

直通端功率则可以利用输入端功率和插入损耗直接计算：

$$直通端功率（dBm）=输入端功率（dBm）-插入损耗（dB） \tag{2-12}$$

与功分器类似，耦合器的插入损耗也包括分配损耗和传输分配过程中的介质损耗。分配损耗指输入信号功率因为耦合端耦合信号而减少的信号能量，它与耦合度有直接关系。为了计算分配损耗，假设耦合器在理想状态下工作，即没有传输介质损耗。依照能量守恒定律，耦合器输入端功率（mW）是直通端功率（mW）和耦合端功率（mW）之和，即

$$P_o + P_c = P_i \tag{2-13}$$

上式两边同时除以 P_i，可得

$$\frac{P_o}{P_i} + \frac{P_c}{P_i} = 1 \tag{2-14}$$

设耦合度用 a 表示，分配损耗以 b 表示，则

$$a = 10\lg\frac{P_i}{P_c} \tag{2-15}$$

$$b = 10\lg\frac{P_i}{P_o} \tag{2-16}$$

变换后可得

$$\frac{P_i}{P_c} = 10^{\frac{a}{10}} \tag{2-17}$$

$$\frac{P_i}{P_o} = 10^{\frac{b}{10}} \tag{2-18}$$

将式（2-17）和式（2-18）代入式（2-14）可得

$$10^{-\frac{a}{10}} + 10^{-\frac{b}{10}} = 1 \tag{2-19}$$

可得分配损耗 b 和耦合度 a 的关系：

$$b = -10\lg\left(1 - 10^{-\frac{a}{10}}\right) \tag{2-20}$$

由式（2-20）可以看到，分配损耗的大小取决于耦合度的大小，耦合度越大，分配损耗越小，反之，则越大。实际的耦合器还存在传输介质损耗，它与耦合器的生产工艺和水平有关，一般取 0.3～0.5。常见的耦合器分类与其插入损耗、耦合度的关系如表 2-3 所示。

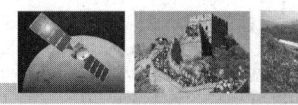

表 2-3 常见的耦合器分类与其插入损耗、耦合度的关系

耦合度（dB）	5	6	7	10	12	15	20	25	30	40
分配损耗（dB）	1.65	1.26	0.97	0.46	0.28	0.14	0.04	0.01	0.0043	0.0004
介质损耗（dB）	0.5	0.5	0.5	0.5	0.3	0.3	0.3	0.3	0.3	0.3
插入损耗（dB）	2.15	1.76	1.47	0.96	0.58	0.44	0.34	0.31	0.30	0.30

从表 2-3 中可以看出，当耦合度较大时，耦合出去的功率相对于直通端的功率是非常小的，即分配损耗非常小，插入损耗以介质损耗为主。

实例 2-7 如图 2-5 所示，输入信号功率 P_i 为 30 dBm，假设馈线 1、馈线 2 的馈线损耗均为 5 dB，其余馈线及接头损耗忽略，试求图中 a、b、c、d 4 个端口的输出功率值。

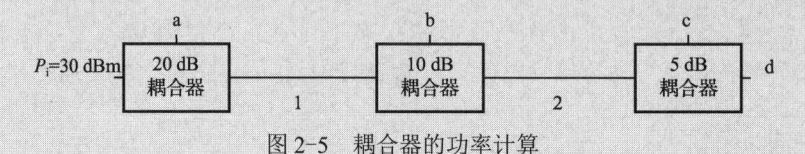

图 2-5 耦合器的功率计算

解：

20 dB 耦合器耦合端功率：$P_a = P_i - 20\,\text{dB} = 30\,\text{dBm} - 20\,\text{dB} = 10\,\text{dBm}$。

20 dB 耦合器直通端功率：$P_1 = P_i - 0.34\,\text{dB} = 30\,\text{dBm} - 0.34\,\text{dB} = 29.66\,\text{dBm}$。

10 dB 耦合器输入端功率：$P_1' = P_1 - 5\,\text{dB} = 29.66\,\text{dBm} - 5\,\text{dB} = 24.66\,\text{dBm}$。

10 dB 耦合器耦合端功率：$P_b = P_1' - 10\,\text{dB} = 24.66\,\text{dBm} - 10\,\text{dB} = 14.66\,\text{dBm}$。

10 dB 耦合器直通端功率：$P_2 = P_1' - 0.96\,\text{dB} = 24.66\,\text{dBm} - 0.96\,\text{dB} = 23.7\,\text{dBm}$。

5 dB 耦合器输入端功率：$P_2' = P_2 - 5\,\text{dB} = 23.7\,\text{dBm} - 5\,\text{dB} = 18.7\,\text{dBm}$。

5 dB 耦合器耦合端功率：$P_c = P_2' - 5\,\text{dB} = 18.7\,\text{dBm} - 5\,\text{dB} = 13.7\,\text{dBm}$。

5 dB 耦合器直通端功率：$P_d = P_2' - 2.15\,\text{dB} = 18.7\,\text{dBm} - 2.15\,\text{dB} = 16.55\,\text{dBm}$。

详细的计算示意如图 2-6 所示。

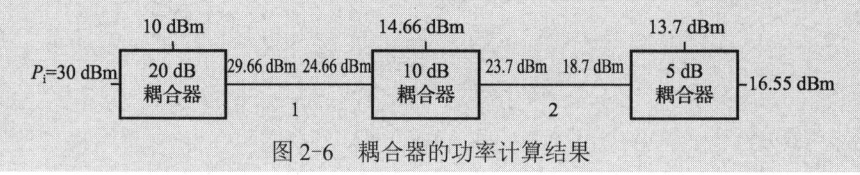

图 2-6 耦合器的功率计算结果

3. 耦合器的主要指标要求

耦合器根据其内部原理的不同可以分为腔体耦合器和微带耦合器。腔体耦合器在总体性能上要更优，实际应用更为广泛。典型耦合器的技术指标如表 2-4 所示。

表 2-4 典型耦合器的技术指标

型号	5 dB	6 dB	7 dB	10 dB
频率范围（MHz）	800～2700			
耦合度偏差（dB）	±0.6	±0.6	±0.6	±1

续表

最小隔离度（dB）	≥23		≥24		≥25		≥28	
插入损耗（dB）	≤2.15		≤1.76		≤1.47		≤0.96	
驻波比	≤1.25							
阻抗（Ω）	50							
三阶互调（dBc）（@+43 dBm×2）	≤−150	≤−140	≤−150	≤−140	≤−150	≤−140	≤−150	≤−140
五阶互调（dBc）（@+43 dBm×2）	≤−160	≤−155	≤−160	≤−155	≤−160	≤−155	≤−160	≤−155
接口类型	DIN 型	N 型	DIN 型	N 型	DIN 型	N 型	DIN 型	N 型
平均功率容限（W）	500	300	500	300	500	300	500	300
峰值功率容限（W）	1500	1000	1500	1000	1500	1000	1500	1000
型号	15 dB		20 dB		30 dB		40 dB	
频率范围（MHz）	800～2700							
耦合度偏差（dB）	±1		±1		±1		±1.5	
最小隔离度（dB）	≥33		≥38		≥48		≥55	
插入损耗（dB）	≤0.44		≤0.34		≤0.3		≤0.3	
驻波比	≤1.25							
阻抗（Ω）	50							
三阶互调（dBc）（@+43 dBm×2）	≤−150	≤−140	≤−150	≤−140	≤−150	≤−140	≤−150	≤−140
五阶互调（dBc）（@+43 dBm×2）	≤−160	≤−155	≤−160	≤−155	≤−160	≤−155	≤−160	≤−155
接口类型	DIN 型	N 型	DIN 型	N 型	DIN 型	N 型	DIN 型	N 型
平均功率容限（W）	500	300	500	300	500	300	500	300
峰值功率容限（W）	1500	1000	1500	1000	1500	1000	1500	1000

耦合器的主要技术指标与功分器相似，包括频率范围、插入损耗和驻波比等，除此之外，耦合器对耦合度偏差和最小隔离度还做出了规定。

1）耦合度偏差

耦合度偏差是指耦合端输出信号功率实际值与理论值的最大偏离差值的绝对值，它是反应耦合器性能好坏的重要指标之一。

2）最小隔离度

最小隔离度是反映无源器件各端口支路相互抑制能力的技术指标，它的大小影响无源器件在进行信号分配与合成时功率损失的大小。例如，某无源器件有 A、B 两个输出端口，当有信号输入时，本应全部从 A 端口输出的信号，有很小一部分从 B 端口输出，则将 A、B 端口输出功率（dBm）的差值（dB）定义为隔离度。显然，隔离度越大，干扰越小，器件在工作时的信号损失越小。

2.2.3 合路器

1．合路器的原理

合路器是将不同频段的两路或多路射频电信号合并到一条通路上传输的无源器件，又被称为异频合路器。合路器的主要作用是将输入的多系统信号组合到一起,再输出到同一套室内分布系统中。合路器一般有两个或多个输入端口,只有一个输出端口,在下行时,合路器将多路不同网络制式不同频段的输入信号合成一路输出;在上行时,合路器将一路信号按不同频段分成多路信号传输给不同网络制式基站设备。它由多个滤波器组成,滤波器对不同频率的选择和抑制能力,决定了合路器的性能。

如图 2-7 所示,该合路器实现了 900 MHz 的 GSM 系统、2000 MHz 的 TD-SCDMA 系统和 2300 MHz 的 TD-LTE 系统的合路与分离。

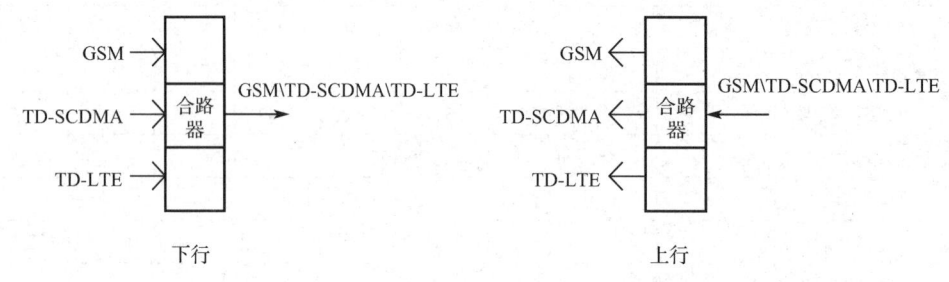

图 2-7 合路器上下行信号合成与分离示意

当合路器用于多网络共用一套分布系统时,属于异频合路器,依据需要合路的网络制式数不同,接口数也不同,如图 2-8 所示,图中为一个双频合路器和一个三频合路器实物图。

图 2-8 合路器

2. 合路器的主要指标要求

在实际应用中,可以依据实际需要合路的网络制式数量和频段选择合适的合路器,表 2-5 中给出了几种典型的合路器技术指标。

表 2-5 典型的合路器技术指标

类型	GSM/DCS 合路器（双路）	GSM&DCS/TD F&TD A/TD E 合路器（三路）	GSM&DCS&TD F&TD A&TD E/WLAN 合路器（双路）
工作频段（MHz）	通路 1：889～954 通路 2：1710～1830	通路 1：889～954,1710～1830 通路 2：1880～2025 通路 3：2300～2400	通路 1：889～954,1710～2025,2300～2380 通路 2：2400～2500
插入损耗（dB）	≤0.6	≤0.8	≤0.6（889～2025）,≤1.5（2300～2500）
驻波比	≤1.3	≤1.3	≤1.3
带内波动（峰峰值）(dB)	≤0.5	≤0.5	≤0.5（889～2025）,≤1.2（2300～2500）
隔离度（dB）	通路 1：≥80 通路 2：≥80	通路 1：≥80 通路 2：≥80 通路 3：≥80	通路 1：≥80 通路 2：≥90（WLAN 通路对其他频段的抑制值）
阻抗（Ω）	50		

续表

输入端口反射互调抑制	单系统总功率 ≥36 dBm	三阶	≤−140 dBc（+43 dBm×2）
		五阶	≤−155 dBc（+43 dBm×2）
	单系统总功率 <36 dBm	三阶	≤−120 dBc（+43 dBm×2）
		五阶	≤−145 dBc（+43 dBm×2）
功率容量	单系统总功率 ≥36 dBm	均值功率	≥200 W
		峰值功率	1～1.3 kW
	单系统总功率 <36 dBm	均值功率	≥200 W
		峰值功率	400 W

合路器应具备合分路损耗小、频段间隔离度高、功率容量大、温度稳定性好等特点。合路器的端口隔离度也称作带外抑制，该指标是合路器较重要的指标之一，用于描述两路信号互不影响的能力。如果带外抑制不够，会造成不同网络之间的相互干扰；而合路器为异频合路器，所以要求实现高隔离合成，提供不同系统间最小的干扰。在功率容限的要求方面，合路器输出端口的比多路输入端口的要更高。当合路系统较多，单系统总功率较高时，则多采用工作电压高的 DIN 接头，反之则采用 N 型接头。

2.2.4 电桥

1. 电桥的原理

电桥是一种将同频段射频电信号进行合路的器件，也被称作同频合路器。它有两进两出和两进一出两种类型，如图 2-9 所示。

图 2-9 电桥实物

两进一出的电桥可以认为它的其中一个输出端口在内部用负载堵上，因此两种电桥都可以看作四端口的器件，其特性是两端口输入两端口输出，两输入端口相互隔离，两输出端口各输出输入端口功率的 50%。

当电桥两个输入端口分别接两个同频段的射频信号进行合路时，其任意一路输出端口的信号都是两路输入信号的合成，但两路信号的功率均只有输入信号功率的一半，会损失 3 dB，因此电桥通常也被称作 3 dB 电桥。电桥信号功率分配示意图如图 2-10 所示。

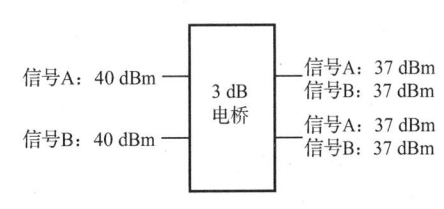

图 2-10 电桥信号功率分配示意

2. 电桥的用法与技术指标

电桥只能实现两路信号合成，隔离度较低，成本高，主要使用场景有以下 3 种。

（1）同系统上下行合路：如 GSM 系统的一路收发和一路只收的两路信号合路成两路收发的信号，实现收发平衡信号，防止分集接收告警，如图 2-11 所示。

（2）载波合路：在同频段内将同一个小区的两个无线载频合路后馈入天线或分布系统，如 WCDMA 两个载波合路。

（3）同系统不同小区合路：不同小区工作在同一频段，如 CDMA 2000 1×载波和 CDMA 2000 EVDO 载波合路。

电桥的使用方法较灵活，通常情况下是两进两出同时使用。如果某个端口未使用，要连接负载，防止产生驻波过高对系统造成影响。

（1）如果按一进两出使用，此时可以近似看作一个二功分器。

（2）如果按两进一出使用，此时很像一个合路器，不过它是将同频段射频信号进行合路，隔离度较低。而多网络合路用的异频合路器是将不同频段的两路或多路信号合路，在插入损耗、隔离度等性能上均优于电桥。

实际应用中典型的电桥技术指标如表 2-6 所示。

表 2-6 典型的电桥技术指标

指标类型	3 dB 电桥	
频率范围（MHz）	800～2700	
插入损耗（含分配损耗）（dB）	≤3.5	
带内波动（dB）	≤0.5	
隔离度（dB）	≥23	
驻波比	≤1.3	
特性阻抗（Ω）	50	
三阶互调（dBc）（@+43 dBm×2）	≤-150	≤-140
五阶互调（dBc）（@+43 dBm×2）	≤-160	≤-155
接口类型	DIN 型	N 型
平均功率容限（W）	500	300
峰值功率容限（W）	1500	1000

图 2-11 电桥上下行合路示意

2.2.5 衰减器

1. 衰减器的原理

衰减器是在一定工作频率范围内使输入信号功率减小的无源器件。它在相当宽的频段范围内相移为零，衰减和特性阻抗均为与频率无关的常数，是由电阻元件组成的二端网络。如图 2-12 所示为典型的衰减器实物。

衰减器是按照一定的衰减度对信号进行衰减的，如图 2-13 所示。衰减器的输出功率：

$$P_{\text{out}}(\text{dBm}) = P_{\text{in}}(\text{dBm}) - A(\text{dB}) \tag{2-21}$$

依据衰减度的恒定或可变，衰减器可分为固定衰减器和可变衰减器两种，工程中通常使用固定衰减器，常见的衰减器大小有 3 dB、6 dB、10 dB、15 dB、20 dB、30 dB、40 dB 等。衰减器主要用于分布系统输出功率偏大的场景，可以使天线口达到合适的输出功率。

图 2-12 衰减器实物

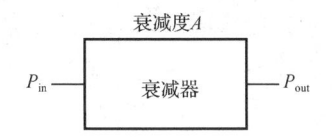

图 2-13 衰减器的工作原理示意

2. 衰减器的技术指标

衰减器的典型技术指标如表 2-7 所示。

表2-7 衰减器的典型技术指标

功率等级		小功率容量衰减器					
衰减度规格		3 dB	6 dB	10 dB	15 dB	20 dB	30 dB
工作频段（MHz）		800～2700					
衰减度误差（dB）		±0.4	±0.4	±0.6	±0.6	±0.8	±0.8
带内波动（峰峰值）（dB）		≤0.3	≤0.5	≤0.7	≤0.8	≤1.0	≤1.0
驻波比		≤1.2					
特性阻抗（Ω）		50					
输入口反射互调抑制	三阶	≤-120 dBc（+33 dBm×2）					
	五阶	≤-145 dBc（+33 dBm×2）					
接头类型		N 型					
功率容量	均值功率	5 W、25 W					
	峰值功率	10 W、50 W					
功率等级		大功率容量衰减器					
衰减度规格		3 dB	6 dB	10 dB	15 dB	20 dB	30 dB
工作频段（MHz）		800～2700					
衰减度误差（dB）		±0.4	±0.4	±0.6	±0.6	±0.8	±0.8
带内波动（峰峰值）（dB）		≤0.3	≤0.5	≤0.7	≤0.8	≤1.0	≤1.0
驻波比		≤1.2					
特性阻抗（Ω）		50					
输入口反射互调抑制	三阶	≤-105 dBc（+43 dBm×2）					
	五阶	≤-120 dBc（+43 dBm×2）					
接头类型		N 型					
功率容量	均值功率	50 W、100 W、200 W					
	峰值功率	100 W、200 W、400 W					

衰减器是一种能量消耗元件，所消耗的功率会变成热量，如果热量过高，就会烧毁衰减器，因此衰减器的功率容量是实际应用中需要重点考虑的一个指标，输入信号功率必须小于衰减器的功率容量。

2.2.6 负载

负载是一种将射频信号功率能量全部消耗的无源器件，它可以看作一种特殊的衰减器，衰减值趋于无穷大。负载只有一个端口，如图 2-14 所示为负载典型样式。

负载主要用于分布系统中的空余端口处，完成功率匹配，防止因空端口引起驻波过高对系统造成影响。负载的主要技术参数如表 2-8 所示。

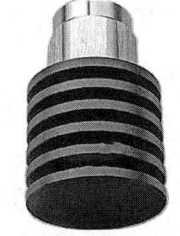

图 2-14 负载

表 2-8 负载的主要技术参数

功率规格		5 W	25 W	50 W	100 W	200 W
工作频段（MHz）		800~2700				
特性阻抗（Ω）		50				
驻波比		≤1.2				
反射互调抑制	三阶	≤−120 dBc（+33 dBm×2）			≤−105 dBc（+43 dBm×2）	
	五阶	≤−145 dBc（+33 dBm×2）			≤−120 dBc（+43 dBm×2）	
功率容量	均值功率	5 W	25 W	50 W	100 W	200 W
	峰值功率	10 W	50 W	100 W	200 W	400 W

同衰减器一样，负载的功率容量也是实际应用中需要重点考虑的一个指标。

2.3 有源器件

2.3.1 干放

干放是一个二端口器件，主要作用是补偿射频信号在长距离分布系统中传输时功率的不足，其原理图如图 2-15 所示。

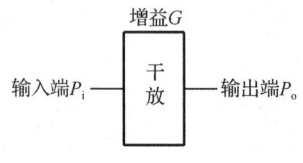

图 2-15 干放的增益

干放输出端功率：

$$P_o(\text{dBm}) = P_i(\text{dBm}) + G(\text{dB}) \tag{2-22}$$

式中，G 是干放的增益，为干放输出端功率与输入端功率比值的度量，用 dB 表示。

当信号源的输出功率无法满足较远区域的覆盖要求时，干放可对信号功率进行放大，从而延伸覆盖区域，如图 2-16 所示。

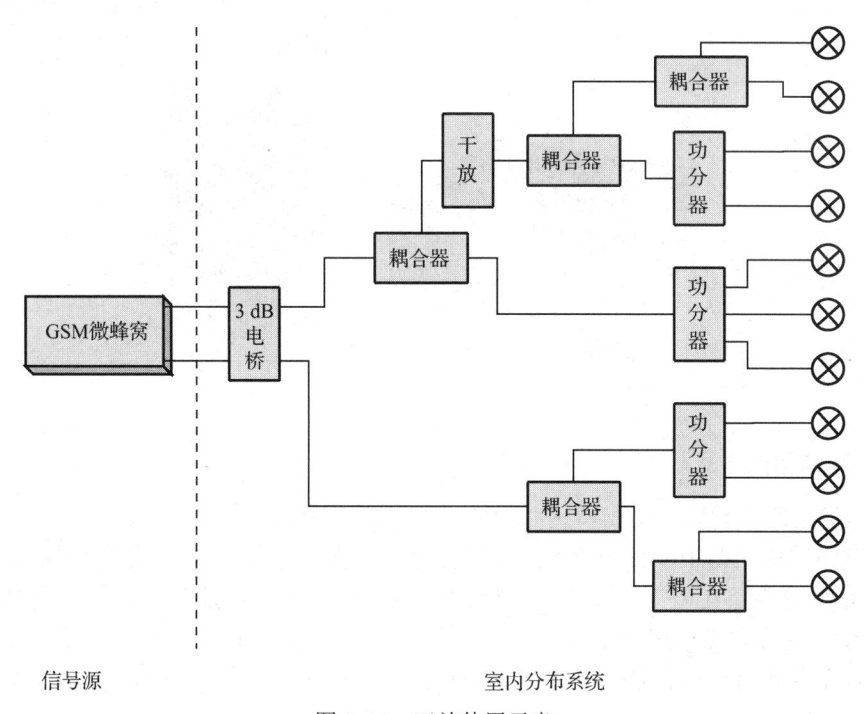

图 2-16 干放使用示意

干放是有源器件，在室内分布系统中使用会产生底噪，引入额外的噪声和干扰，降低系统可靠性。在使用时，单个信源下干放一般不超过 4 个，且不可以级联。由于分布式基站、分布式皮基站等新的基站形态的出现，在覆盖区域较大较远时，可以通过增加 RRU 或远端单元来解决，因此在实际网络中，为了保证网络的质量和可靠性，干放已被淘汰。

2.3.2 多系统接入平台

1. 多系统接入平台的原理

传统的室内分布系统建设，各运营商会各自建设一套分布系统用于各自网络的信号覆盖，这种重复建设会造成资源浪费。随着国家对基站配套资源共建共享的要求越来越高，不同运营商共同使用一套分布系统的情况也越来越多。

当一家运营商建设室内分布系统时，最多同时有 3~4 个网络制式，采用传统的合路器合路就可以实现网络覆盖的要求。但当 3 家运营商同时共用一套分布系统时，理论上最多可达 10 多个网络制式，通常状况下也有 6~9 个网络制式，在这样的情况下，传统合路器在性能上无法满足这么多系统同时接入一套分布系统的要求。

多系统接入平台（point of interface，POI）指位于多系统基站信源与室内分布系统天馈之间的特定设备，它相当于性能指标更高的合路器。多系统基站信源射频信号通过各自独立的端口接入 POI，混合后输出到相应分布系统的端口；同时将来自不同区域分布系统端口的信号混合后，再按需要分别送到各自信号源的上行端口。

室内分布系统设计与实践

POI 需要电源供电，是有源设备，它有简单的接口界面和有效的监控，适合用于多家运营商多个网络制式同时共建共享分布系统，其实物图如图 2-17 所示。

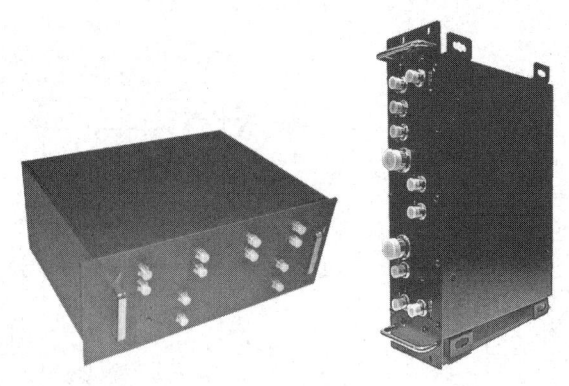

图 2-17　POI 实物

2. POI 的组网方式

POI 有单缆路由和双缆路由两种组网方式。

（1）单缆路由是指上下行合缆，即上下行采用一套分布系统，如图 2-18 所示，主要适用于合路的多路信源互调干扰较小或可以规避的情形。其优点是节省成本，几乎可以节省一半的天线、馈线和无源器件；缺点是扩展性和系统性能较差，一旦引入存在互调干扰的系统，对被干扰系统的性能影响较大，对 POI 和无源器件的互调干扰抑制和功率容限要求更高。

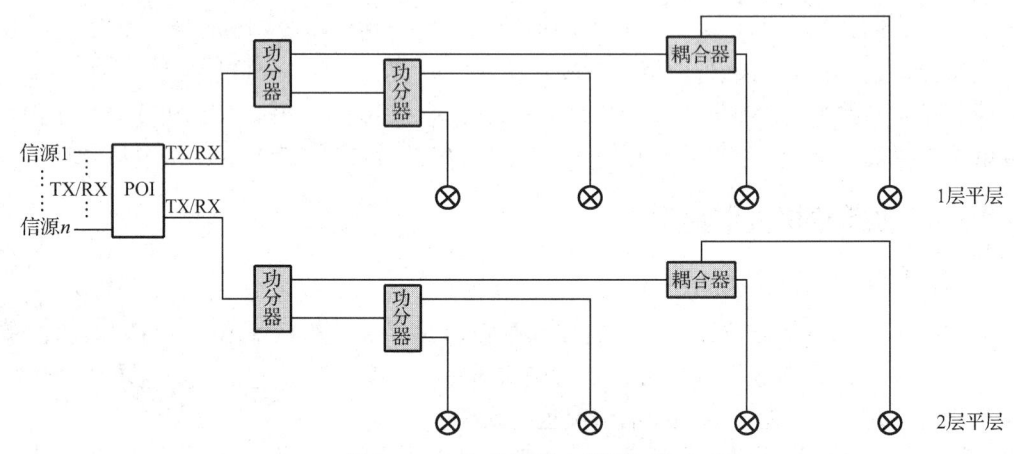

图 2-18　POI 单缆路由组网示意

（2）双缆路由是指上下行采用独立的分布系统路由，如图 2-19 所示。该方式应用于频分双工系统时，如 GSM、CDMA、WCDMA 等，采用收发分离的模式，一路专用于发射，另一路专用于接收，上下行链路通过空间隔离，可以大大降低系统的互调干扰；该方式应用于 LTE 系统，包括 TD-LTE 和 LTE FDD，两路同时用于收发，可采用双收双发的 MIMO（multiple-input multiple-output，多输入多输出）技术，提高系统容量和用户速率。但是如果有时分双工系统接入，三阶互调的影响几乎无法避免，对系统的互调干扰抑制要求仍较高。

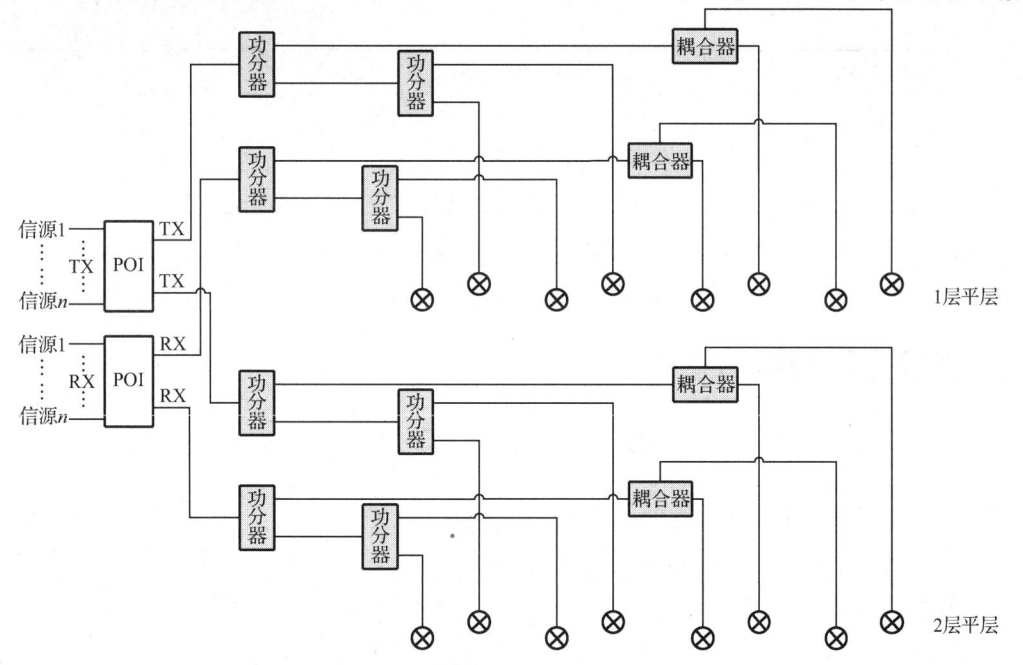

图 2-19　POI 双缆路由（频分双工系统）组网示意

POI 的技术指标要求如表 2-9 所示。

表 2-9　POI 的技术指标要求

指标名称	指标要求
频率范围	移动/联通 GSM 900：下行 934～960 MHz，上行 889～915 MHz
	移动 GSM 1800：下行 1805～1830 MHz，上行 1710～1735 MHz
	移动 TD-LTE（F 频段）：1885～1915 MHz
	移动 TD-LTE（E 频段）：2320～2370 MHz
	电信 CDMA 800：下行 865～880 MHz，上行 820～835 MHz
	电信 LTE FDD1.8G：下行 1860～1880 MHz，上行 1765～1785 MHz
	电信 LTE FDD2.1G：下行 2110～2130 MHz，上行 1920～1940 MHz
	联通 GSM 1800/LTE FDD1.8G：下行 1830～1860 MHz，上行 1735～1765 MHz
	联通 WCDMA 2100：下行 2130～2170 MHz，上行 1940～1980 MHz
插入损耗	≤6 dB
驻波比	≤1.3
端口（系统）隔离度	移动 GSM 1800 与联通 GSM 1800/LTE FDD1.8G 之间的端口隔离度≥25 dB； 移动 GSM 1800 与电信 LTE FDD1.8G 之间的端口隔离度≥50 dB； 联通 GSM 1800/LTE FDD1.8G 与电信 LTE FDD1.8G 之间的端口隔离度≥25 dB； 联通 WCDMA 2100 与电信 LTE FDD2.1G 之间的端口隔离度≥25 dB； 电信 LTE FDD1.8G 与移动 TD-LTE（F 频段）之间的端口隔离度≥50 dB； 电信 LTE FDD2.1G 与移动 TD-LTE（F 频段）之间的端口隔离度≥50 dB； 其他端口之间的隔离度≥80 dB

续表

指标名称	指标要求
互调抑制	PIM≤-150 dBc
功率容量	信源侧端口：平均功率容量为 200 W，峰值功率容量为 1000 W； 天馈侧端口：平均功率容量为 500 W，峰值功率容量为 2500 W
带内波动	≤1.5 dB
特性阻抗	50 Ω

2.4 馈线及同轴连接器

2.4.1 馈线

1. 馈线的结构与种类

馈线是连接信源设备、射频器件、天线进行射频电信号传送的传输线，它将信源设备的信号传输到分布系统末端的天线，主要工作频率范围为 100～3000 MHz。

馈线属于同轴电缆，由内导体、绝缘体、外导体和护套 4 部分组成，如图 2-20 所示。

根据外导体金属屏蔽的直径不同，馈线可以分为 5D、8D、10D、1/2"馈线、7/8"馈线等类型，其中 5D、8D、10D 表示外导体金属屏蔽的直径为 5 mm、8 mm、10 mm，1/2"、7/8"表示外导体金属屏蔽的直径为 1/2 英寸（约 12.7 mm）、7/8 英寸（约 22.2 mm），直径的计算不包括外绝缘皮。

现在在室内分布系统中使用最广泛的馈线是 1/2"普通馈线、7/8"普通馈线，其电缆硬度较大，对信号的衰减小，屏蔽性也比较好。1/2"普通馈线用在室内分布系统的大部分地方，7/8"普通馈线主要用在分布系统中单根馈线长度超过 30 m 的地方，可以减少馈线上的衰耗。

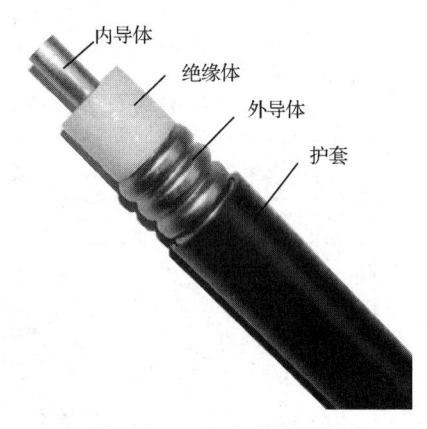

图 2-20 馈线实物结构

2. 馈线的技术指标

射频信号在馈线中传输时存在功率损耗，损耗的大小与射频信号的频率和馈线的型号有关，如表 2-10 所示为某厂家馈线的百米损耗。

馈线的损耗还与生产工艺有一定的关系，不同厂家的百米损耗略有不同。相同材质、相同工艺条件下，无线电波频率越高，馈线功率损耗就越大；馈线越细，功率损耗也越大。

馈线越粗，虽然功率损耗更小，但是单位长度的质量越大，硬度也越大，越不易弯曲，允许的最小弯曲半径越大。相反，馈线越细，功率损耗越大，单位长度的质量越小，柔韧性越好，越容易弯曲，允许的最小弯曲半径越小。最小弯曲半径是一个反映馈线可弯曲程度的参数，其值越小，说明馈线弯曲性能越好。在工程中，馈线安装必须严格遵守最小弯曲半径的要求，弯曲半径太小，会引起驻波过高，对系统性能造成不良影响。不同的运营商对最小弯曲半径的要求略有出入，表 2-11 展示了某运营商对馈线的主要技术指标要求。

表 2-10 馈线的百米损耗（单位：dB）

频率（MHz）	1/2"普通馈线	7/8"普通馈线
800	6.46	3.63
900	6.87	3.88
1800	10.1	5.75
2000	10.7	6.11
2400	11.82	6.78

表 2-11 馈线的主要技术指标

技术参数	1/2"普通馈线	7/8"普通馈线
特性阻抗（Ω）	50	
驻波比	≤1.2	
质量（kg/km）	250	530
单次弯曲半径（mm）	70	120
多次弯曲半径（mm）	210	360

5D、8D、10D、12D 馈线，都是较细的馈线，其特点是比较柔软，可以有较大的弯折度。超柔同轴电缆适合室内的穿插走线，通常用于基站内发射机、接收机、无线通信设备之间的连接线，俗称跳线。

2.4.2 同轴连接器

1. 同轴连接器的类型

同轴连接器又被称作接头或同轴接头，在室内分布系统中通常使用的有两种功能的同轴连接器，一种是馈线连接器，一种是转接器。

（1）馈线连接器又叫馈线接头，一端与馈线固定连接，有标准的接头制作流程，另一端为某种型号的标准接口，实现馈线与设备、器件、天线的连接。

（2）转接器又叫转接头，它的两端都是标准接口，可以是两种相同或不同型号的接口，实现不同设备、器件或连接器之间的连接，也可以实现接口类型的转换。

2. 同轴连接器的型号与种类

常见同轴连接器的标准接口有 N 型、DIN 型、SMA 型、SMB 型、BNC 型、TNC 型、SMC 型、BMA 型等型号，在室内分布系统中使用最多的是 N 型连接器，在多系统大功率室内分布场景中，DIN 型连接器也有使用。

（1）N 型连接器是一种具有螺纹连接器结构的中大功率连接器，具有抗震性强、可靠性高、机械和电气性能优良等特点，广泛用于震动和环境恶劣条件下的无线电设备及移动通信室内分布系统和室外基站中。

（2）DIN 型，也叫 7/16 型或 L29 型，该系列同轴连接器是一种较大型螺纹连接的连接器，具有坚固稳定、低损耗、工作电压高等特点，且大部分具有防水结构，可用于户外作为中、高能量传输的连接器，广泛用于室外宏基站设备天馈线接头、天线接头，以及多系统大功率的室内分布系统中，通常用在靠近信源的前几级。

同轴连接器的接口一般由中心导体、绝缘体、外接触件 3 部分组成。中心是针、螺纹在内的被称为公头，用字母 J 或 M 表示；中心是孔，螺纹在外的被称为母头，用字母 K 或 F 表示。同种型号连接器的公头和母头可以组合安装在一起，形成连接。如图 2-21 所示，从左到右分别为 N 型公头、N 型母头、DIN 型公头和 DIN 型母头。

(a) N型公头　　　(b) N型母头　　　(c) DIN型公头　　　(d) DIN型母头

图 2-21　馈线连接器实物

3. 同轴接头的命名

连接器和转接器都有两头，不同型号和类型的接头组合，会形成很多种类的连接器或转接器，为了区分这些接头，行业内有相对统一的命名方式，如图 2-22 所示。

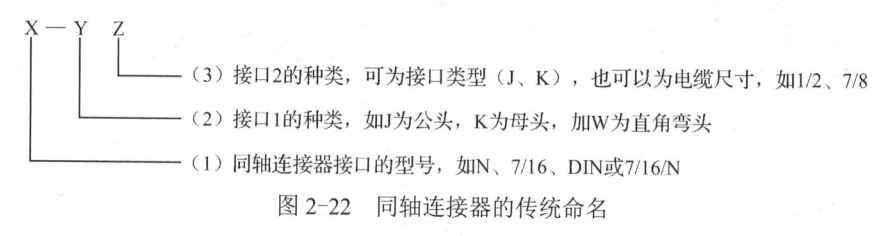

X－YZ
- （3）接口2的种类，可为接口类型（J、K），也可以为电缆尺寸，如1/2、7/8
- （2）接口1的种类，如J为公头，K为母头，加W为直角弯头
- （1）同轴连接器接口的型号，如N、7/16、DIN或7/16/N

图 2-22　同轴连接器的传统命名

- 图中 X 表示同轴连接器两端接口的类型，若两端接口相同，则用一个型号表示，如 N、7/16（DIN）；若两端接口不同，则用"/"来间隔表示，如 7/16/N（DIN/N）表示接口 1 是 DIN 头，接口 2 是 N 头。
- 图中 Y 表示接口 1 的种类，用 J 表示公头，K 表示母头，加 W 表示两个接口中间为直角弯曲。
- 图中 Z 表示接口 2 的种类，馈线连接器用馈线尺寸表示，转接头用 J 或 K 表示。
- 馈线连接器的接口 1 采用 J 或 K 表示，表示公头或母头；接口 2 采用 "1/2" 或 "7/8"，分别表示为 1/2"普通馈线或 7/8"普通馈线连接器。例如，N-J1/2 表示 N 型 1/2"馈线公头连接器；N-K1/2 表示 N 型 1/2"馈线母头连接器；N-J7/8 表示 N 型 7/8"馈线公头连接器；7/16-J7/8 表示 7/16（DIN）型 7/8"馈线公头连接器。

在室内分布系统中，馈线连接器接口 1 一般采用公头（J），器件、天线自带的接口则一般采用母头（K），这样馈线与器件、天线间实现连接。

- 转接头的接口 1 和接口 2 均采用 J 或 K 表示，当两个接口中间为直角弯曲时加 W。例如，N-KK 表示双阴 N 型接头，如图 2-23（a）所示，可以实现两个馈线连接器的连接，增加馈线长度；N-JJ 表示双阳 N 型接头，如图 2-23（b）所示，功能与 N-KK 相似；N-JWK 表示直角转接头，如图 2-23（c）所示，用于器件与馈线连接处需要弯曲的地方；7/16/N-JK、7/16/N-KJ 表示 7/16（DIN）型与 N 型接头转接器，实现接头类型的转换。

4. 馈线连接器的损耗测算

馈线连接器和转接器插入损耗较小，一般在 0.1 dB 左右，由于使用量较大，在实际应用中一般不单独计算，而是与馈线损耗一起进行近似计算。例如，在 900 MHz 频段，1/2"

第 2 章 同轴电缆室内分布系统

(a) N-KK接头　　(b) N-JJ接头　　(c) N-JWK接头

图 2-23　转接器实物

普通馈线的百米损耗按 7 dB 计算，7/8"普通馈线的百米损耗按 4 dB 计算；在 2400 MHz 频段，1/2"普通馈线和 7/8"普通馈线的百米损耗分别按 12dB 和 7dB 计算。

馈线连接器和转接器虽然插入损耗小，但是在室内分布系统中仍然要尽量少使用，因为每增加一个节点，系统就会多增加一份能量损耗和噪声，如果接头制作工艺较差，损耗和噪声的影响会更大，接头的阻抗和驻波要求与馈线类似。

实例 2-8　如图 2-24 所示为某 LTE 室内分布系统部分链路的拓扑图，试着对图中的分布系统中的传输及分配损耗进行计算，算出每个天线口的信号功率。其中，LTE RRU 输出功率按 36 dBm 计，不计天线增益。（注：图中 T 代表耦合器，PS 代表功分器。）

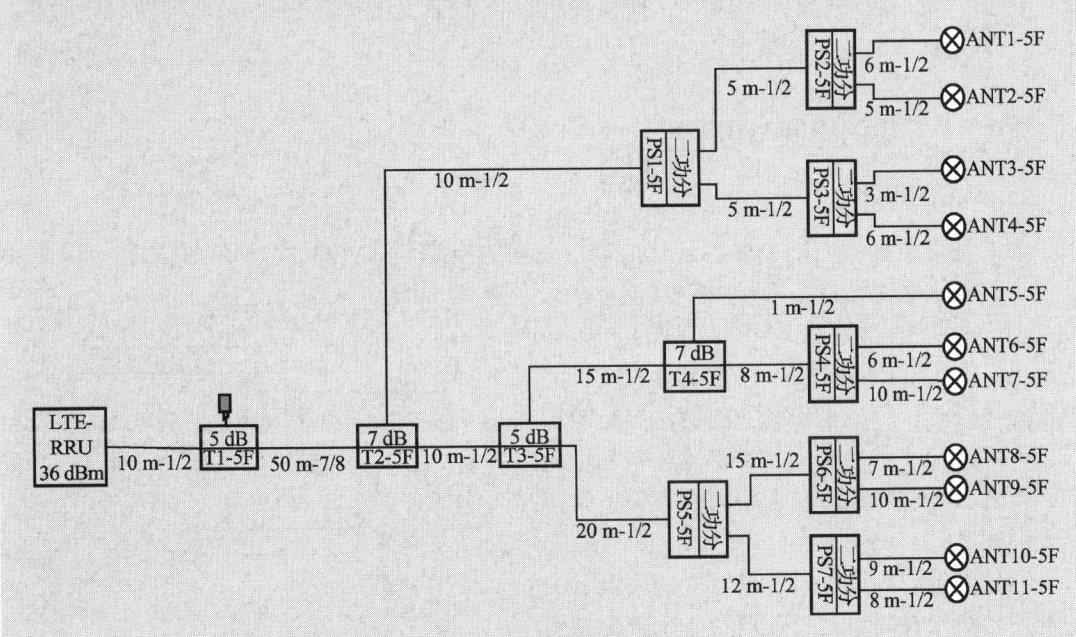

图 2-24　室内分布系统部分链路的拓扑

解： 图 2-24 中所示为 LTE 分布系统，故馈线损耗按 2400 MHz 频段计算，1/2"普通馈线和 7/8"普通馈线（含馈线接头）的百米损耗分别按 12 dB 和 7 dB 计算。二功分器的插入损耗为 3.3 dB，5 dB 和 7 dB 耦合器直通端插入损耗为 2.1 dB、1.4 dB，耦合端耦合度分别为 5 dB 和 7 dB，通过计算可以得到如图 2-25 所示的结果。

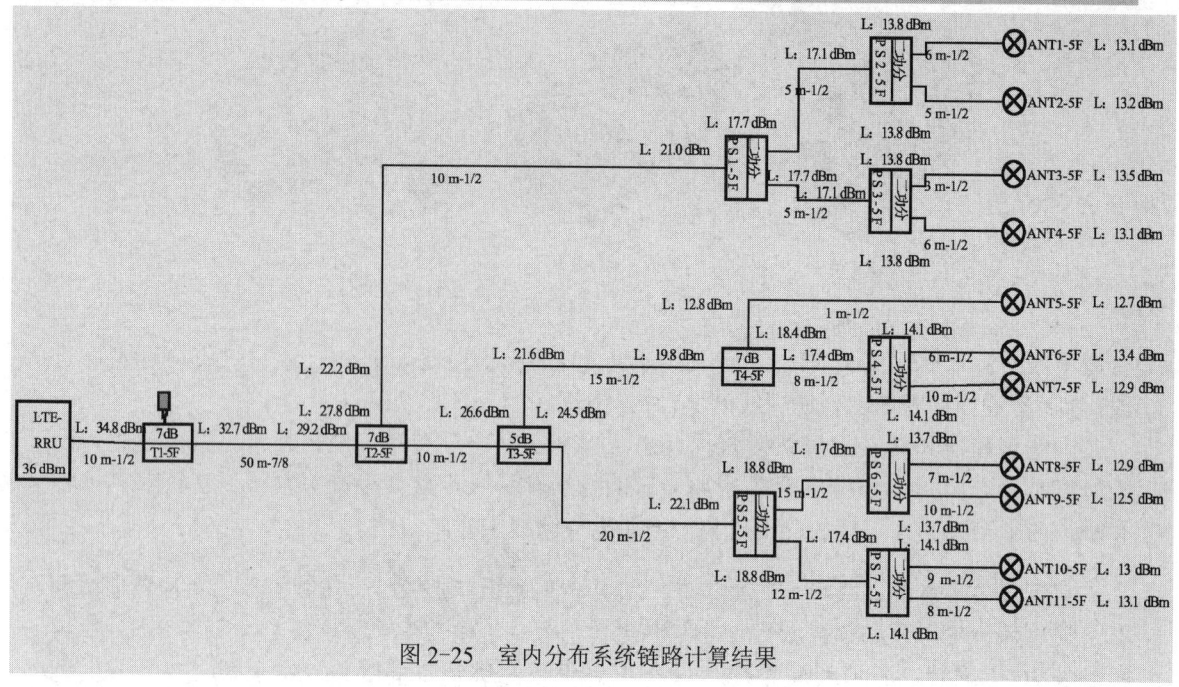

图 2-25 室内分布系统链路计算结果

2.5 天线

2.5.1 天线的原理与可逆性

1. 天线的原理

天线是将传输线中的电磁能转化成自由空间的电磁波或将自由空间的电磁波转化成传输线中的电磁能的设备。

由麦克斯韦电磁波定理可知，变化的电场产生磁场，变化的磁场产生电场，当导线载有交变电流时，就可以形成电磁波的辐射。但是能辐射或接收电磁波的东西不一定都能用来作为天线。

电磁波辐射的能力和哪些因素有关？如何提高辐射效率？

通过电磁波理论可以发现，电磁波辐射的能力与两导线张开的角度有关。在一个交变振荡电路中，导线上有交变电流流动时，就可以发生电磁波的辐射。若两导线的距离很近，电场被束缚在两导线之间，向外辐射的能量就很小，因而辐射很微弱；而将两导线张开，电场就散播在周围空间，辐射增强；当两导线夹角为 180°时，电磁场向外辐射的能量最大。

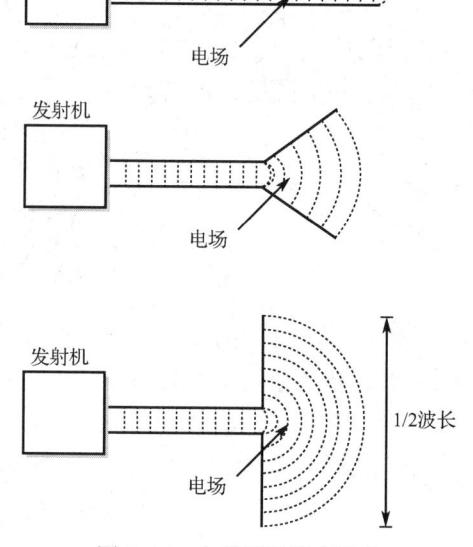

如图 2-26 所示，电磁波辐射的能力除了与

图 2-26 电磁辐射演变示意

导线的形状有关，还与导线的长度有关。当导线的长度 L 远小于电磁波的波长时，导体的电流很小，辐射很微弱；当导体的长度增大到可与波长相比拟时，导体上的电流就大大增加，因而就能形成较强的辐射，通常将上述能产生显著辐射的直导线称为振子；而当导线长度大于波长时，辐射能力随导线长度的增长变化不明显，只是缓慢地增加。

两臂长度相等的振子叫作对称振子，有半波对称振子和全波对称振子。每臂长度为 1/4 波长、全长为 1/2 波长的振子，称半波对称振子，是最常用的对称振子，如图 2-47 所示；每臂长度为 1/2 波长、全长与波长相等的振子，称全波对称振子。

半波对称振子天线是一种经典的、迄今为止使用最广泛的天线，全波对称振子天线辐射能力要大于半波对称振子天线，但其体积和质量要大很多，物料和施工成本较高。

图 2-27 半波对称振子示意

天线振子是天线上的元器件，通常用导电性较好的金属制造，具有导向和放大电磁波的作用。振子有的是杆状的形状，也有的结构较复杂，一般是很多个振子平行排列在天线上，振子的尺寸要和接收或发射的频率波长尺寸对应才能达到最大效果。

实例2-9 试计算工作在 900 MHz 和 2400 MHz 的天线半波对称振子每臂长。

解：

900 MHz：$L_{900} = (1/4)\lambda = c/4f = (3 \times 10^8)/(4 \times 9 \times 10^8) \approx 0.08 \text{ m}$。

2400 MHz：$L_{2400} = (1/4)\lambda = c/4f = (3 \times 10^8)/(4 \times 2.4 \times 10^9) \approx 0.03 \text{ m}$。

电磁波的能量从发信天线辐射出去以后，将沿地表面所有方向向前传播。若在交变电磁场中放置一导线，由于磁力线切割导线，就在导线两端激励一定的交变电压，即电动势，其频率与发信频率相同。若将该导线通过馈线与收信机相连，在收信机中就可以获得已调波信号的电流。因此，这个导线就起了接收电磁波能量并转变为高频信号电流能量的作用，此导线可看作收信天线。

2. 天线的可逆性

任何无线电设备都是通过无线电波来传递信息的，因此就必须有能辐射或接收电磁波的装置，如图 2-28 所示。

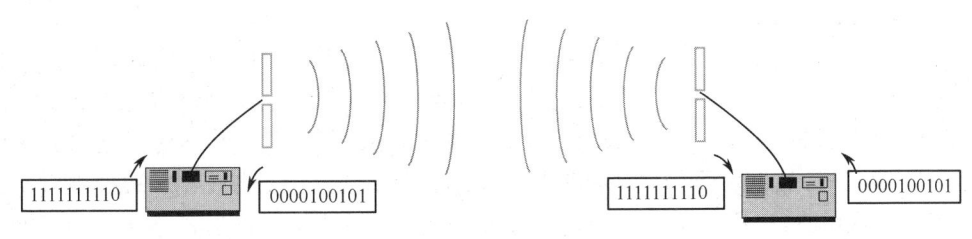

图 2-28 天线工作示意

发信机通过馈线送入天线的并不是无线电波，收信天线也不能直接把无线电波送入收信机，这里有一个能量的转换过程。把发信机设备所产生的高频振荡电流经馈线送入天线输入端，天线要把高频电流转换为空间高频电磁波，以波的形式向周围空间辐射；反之在接收时，也是通过收信天线把截获的高频电磁波的能量转换成高频电流的能量后，再送给收信机。

天线的作用就是辐射和接收电磁波，同时也伴随着能量转换。无论是发信天线还是收信天线，它们都属于能量变换器，可逆性是一般能量变换器的特性。同样一副天线，既可作为发信天线，也可作为收信天线，通信设备大多都是收、发共同用一根天线。同一根天线既关系到发信系统的有效能量输出，又直接影响着收信系统的性能。

天线的可逆性不仅表现在发信天线可以用作收信天线，收信天线可以用作发信天线，并且表现在天线用作发信天线时的参数，与用作收信天线时的参数保持不变，这就是天线的互易原理。为便于讨论，常将天线作为发信天线来分析，所得结论同样适用于将该天线用作收信天线的情况。

2.5.2 天线的主要指标

1. 天线的方向性

1）水平方向图和垂直方向图

天线的方向性是指天线向一定方向辐射电磁波的能力，对于接收而言，方向性表示天线对不同方向传来的电波所具有的接收能力。

天线的方向性通常用方向图来表示，方向图可用来说明天线在空间各个方向上所具有的发射或接收电磁波的能力。天线的方向图又可分为水平方向图和垂直方向图，把天线方向图沿水平方向横切后得到的截面图，叫作水平方向图；把天线方向图沿垂直方向纵切后得到的截面图，叫作垂直方向图。如图 2-29 所示为对称振子天线的方向图。

水平方向图　　　垂直方向图

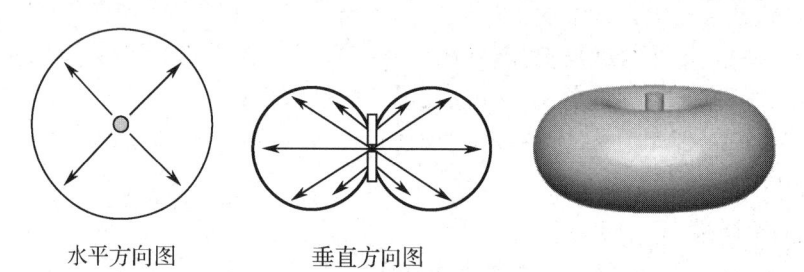

图 2-29　对称振子天线的方向

2）天线方向图的变化

天线属于无源设备，它有能量转换的作用，但是不产生新的能量。在相同能量转换效率的前提下，可以通过改变其方向性来提高天线在特定方向上的辐射能力和接收能力。

适当地在垂直方向上对对称振子进行相位排阵，可以控制水平及垂直方向的辐射能力。如图 2-30 所示，对称振子组阵能够控制辐射，垂直方向上叠加的对称振子越多，垂直面图形越平，天线在水平主方向上的辐射越高，覆盖的范围越大，但在垂直方向上的辐射变小，垂直辐射空间越小。

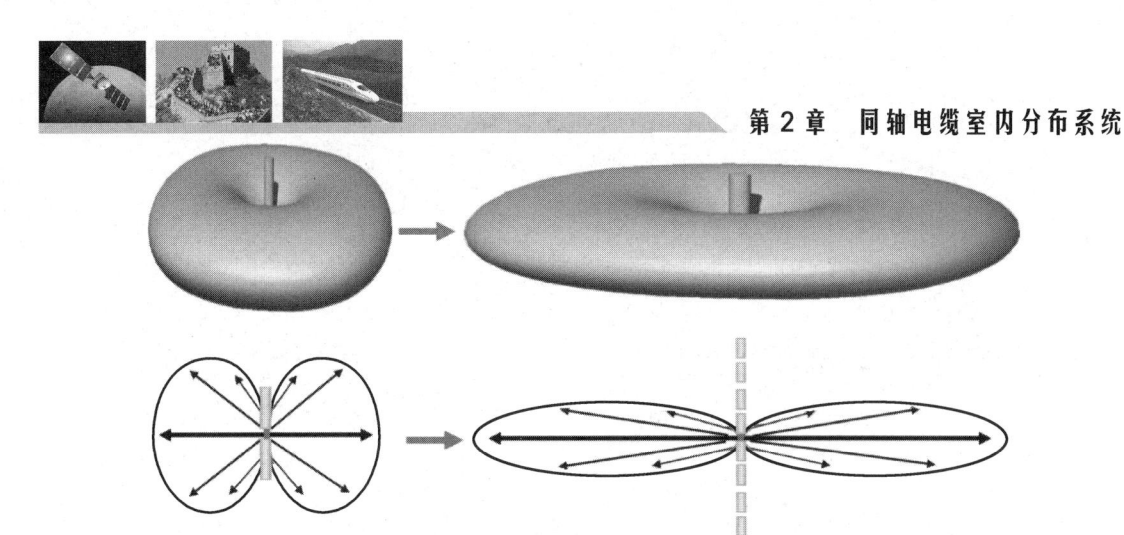

图 2-30 对称振子组阵天线示意

在天线的辐射方向上添加一个反射面，使其构成扇形覆盖天线，形成定向辐射，如图 2-31 所示。在右图中，反射面把功率聚焦到一个方向，提高了天线在这个方向的辐射能力。

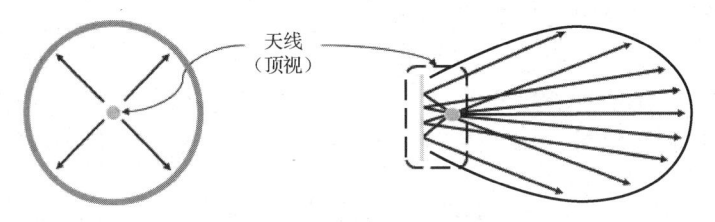

图 2-31 定向辐射天线示意

3）全向天线和定向天线

依据天线在水平辐射方向性的差异，可以分为全向天线和定向天线。

（1）在水平方向图上，全向天线在水平方向图上表现为 360°都均匀辐射，也就是平常所说的无方向性，如图 2-32（a）所示；定向天线，在水平方向图上表现为一定角度范围辐射，也就是平常所说的有方向性，如图 2-32（b）所示。

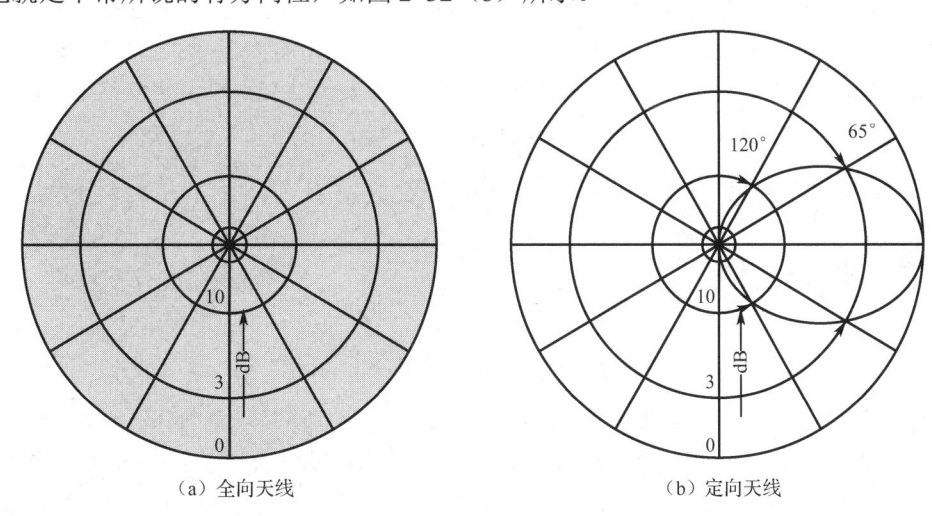

（a）全向天线　　　　　　（b）定向天线

图 2-32 定向天线与全向天线水平方向图对比

（2）在垂直方向图上，全向天线和定向天线都表现为有一定宽度的波束，如图 2-33 所示。

(a) 全向天线　　　　　　　　　　　(b) 定向天线

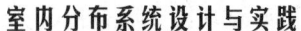

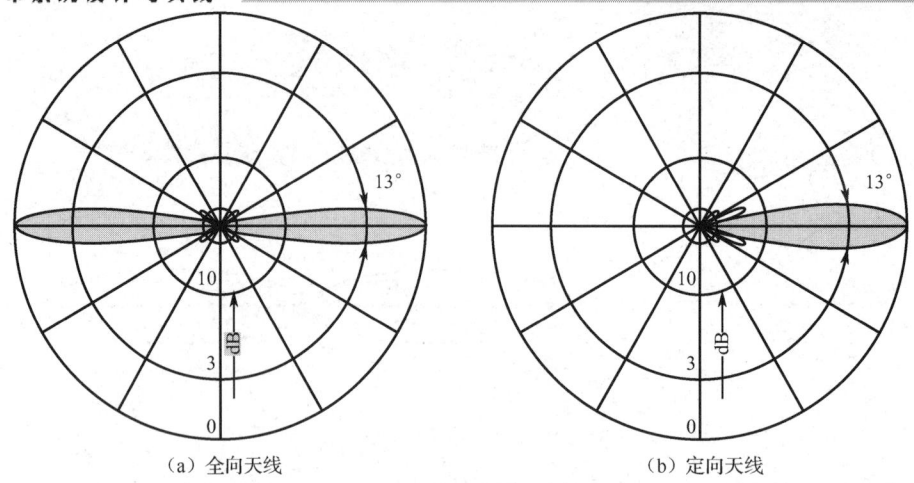

图 2-33　定向天线与全向天线垂直方向图对比

2. 天线的增益

天线本身不增加能量，通过对辐射方向的控制使电波通过天线后传播效果得到了改善，接收到的信号辐射功率得到了增加，通常用天线增益来表示。天线增益是指与理想的辐射单元相比，在最大辐射方向上的功率增益值。天线与点辐射源相比较的增益用 dBi 表示，与对称振子相比较的增益用 dBd 表示。

在输入功率相等的条件下，实际天线与理想的点辐射单元在天线最大辐射方向同一点处所产生信号的功率（瓦或毫瓦）比值若为 G_i，则增益为

$$G(\text{dBi}) = 10\lg G_i \tag{2-23}$$

在输入功率相等的条件下，实际天线与理想的对称振子辐射单元在天线最大辐射方向同一点处所产生信号的功率（瓦或毫瓦）比值若为 G_d，则增益为

$$G(\text{dBd}) = 10\lg G_d \tag{2-24}$$

对称振子的辐射不是全方向的，它将辐射的能量控制在了一个"面包圈"内，因此在最大辐射方向上的辐射功率比点辐射的功率要大 2.15 dB，如图 2-34 所示。也就是说，当天线增益相同时，用 dBi 表示的数值比用 dBd 表示的数值要大 2.15，即 0 dBd=2.15 dBi。

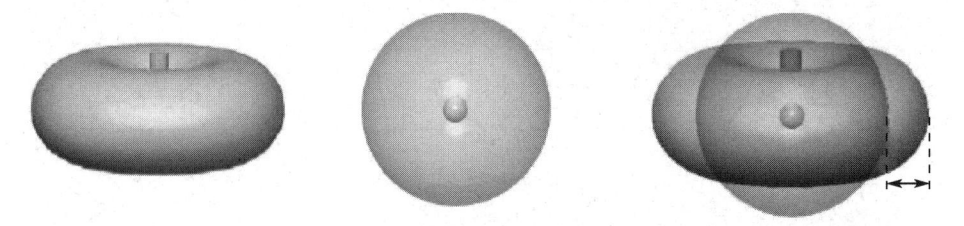

图 2-34　dBi 和 dBd 的不同参考示意

实例 2-10　对于一面增益为 15 dBd 的天线，将其增益折算成单位为 dBi 时，增益为多少？两面天线增益分别为 15 dBd 和 15 dBi 的天线，哪一个增益更高？

解：

（1）增益 $G = 15(\text{dBd}) + 2.15 = 17.15(\text{dBi})$。

（2）由（1）可知 15 dBd 相当于 17.15 dBi，因此 15 dBd 的天线增益更高。

3. 天线的波束宽度

在天线方向图中,通常都有多个波瓣,其中最大的瓣称为主瓣,其余的瓣称为副瓣。主瓣两个半功率点间的夹角定义为天线方向图的波束宽度,称为半功率波束宽度或 3dB 波束宽度。波束宽度又分为水平面波束宽度和垂直面波束宽度,如图 2-35 所示。全向天线在水平方向上 360°都均匀辐射,因此在水平方向上没有 3 dB 波束宽度。

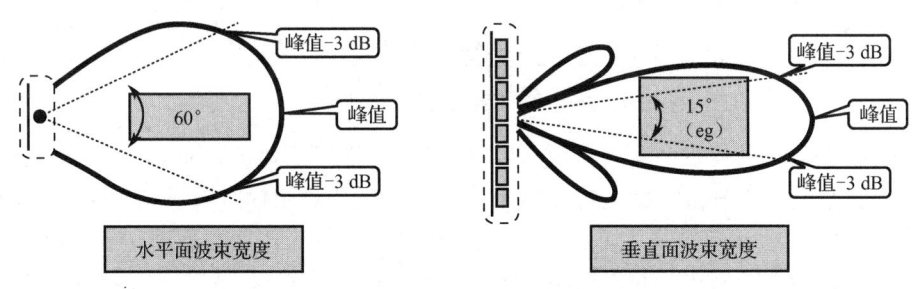

图 2-35 水平面波束宽度和垂直面波束宽度示意

一般情况下,主瓣波束宽度越窄,则方向性越好,增益越大,抗干扰能力越强。

4. 天线的前后比

前后比是指定向天线的前向辐射功率和后向辐射功率之比,它是定向天线的特有指标,如图 2-36 所示。

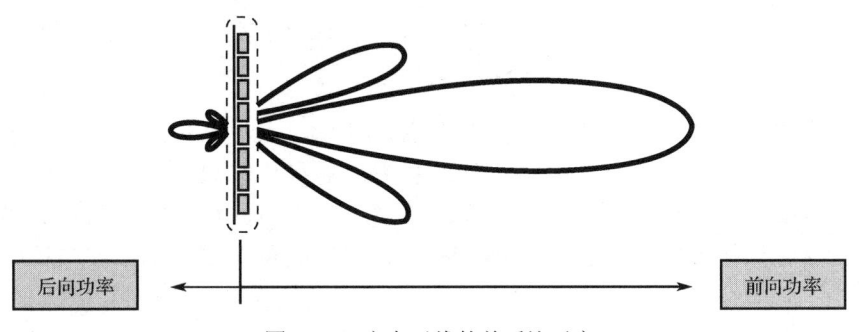

图 2-36 定向天线的前后比示意

前后比用 dB 表示,是一个相对值,其大小为

$$前后比(dB) = 10\lg\left(\frac{前向功率}{后向功率}\right) \quad (2\text{-}25)$$

前后比表明了天线对后瓣抑制的好坏。前后比低的天线,天线的后瓣有可能产生越区覆盖,导致干扰。

5. 方向图圆度

方向图圆度是全向天线特有的指标,它指在水平面方向图中,其最大值或最小值电平值与平均值的偏差,反映了全向天线往各个方向辐射的均匀程度。

6. 天线的极化方向

无线电波是一种能量传输形式,在传播过程中,电场和磁场在空间是相互垂直的,同时这两者又都垂直于传播方向,如图 2-37 所示。

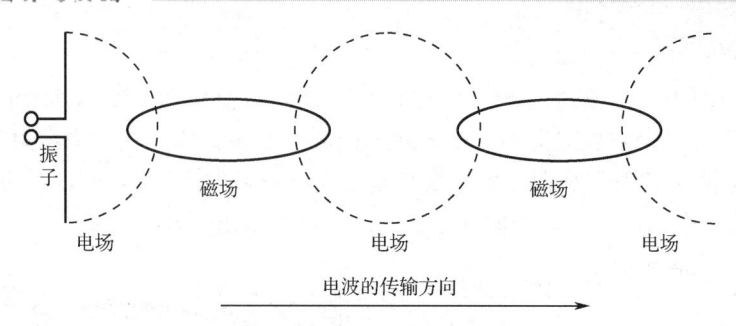

图 2-37　电波的传播方向

无线电波在空间传播时，其电场方向是按一定的规律变化的，这种现象称为无线电波的极化。无线电波的电场方向称为电波的极化方向，也是对应辐射天线的极化方向。

如果电波的电场方向垂直于地面，我们就称它为垂直极化；如果电波的电场方向与地面平行，则称它为水平极化。常见的极化方向还有±45°倾斜极化，它们的电场方向与地面形成±45°夹角，如图 2-38 所示。

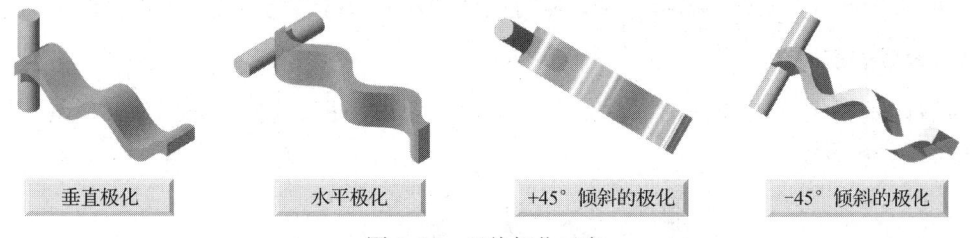

图 2-38　天线极化示意

垂直极化波要用具有垂直极化特性的天线来接收，水平极化波要用具有水平极化特性的天线来接收，这种特性称为极化接收。当来波的极化方向与接收天线的极化方向不一致时，在接收过程中通常要产生极化损失。当接收天线的极化方向与来波的极化方向完全垂直正交时，接收天线也就完全接收不到来波的能量，这时称来波与接收天线是极化隔离的。

双极化天线是将两个极化方向相互垂直的天线作为一个整体，传输两个独立的波。双极化天线又分为垂直/水平双极化天线和±45°双极化天线，如图 2-39 所示。

2.5.3　室内分布系统天线的类型

在室内分布系统中，应用最广泛的天线包括室内全向单极化吸顶天线、室内定向单极化吸顶天线、室内定向单极化壁挂天线、室内定向单极化对数周期天线等。

1. 室内全向单极化吸顶天线

室内全向单极化吸顶天线，通常简称为全向吸顶天线，是在室内分布系统中应用最多的一种天线，它外形酷似一个蘑菇头，如图 2-40 所示。

室内全向单极化吸顶天线通常安装在吊顶、天花板上，能够对周围无遮挡的小范围空间进行均匀的覆盖。全向吸顶天线的增益较小、方向性差、穿透性弱，不适合空间较深或遮挡损耗较大的场景。典型的室内全向单极化吸顶天线技术指标如表 2-12 所示。

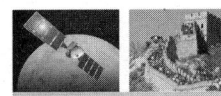

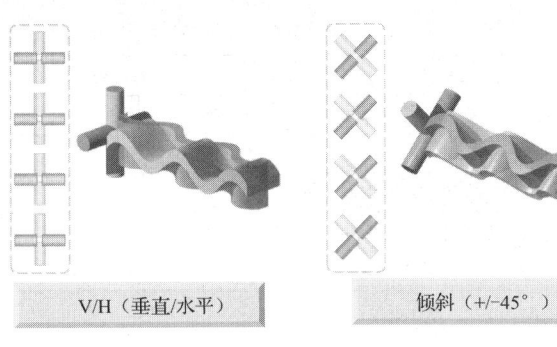

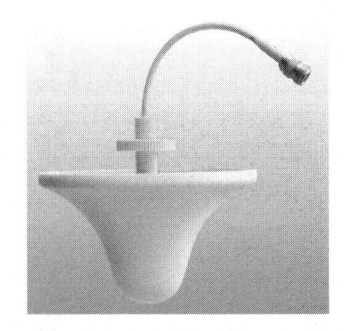

图 2-39　双极化天线极化示意　　　　图 2-40　室内全向单极化吸顶天线实物

天线的电压驻波比、阻抗、功率容限、三阶互调、接口型号要求与无源器件类似。

2. 室内定向单极化吸顶天线

室内定向单极化吸顶天线也是吸顶天线的一种，其外形与安装方式和室内全向单极化吸顶天线相同，但是它在水平方向上只朝某一个方向辐射，属于定向天线。因此其增益一般高于全向天线，方向性和穿透性比全向吸顶天线要略强，通常应用在有单边覆盖要求、无垂直墙面安装定向壁挂天线的场景，如建筑的外窗户边，防止信号泄漏到室外，对室外造成干扰。典型的室内定向单极化吸顶天线技术指标如表 2-13 所示。

表 2-12　室内全向单极化吸顶天线技术指标

类别	技术指标要求	
频率范围（MHz）	806～960	1710～2500
极化方式	垂直	
增益（dBi）	2±0.5	[4, 6.5]
方向图圆度（dB）	±2	
垂直面半功率波束宽度（°）	85	40
电压驻波比	≤1.5	
阻抗（Ω）	50	
功率容限（W）	50	
三阶互调（dBm）（@2×33 dBm）	≤-107	
接口型号	N-F	

表 2-13　室内定向单极化吸顶天线技术指标

类别	技术指标要求	
频率范围（MHz）	806～960	1710～2500
极化方式	垂直	
增益（dBi）	4±0.5	6±1
水平面半功率波束宽度（°）	115±10	85±10
垂直面半功率波束宽度（°）	85	55
前后比（dB）	≥4	≥6
电压驻波比	≤1.5	
阻抗（Ω）	50	
功率容限（W）	50	
三阶互调（dBm）（2×33 dBm）	≤-107	
接口型号	N-F	

3. 室内定向单极化壁挂天线

室内定向单极化壁挂天线，又叫定向板状天线，也是室内覆盖中使用较多的一类天线，通常安装在室内的垂直墙面上，实物如图 2-41 所示。

室内定向单极化壁挂天线的增益比全向天线高，在室内分布系统中可以弥补全向吸顶天线方向性和穿透性较差的缺点，多用在狭长的室内空间或一些遮挡损耗较大的位置，如车库的进出通道、电梯及走廊等位置，其典型的技术指标如表 2-14 所示。

表 2-14　室内定向单极化壁挂天线技术指标

类别	技术指标要求	
频率范围（MHz）	806～960	1710～2500
增益（dBi）	6.5±1	8±1
水平面半功率波束宽度（°）	90±10	75±15
垂直面半功率波束宽度（°）	85	65
前后比（dB）	≥8	≥10
电压驻波比	≤1.5	
阻抗（Ω）	50	
功率容限（W）	50/250	
三阶互调（dBm）（2×33 dBm）	≤-107	
接口型号	N-F	

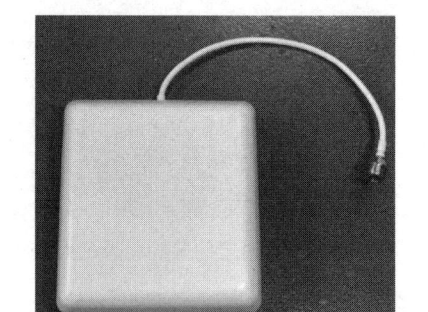

图 2-41　室内定向单极化壁挂天线实物

4. 室内定向单极化对数周期天线

室内定向单极化对数周期天线是一种锥形的定向天线，外形如图 2-42 所示。

它的方向性比定向板状天线更好，增益更高，多用于人行或汽车隧道的覆盖，因此对防水防尘的要求更高，其主要技术指标如表 2-15 所示。

表 2-15　室内定向单极化对数周期天线技术指标

类别	技术指标要求	
频率范围（MHz）	806～960	1710～2500
极化方式	垂直	
增益（dBi）	9±1	10±1
水平面半功率波束宽度（°）	75±10	60±10
垂直面半功率波束宽度（°）	55	50
前后比（dB）	≥15	≥16
电压驻波比	≤1.5	
阻抗（Ω）	50	
功率容限（W）	50	
三阶互调（dBm）（2×33 dBm）	≤-107	
接口型号	N-F	

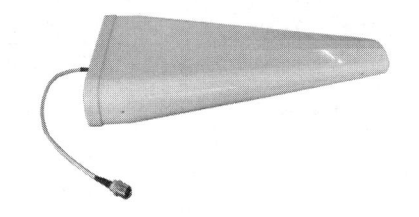

图 2-42　室内定向单极化对数周期天线实物

5. 室内双极化天线

双极化天线主要用在双路室内分布系统中，为 LTE 网络实现 MIMO 功能。

室内双极化天线包括室内双极化吸顶天线和室内双极化面板天线，它们外形与普通吸顶天线和面板天线差异不大，但是有两个馈线输入接口，如图 2-43 所示。

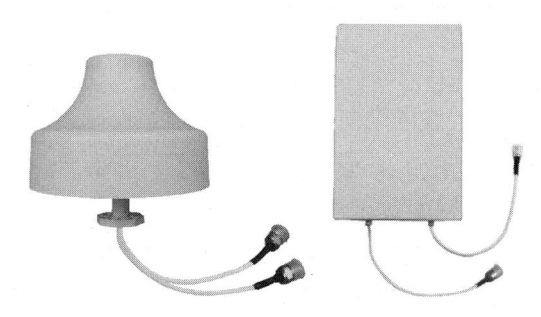

图 2-43　室内双极化天线

双极化天线的各项技术指标与单极化类似,只是其内部有两组相互正交的天线振子独立工作,来代替两个单极化天线,减少双路室内分布系统中天线的使用数量。双极化天线中两个馈线连接口通常只有一个支持全频段,即 800~2500 MHz,在多系统共用双路分布系统时,2G、3G、4G 系统的一路均接入该接口;另一个接口通常仅支持 1700~2500 MHz,仅用于 4G 系统接入。

6. 美化天线

通常在一套室内分布系统中,安装天线的数量从数十到数百不等,一些特别大的场景天线数量可能达上千,如此庞大的天线数量对于一些室内装饰较好的楼宇的美观影响是很大的,因此在一些内部装饰较好或是业主有特殊要求的楼宇进行室内分布系统建设时,会采用美化天线。

美化天线也称"伪装天线",它的种类非常多,在保持足够的信号强度前提下,通过各种手段对天线外表进行伪装和修饰,或者模仿实际某种物品外形,达到美化天线造型与室内环境相协调的目的。

室内分布系统中,在室内使用的美化天线可以大致分为两类,一类是吸顶形美化天线,它用来代替普通吸顶天线,如常用的烟感形美化天线、排气扇形美化天线、摄像头形美化天线;另一类是壁挂形美化天线,它主要用来代替定向壁挂天线,如常用的开关形美化天线、壁画形美化天线、壁灯形美化天线,如图 2-44 所示。

| 烟感形美化天线 | 排气扇形美化天线 | 摄像头形美化天线 |
| 开关形美化天线 | 壁画形美化天线 | 壁灯形美化天线 |

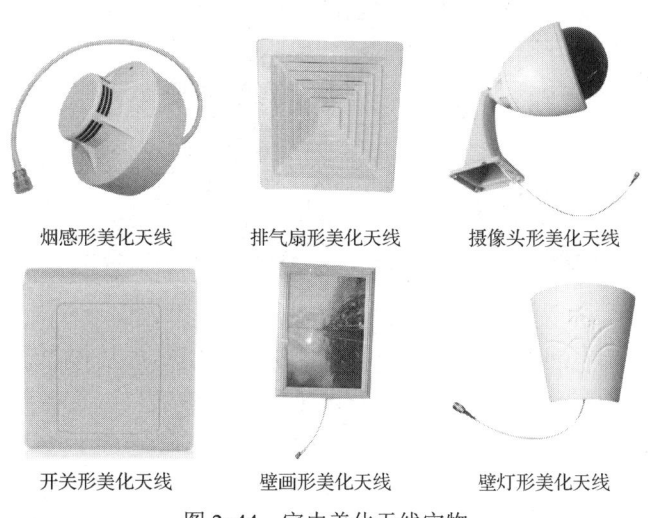

图 2-44 室内美化天线实物

在采用室内分布系统外拉覆盖方式时,也通常会使用美化天线来保持与周围环境的一致,如射灯形美化天线、蘑菇形美化天线、指示牌形美化天线、灯杆形美化天线等,如图 2-45 所示为一些常用的室内分布系统外拉美化天线。

室内分布系统外拉用美化天线通常比宏基站用美化天线小很多,它们虽然用于室外区域覆盖,但是从广义上讲,室内分布系统外拉仍然属于室内分布系统范畴,在工程中通常也由室内分布系统的建设管理部门和施工单位负责实施。

美化天线的技术指标与传统天线相仿,除了常见的一些美化天线外,还可以依据具体场景的要求定做美化天线,天线的技术指标也可以依据实际情况进行要求。

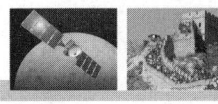

射灯形美化天线 　　蘑菇形美化天线 　　草坪灯形美化天线

草坪牌形美化天线 　　指示牌形美化天线 　　灯杆形美化天线

图 2-45　室内分布系统外拉常用美化天线实物

7. 泄漏同轴电缆

1）泄漏同轴电缆的原理

泄漏同轴电缆简称漏缆，也称连续天线，是遵循特定的电磁场理论，沿着普通同轴电缆的外导体按一定规律配置狭窄的周期性或非周期性的槽孔形成的。沿该电缆外导体上轴向分布的每一个开槽口都是一个电磁波辐射波源，因此，信号在电缆中传输的同时，一部分电磁能量可以按要求从开槽口以电磁波的形式辐射到外部空间。其结构与普通的同轴电缆基本一致，由内导体、绝缘介质和开有周期性槽孔的外导体、护套几部分组成，如图2-46所示。

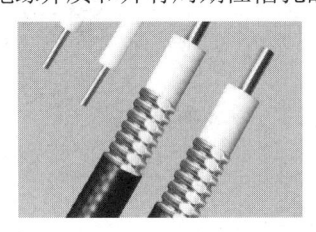

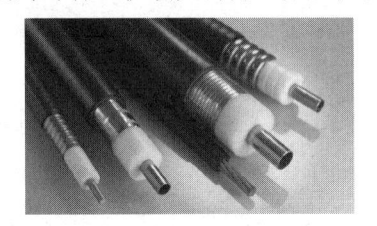

图 2-46　泄漏电缆结构

泄漏电缆辐射出的电磁波在传播的过程中能被一定距离内的接收设备接收，从而实现与外部设备的通信；相反，电缆外的移动发射机所发射的信号，也能通过外导体上的槽口馈进电缆内再传输到固定的接收机，实现外部设备与电缆的通信。泄漏同轴电缆具备与外部空间进行双工全方位无隙通信的功能，因此泄漏电缆可以看成一种特殊的天线。

泄漏电缆是实现半闭域及闭域空间双工无隙移动通信的重要信息载体，它兼备远距离无线及有线通信的功能，弥补了单纯采用传统天线通信方式所存在的不可避免的通信盲区问题，如今被广泛应用于诸如地铁、隧道、矿井、高速公路及高速铁路沿线等半闭域或闭域空间的移动通信。

泄漏电缆每个槽孔都可以实现电磁波的辐射和接收，因此具有信号覆盖均匀的特点。泄漏电缆的支持频段宽，适合所有的移动通信制式，多系统同时接入时，可大大降低总体造价，弥补其造价高的缺点。

2）泄漏同轴电缆的主要指标

泄漏电缆的主要指标有纵向衰减常数和耦合损耗。

纵向衰减常数是指电磁波在电缆内部传输所造成的能量损失。与普通同轴电缆类似，因为线缆损耗，信号在泄漏电缆中传输会随着传输距离的增加而变弱。而对于漏缆来说，周边环境也会影响衰减性能，因为电缆内部少部分能量在外导体附近的外界环境中传播，因此衰减性能还受制于外导体槽孔的排列方式。

耦合损耗是指在特定距离下（通常是 2 m），被外界天线接收的能量与电缆中传输的能量之比。耦合损耗是表征泄漏电缆辐射能力强弱的物理量，也是泄漏电缆区别于其他射频电缆的重要指标，它决定了电波的覆盖范围。耦合损耗 L_c 的计算公式为

$$L_c = 10\lg \frac{P_{in}}{P_r} - L_t d \tag{2-26}$$

式中，P_r 是指距离泄漏电缆 2 m 处接收到的功率（W）；P_{in} 是指泄漏电缆的输入功率（W）；L_t 是指每米的衰减损耗（dB）；d 指泄漏电缆从输入端到接收天线所在位置的长度（m）。

耦合损耗是一个统计值，通常用的是 50%或 95%接收概率值，即耦合损耗的测量数据有 50%或 95%小于该值。

泄漏同轴电缆依据外导体的直径不同，可以分为 1/2"、7/8"、1-1/4"、1-5/8"等型号，表 2-16 所示为某 1-5/8"泄漏同轴电缆产品的技术指标，其中系统损耗是指泄漏同轴电缆单位距离信号功率的总损耗。

表 2-16 某 1-5/8"泄漏同轴电缆产品的技术指标

频段	衰减（dB/100m）	耦合损耗（dB/2m）（50%/95%）	系统损耗（dB/500m）
800 MHz	2.1	67/72	82.5
900 MHz	2.3	65/69	80.5
1800 MHz	4	62/67	87
2000 MHz	4.4	62/67	89
2200 MHz	5	61/68	93
2400 MHz	5.6	62/67	95

技能训练 2 同轴电缆室内分布系统的链路预算

1. 实训目的

（1）熟悉同轴电缆室内分布系统的结构。
（2）掌握同轴电缆室内分布系统无源器件、馈线、天线的组网连接。
（3）掌握分贝毫瓦和分贝的计算方法。
（4）掌握功分器、耦合器和馈线功率损耗的计算方法。

2. 实训工具

卷尺、皮尺。

3. 实训内容与步骤

（1）将实训室内或周边某一建筑内（分布系统可见）所安装的同轴电缆分布系统按照其组网连接方式绘制如图 2-47 所示的组网拓扑图，对于看不清楚型号的耦合器，可以先预估其型号。

图 2-47　分布系统拓扑

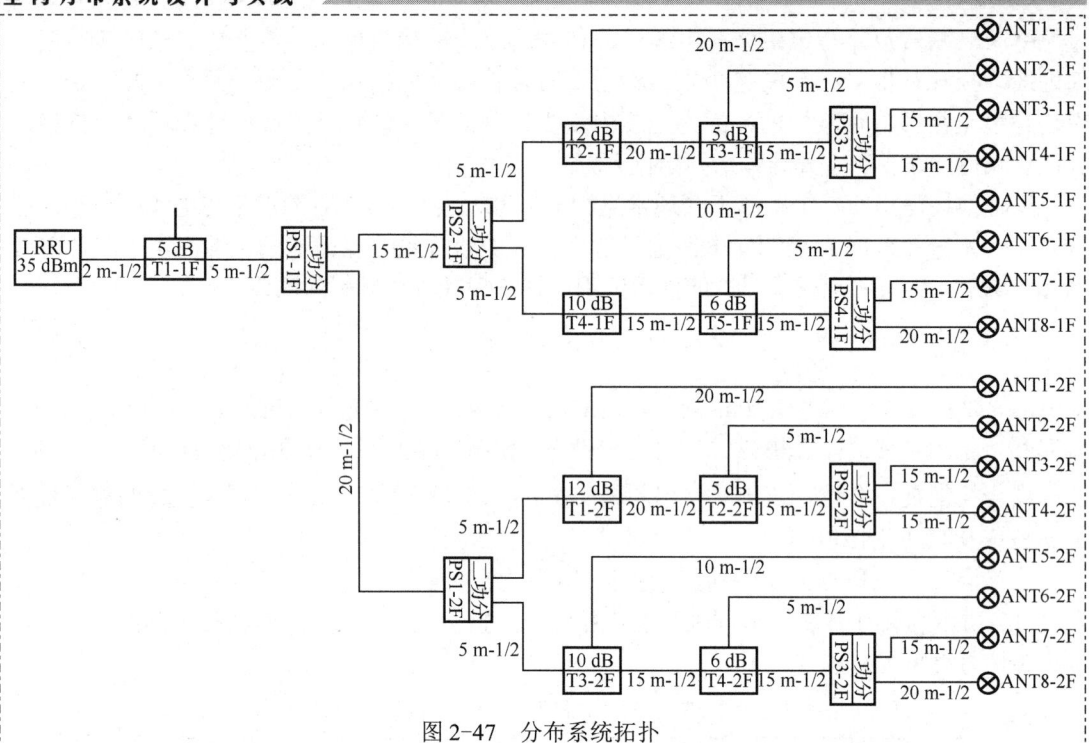

（2）对所绘制的分布系统组网拓扑图进行功率计算，测算天线口功率。

计算要求：从信源端开始，对经过的每条馈线测算馈线损耗，并在馈线末端标记出信号功率。每经过一个无源器件，同样计算功率，并在无源器件各输出端标记出功率值，最后算出各天线口的信号功率（LTE RRU 输出功率设置为 35 dBm，工作频率按 2400 MHz 计，不考虑天线增益）。

（3）对于天线功率不均匀的，调整预估耦合器型号，使之平衡。

4. 实训结果

（1）绘制实训室或周边某一建筑内已建同轴电缆分布系统的组网拓扑图。

（2）计算并标注出每根馈线末端、每个无源器件输出端的信号功率值，计算并标记出每个天线口的信号功率值。

（3）若要求天线口输出功率必须满足 10～15 dBm，记录哪些天线的输出功率不满足要求，并思考该如何调整无源器件使之满足要求。

5. 总结与体会

知识梳理与归纳

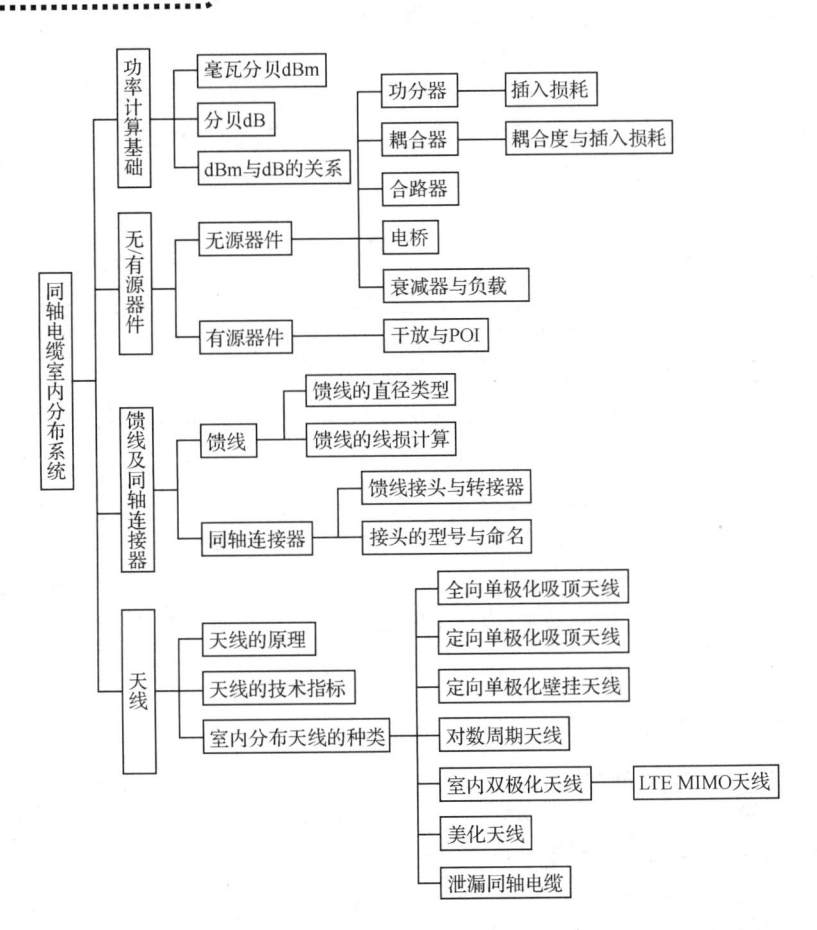

```
                                    ┌─ 毫瓦分贝dBm
                    ┌─ 功率计算基础 ─┼─ 分贝dB
                    │                └─ dBm与dB的关系
                    │                              ┌─ 功分器 ── 插入损耗
                    │                              ├─ 耦合器 ── 耦合度与插入损耗
                    │              ┌─ 无源器件 ───┼─ 合路器
                    ├─ 无有源器件 ─┤              ├─ 电桥
同轴电缆            │              │              └─ 衰减器与负载
室内分布 ───────────┤              └─ 有源器件 ── 干放与POI
系统                │
                    │              ┌─ 馈线 ───────┬─ 馈线的直径类型
                    ├─ 馈线及同轴 ─┤              └─ 馈线的线损计算
                    │  连接器      └─ 同轴连接器 ─┬─ 馈线接头与转接器
                    │                              └─ 接头的型号与命名
                    │              ┌─ 天线的原理
                    │              ├─ 天线的技术指标
                    └─ 天线 ───────┤              ┌─ 全向单极化吸顶天线
                                   │              ├─ 定向单极化吸顶天线
                                   │              ├─ 定向单极化壁挂天线
                                   └─ 室内分布 ──┼─ 对数周期天线
                                      天线的种类  ├─ 室内双极化天线 ── LTE MIMO天线
                                                  ├─ 美化天线
                                                  └─ 泄漏同轴电缆
```

自我测试 2

一、填空题

1. 计算：1 mW=_____dBm，1 W=_____dBm，5 W=_____dBm，10 W=_____dBm。

2. 计算：10 dBm=_____mW，33 dBm=_____W，43 dBm=_____W，46 dBm=_____W。

3. 功分器是一种_____分配功率的无源器件，二功分器的插入损耗是_____。

4. 移动通信中信号源内阻、器件、馈线、天线采用的阻抗均为_____Ω。

5. 同轴电缆分布系统中任何器件端口都不能空载，必须要安装_____，否则会引起_____过高。

6. 在同轴电缆分布系统出现故障时，可以利用_____对_____的大小和位置进行测试，从而定位找出分布系统的故障点。

7. _____是指非线性射频线路中，两个或多个频率混合后产生噪声信号的现象。

8. 耦合器的耦合度是指输入端口的功率与_____的功率比值的度量，插入损耗是指耦合器输入端功率和_____功率比值的度量。

9. 耦合器分配损耗的大小取决于耦合度的大小，耦合度越大，分配损耗_____。

10. 3 dB 电桥任意一路输出口的信号都是_____，但功率均会损失_____。

11. 当多家运营商同时共用一套分布系统时，往往普通合路器无法满足需求，这时一般采用_____进行合路。

12. POI 组网时有_____和_____两种方式。

13. 馈线属于同轴电缆，由_____、绝缘体、_____和护套 4 部分组成。

14. 在室内分布系统中，馈线连接器接口一般采用_____，射频器件、天线自带的接口则一般采用_____，这样馈线与器件、天线间实现连接。

15. 天线的作用是把发信机设备所产生的高频_____转换为高频_____，向周围空间辐射；反之在接收时，把截获的高频_____能量转换成高频_____能量后，再送给收信机。

16. 依据天线在水平辐射方向性的差异，天线可分为_____和_____。

17. 天线与点辐射源相比较的增益用_____（单位）表示，与对称振子相比较的增益用_____（单位）表示。

18. 双极化天线按极化方向的不同，可分为_____双极化天线和_____双极化天线。

二、单选题

1. 0.1 W 等于（　　）dBm。
   A. 20 dBm   B. 27 dBm   C. 30 dBm   D. 33 dBm

2. 在室内分布系统规范要求中，驻波比应小于（　　）。
   A. 0.2   B. 1.0   C. 1.5   D. 2

3. 以下耦合器直通端插损最大的是（　　）。

A．6 dB 耦合器　　B．10 dB 耦合器　　C．15 dB 耦合器　　D．20 dB 耦合器

4．在设计 GSM 和 TD-LTE 两网合一系统时，可用作合路的器件是（　　）。
A．3 dB 耦合器　　B．二功分器反接　　C．双频合路器　　D．3 dB 电桥

5．以下（　　）不是电桥的使用场景。
A．同系统上下行合路　　　　　　B．同小区两个载波合路
C．多个移动网络系统的合路　　　D．同系统不同小区合路

6．（　　）同轴连接器可用于分布系统器件与馈线连接处需要弯曲的地方。
A．N-J1/2　　B．N-KK　　C．N-JWK　　D．7/16/N-JK

7．下列关于天线说法错误的是（　　）。
A．全向天线在水平方向上没有波束宽度　　B．天线增益是天线将功率增加的能力
C．只有定向天线才有天线前后比　　　　　D．只有全向天线才有方向图圆度

8．对天线增益的理解正确的是（　　）。
A．是绝对增益
B．天线是无源器件，不可能有增益
C．是与集中辐射有关的相对值
D．全向天线没有增益，定向天线才有增益

9．以下（　　）为天线的垂直半功率角。
A．天线安装后垂直轴线与地面夹角　　B．天线垂直与水平能量辐射比值
C．天线波束的垂直波瓣宽度　　　　　D．天线垂直方向主瓣与副瓣的夹角

10．下列（　　）天线可以用作电梯的覆盖。
A．全向吸顶天线　　　　B．定向板状天线
C．定向吸顶天线　　　　D．美化天线

11．在地铁和铁路隧道覆盖时，一般采用（　　）。
A．1/2 馈线　　B．7/8 馈线　　C．泄漏电缆　　D．1/2 软馈线

12．以下设备标注中，（　　）表示耦合器。
A．PS n-mF　　B．T n-mF　　C．CB n-mF　　D．ANT n-mF

三、多选题

1．功率的单位有（　　）。
A．mW　　B．dB　　C．dBm　　D．dBi

2．下列等式正确的是（　　）。
A．30 dBm+30 dBm=60 dBm　　B．30 dBm+30 dBm=33 dBm
C．30 dBm+30 dB=60 dBm　　　D．30 dBm+30 dB=33 dBm

3．下列关于负载的作用描述正确的是（　　）。
A．消耗多余的功率　　　　B．改变信号强度
C．补偿射频信号功率　　　D．消除断路引起的驻波比

4．室内覆盖使用的主要无源器件是（　　）。
A．功分器　　B．耦合器　　C．合路器　　D．干放

5．选用无源器件时，我们需要注意它的（　　）。
A．工作频段　　B．功率容量　　C．插入损耗　　D．接头类型

6. 射频信号在馈线中传输时的功率损耗大小（dB）与下列（   ）因素有直接关系。
   A．馈线的型号　　　　　　　　B．馈线的长度
   C．传播的射频电波频率　　　　D．传播的射频电波功率

四、判断题

1. dBm 是一个相对量单位，dB 是一个绝对单位。　　　　　　　　　　（   ）
2. 耦合器的耦合端输出功率比直通端输出功率小。　　　　　　　　　（   ）
3. 二阶互调信号的强度大，且与实际工作的频率很相近，是主要的互调干扰源。
   　　　　　　　　　　　　　　　　　　　　　　　　　　　　　　（   ）
4. 合路器又被称为异频合路器，电桥又被称为同频合路器。　　　　　（   ）
5. 负载和衰减器在使用时，接收信号的输入功率不能超过器件的功率容限。（   ）
6. 如果器件某一输出端口不连接任何分布系统，则必须要安装负载，否则会引起驻波比过高。
   　　　　　　　　　　　　　　　　　　　　　　　　　　　　　　（   ）
7. POI 相当于性能指标更高的合路器，它不需要外接电源就能工作。　（   ）
8. 馈线线径越小，信号频率越高，单位长度损耗越大。　　　　　　　（   ）
9. 一般馈线弯曲半径越小越好，这样有利于馈线排布的美观性。　　　（   ）
10. 双极化吸顶天线中的两个接口中只有一个支持全频段。　　　　　（   ）
11. 全向天线在水平方向上和垂直方向上均向 360°均匀辐射。　　　　（   ）

五、简答题

1. 绝对功率的单位有哪几种常用的表达形式？它们之间的换算关系是什么？
2. 什么是功分器的分配损耗？什么是介质损耗？
3. 简述天线工作的原理。

六、计算题

1. 以 W 为单位时，若甲功率是乙功率的 10 倍，用 dB 表示，则甲功率与乙功率相差多少 dB？

2. 设输入端口信号功率为 20 dBm，计算二功分器、三功分器、四功分器的输出端口功率分别为多少。

3. 如图 2-48 所示，二功分的输入信号功率为 20 dBm，设馈线 1、馈线 2 的馈线损耗均为 2 dB，其余馈线及接头损耗忽略，试求图中 a、b、c、d 四个端口的输出功率值。

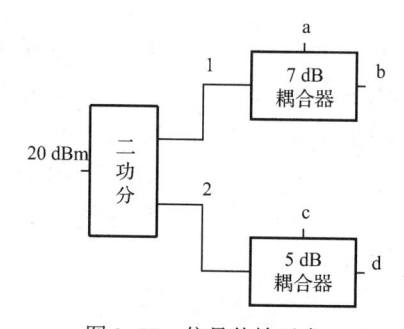

图 2-48　信号传输示意

4．如图 2-49 所示为某楼的室内分布系统图，假设 BTS 机顶口功率为 27 dBm，射频器件间使用 1/2"馈线连接，损耗为 7 dB/100m，试计算天线 3 和 9 的天线口功率（不包含天线增益）。

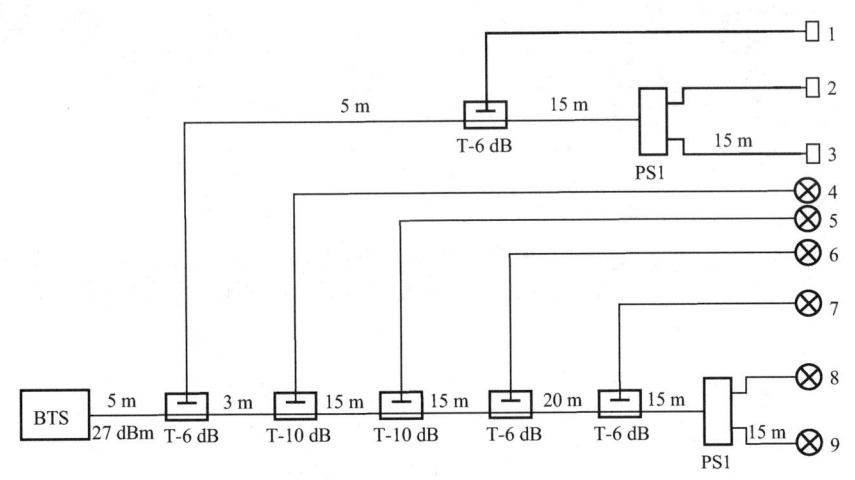

图 2-49　某楼的室内分布系统图

第3章 室内分布系统的工程勘察

学习目标

1. 掌握常见的室内分布系统建设方式。
2. 了解室内分布系统的工程实施流程。
3. 掌握室内分布系统的勘察设计流程。
4. 掌握室内分布系统工程勘察的内容与方法。
5. 掌握天线点位勘察的要点。

内容导航

移动网络不断地演进发展,使各大运营商不断推动新网络的建设与运营,一时间多网络并存。为了减少网络间的干扰,节约成本,室内分布系统需要同时接入多个网络,从而衍生出多种建设方式。

通信网络的工程建设是一项复杂严谨的工作,只有严格按照国家标准、行业规范等,做好每一步工作,才能确保工程实施的质量,才能使网络覆盖达到要求。工程勘察不仅可以为室内分布系统的设计提供主要依据,而且可以为建设施工提供必要的参考,是工程实施过程中重要的一环。

本章从室内分布系统的建设方式谈起,首先介绍室内分布系统的工程实施流程,然后重点简述室内分布系统勘察设计的流程与要求,最后详细简述室内分布系统工程勘察的准备、内容与流程、方法及注意事项等。

3.1 室内分布系统的建设方式

3.1.1 多网络共用分布系统

1. 多系统合路的原理

室内分布系统包括了 2G、3G、4G、WLAN 和 5G 多种网络制式，多种网络制式如果各自建设一套分布系统进行网络覆盖，投资花费将成倍增加，且不同网络的分布系统间干扰也会很严重。在实际工程中，多个网络制式通常采用合路的方式共用一套分布系统，以实现多个制式网络的覆盖，节约了成本，还可有效地控制不同网络间的干扰，如图 3-1 所示。

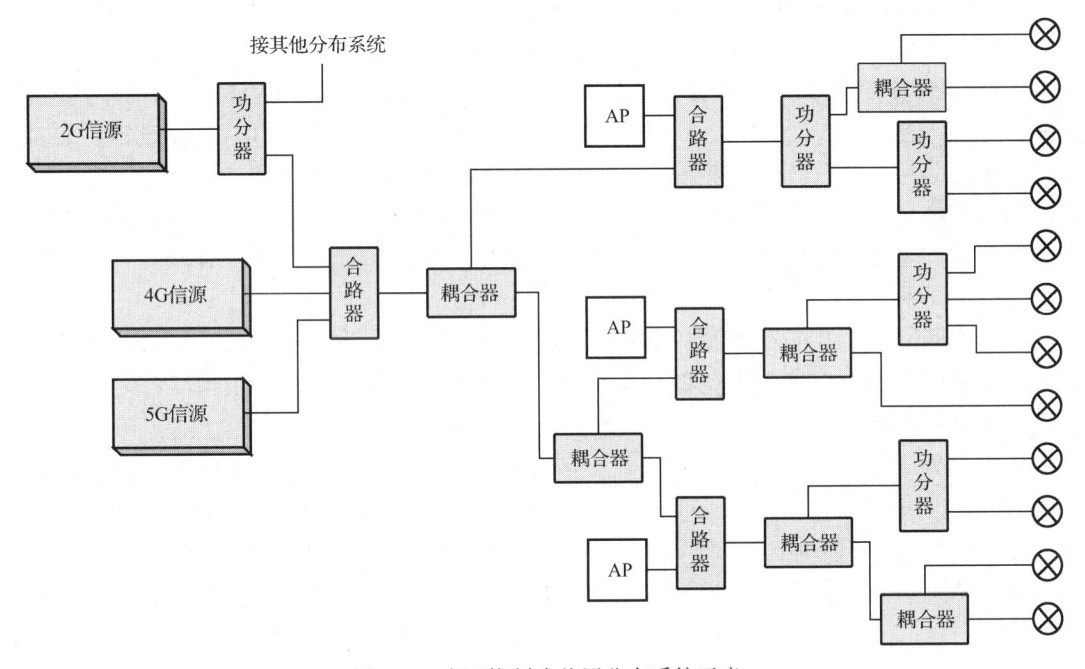

图 3-1 多网络制式共用分布系统示意

在下行，多个网络的射频信号通过特定的合路器后，合成为一路混合信号接入分布系统中，实现多个网络的同时覆盖；在上行，不同网络的上行信号通过天线接入分布系统中，合路器将分布系统中的混合信号按频率进行滤波，按不同的网络分配到各自的通路，进入信源设备进行处理，实现上行的通信。

多系统合路有两种方式：合路器合路和 POI 合路，它们各有优缺点。

合路器合路常见于各运营商自行独立建设室内分布系统的场景，其优点是合路方式简单，不需要外接电源，端口插损较小，信源功率利用率高；它的缺点是只适用于 2~3 个系统的合路，系统间的隔离度较小，抗干扰能力较差。

POI 合路常见于多运营商共建共享的场景，其优点为天馈系统投资较少，各系统间隔离度较高，抗干扰能力较好，可以用于 3 个以上系统的合路；它的缺点是插损较高，信源的功率利用率较低，需要较多的信源投资，POI 设备需要外接电源，安装条件要求较高。

在实际网络建设中，不同网络的建设通常属于不同的工程项目，建设时间也各不相同，因此同一建筑不同网络的分布系统建设时间有先有后。第一个建设的网络，由于建筑内没有室内分布系统，因此采用新建分布系统的方式；而后面建设的网络，则应采用合路分布系统的方式。

2. 多系统合路的注意事项

（1）多系统合路时需要兼顾不同网络的覆盖效果。

由于不同网络制式的工作频段不同，在多系统合路时，不同网络的信号在分布系统中的衰减程度及天线覆盖范围都会有差异，这会导致同一分布系统中不同网络制式的实际覆盖范围也存在差异。通常情况下，频率低的网络覆盖效果要优于频率高的网络。因此，在进行多系统合路时，分布系统的设计通常会优先考虑频率最高的网络的覆盖效果。

（2）多系统合路需要考虑无源器件的频率支持情况。

现阶段各大运营商在进行室内分布系统无源器件、天馈线的采购时，都会兼顾2G到4G及WLAN的工作频段，使分布系统在各种网络的频段上都能正常工作，有些运营商甚至还会提前考虑5G的工作频段。但是可能存在个别老的室内分布系统，其建设年代久远，建设之初只是为了2G的网络覆盖，它的无源器件或天馈线可能只支持2G频段而不支持其他网络的工作频率，在面对这种分布系统时，新网络不能直接进行合路，通常需要新建一套分布系统，同时将老的2G分布系统进行改造拆除，合路到新分布系统中。

（3）不同系统、不同设备类型合路的位置不一样。

由于不同网络制式的信源设备形态不一样，其射频信号输出功率也不相同，因此它们在分布系统中合路的位置也不一样。按照合路点在分布系统中位置的不同，合路可以分为前端合路和末端合路。

如图3-2所示的2G、3G、4G信源，它们的射频输出功率较大，其中2G信源较3G、4G信源更大，因此可以同时连接较多的天线，采用的是前端合路方式；WLAN网络的AP用作信源时，由于射频信号输出功率较小，一般只能接几个天线，因此采用末端合路方式。

各种系统信源设备的射频输出功率并不是一定的，它和具体采用的设备形态有密切关系。例如，微基站就比宏基站输出功率低，皮基站和飞基站的输出功率和AP接近，因此实际工程要灵活区分对待。

（4）多家运营商合路一套分布系统时对合路器的要求更高。

由于国家对于通信资源共建共享的政策驱动，在一些场景要求各运营商只能使用同一套分布系统进行信号覆盖，此时合路到分布系统中的网络数量会成倍增加，因此整个系统对于互调干扰等性能的要求会非常高，控制不好会严重影响网络质量和覆盖。在这种场景中，通常采用有源设备POI来代替传统的无源器件合路器，实现对高性能的要求。

3.1.2　双路分布系统

在LTE网络中，采用了MIMO技术，它是指在发射端和接收端分别使用多个发射天线和接收天线，使信号通过发射端与接收端的多个天线传送和接收，从而改善通信质量，成倍地提高系统信道容量的技术。

在室内分布系统中，为了实现LTE网络的MIMO功能，需要建设两路并行的分布系统，即在传统的分布系统基础上再增加一套馈线、器件和天线，这样的分布系统被称作双

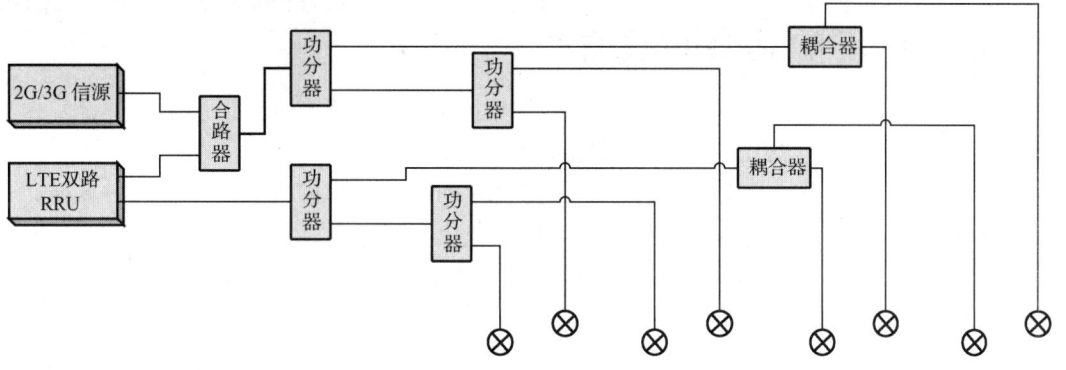

（a）采用单极化天线

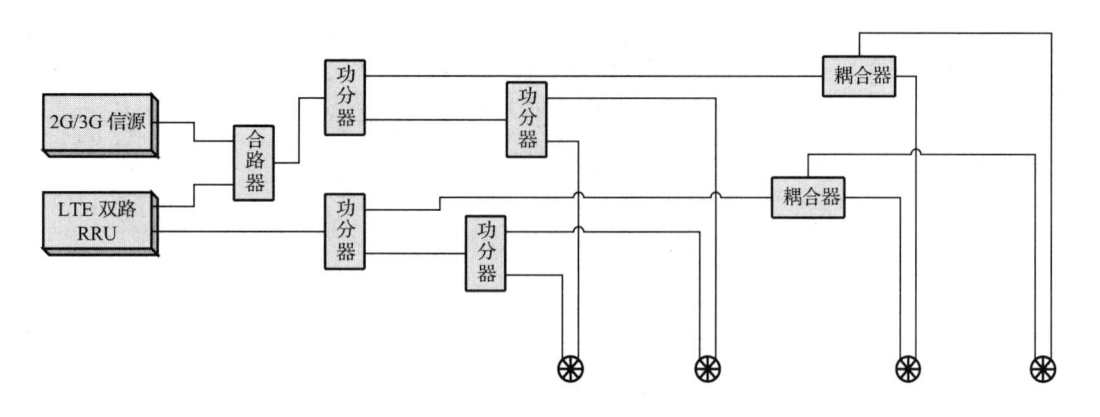

（b）采用双极化天线

图 3-2 双路分布系统组网示意

路分布系统。双路分布系统中两路馈线的长度与器件的数量都一致，馈线、器件与天线通常并排敷设，两个天线必须保持一定的空间隔离度才能达到良好的性能，工程上一般取 0.5 m 以上，组网拓扑图如图 3-2（a）所示。

双路分布系统会使天线数量成倍增加，这大大影响了美观，增加了协调难度，运营商在建设双路分布系统时多采用双极化天线来代替两个传统的室内天线。双极化天线内部有两组天线振子，它们相互正交，从而满足了 MIMO 技术对于天线隔离度的要求，达到两个天线的效果，从而减少了天线的使用数量，组网拓扑图如图 3-2（b）所示。

双路分布系统通过建设两条并行独立的天馈系统来实现 MIMO 技术的应用，从而提高 LTE 网络的系统容量，它能提供给用户的峰值速率可以达到单路分布系统的 1.6～1.8 倍。但是双路分布系统中馈线、无源器件等的数量都是相应单路分布系统的 2 倍，分布系统整体造价也接近单路系统的 2 倍，因此在实际应用中一般只建在人口密集、业务量需求较大、对数据速率和系统容量要求较高的重要场所，如大型购物中心、会展中心等。

在实际建设时，参考原建筑内是否已有分布系统，双路分布系统又可分为"新建双路""新建一路，合路一路"两种建设方式。

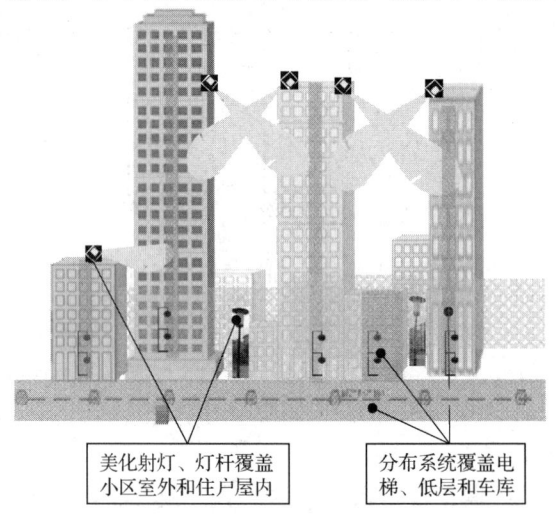

3.1.3 室内分布系统外拉覆盖方式

在实际的网络覆盖中,由于地形、业主协调情况等因素的影响,情况非常复杂,室内分布系统和室外覆盖有时会打破既定的界限,互相渗透。

通常情况下,室内分布系统的信号是要严格控制在建筑物内部的,在设计时要防止室内信号外泄到楼外,对室外覆盖造成干扰,影响整个网络指标。但是现在宏基站选址难度越来越大,在一些特殊的区域会出现宏基站无法解决的弱覆盖,这时就可能会使用室内分布系统外拉覆盖方式。

室内分布系统外拉覆盖方式是指在保证对周围宏基站网络影响可控的前提下,利用室内分布系统的信源,外接小型室外天线,对小范围的室外区域进行覆盖。

例如,在对高档住宅小区进行覆盖时,由于在住宅小区内选址建设宏基站难度较大,周围宏基站又无法进行有效覆盖,就可以采用室内分布系统外拉覆盖方式。通过室内分布系统的信源外接小型室外美化天线,如射灯形美化天线,安装在住宅楼外墙,对住宅小区内的中高楼层进行覆盖;小区内花园、草坪等地方安装小型美化灯杆等类型的天线,可以对低楼层住户、别墅洋房住户和小区内进行信号覆盖,如图3-3所示。

图3-3 室内分布系统外拉覆盖示意

采用该方法进行覆盖时,需要对周边宏基站覆盖情况有充分的了解,通常要提前与运营商维护部门进行沟通,严格控制好室外天线的覆盖范围,并做好邻区设置,避免外拉信号对周边宏基站网络造成不良的影响。

3.2 室内分布系统工程实施流程

移动通信网络在工程设计与工程建设时一般可以分为无线、传输、交换、数据和电源等几大专业,室内分布系统属于无线专业中的一个子专业。室内分布系统的工程流程与其他通信工程流程基本相同,分为立项阶段、实施阶段和验收投产阶段3个部分,如图3-4所示。

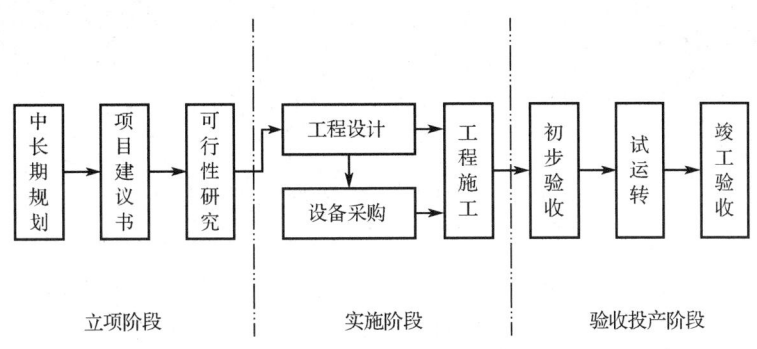

图 3-4 室内分布系统工程实施流程

3.2.1 立项阶段

立项阶段一般由运营商的计划部门和设计单位参与，主要包括中长期规划、项目建议书、可行性研究 3 个阶段。

1．中长期规划

中长期规划是支撑通信运营商管理层决策的重要纲领性文件，它基于对运营现状及未来发展环境的分析研究，制定市场、业务、网络发展和建设方案等方面的综合目标，为规划期内的项目立项提供重要参考。

室内分布系统的规划是在业务预测的基础上，结合现网分析和市场发展方向，综合室外宏基站和室内分布系统的发展与规划情况，制定网络发展目标及策略，提出规划期内各年的建设方案、规模和投资计划等。

2．项目建议书

项目建议书是拟建项目单位或部门向项目管理机构或部门申报的项目申请，项目管理机构或部门组织对电极的项目建议书进行分析评审，并对项目建议书进行批复。

项目建议书要从宏观上论述项目设立的必要性和可能性，把项目投资的设想变为概略的投资建议。项目建议书的呈报可以供项目审批机关或部门做出初步决策，可以减少项目选择的盲目性，为下一步可行性研究打下基础。

典型的室内分布系统项目建议书一般包括项目背景与必要性、业务分析与项目预期目标、项目方案计划、项目建设的必要条件与投资分析等。

3．可行性研究

可行性研究，简称可研，是从事一种经济活动（投资）之前，从经济、技术、生产、供销到社会环境、法律等各种因素进行具体调查、研究、分析，确定有利和不利的因素、项目是否可行，估计成功率大小、经济效益和社会效益，为决策者或主管部门审批的上报文件。项目决策者或主管部门要对可行性研究报告进行分析评审，并对可行性研究报告进行批复。可行性研究是进行方案比较、技术经济论证的一种科学分析方法，是基本建设前期工作的重要组成部分。

室内分布系统可行性研究报告主要包括需求预测与拟建规模、建设与技术方案论证、配套及协调建设项目建议、建设进度安排的建议、主要工程量与投资估算、经济评价等内容。

3.2.2 实施阶段

实施阶段一般由运营商的建设部门、采购部门、设计院、施工单位、监理单位、设备供应商等共同参与完成。其主要包括工程设计、设备采购和工程施工 3 个阶段，一般在工程设计初期编写技术规范书来指导设备采购，前两个阶段同时进行最终支撑工程施工过程。

1. 工程设计

工程设计阶段一般是指工程项目决策完成，即设计任务书下达之后，从设计准备开始，到施工图设计结束这一时间段，工程设计按工程进程和深度的不同，一般可分为一阶段设计、二阶段设计和三阶段设计 3 种类型。

一阶段设计针对规模较小、技术成熟或可套用标准设计的小型建设项目，只有施工图设计一个阶段。

二阶段设计针对一般通信建设项目，包括初步设计、施工图设计两个阶段。

三阶段设计针对技术复杂而又缺乏经验的项目，包括初步设计、技术设计、施工图设计 3 个阶段。

室内分布系统多采用二阶段设计，只包括初步设计和施工图设计。对于一些技术成熟且已经有多年建设经验的项目，如 GSM 室内分布项目，也采用一阶段设计。

（1）初步设计是根据批准的可行性研究报告、设计标准、规范、勘察基础资料等对项目进行更具体深入的设计，设计文件由设计说明书、设计图样、主要设备和材料表、工程概算书 4 部分组成。

初步设计要求每个建设项目都应编制总体设计部分的总体设计文件和各单项工程设计文件。总体设计文件包括总说明及附录、各单项设计总图、总概算编制说明及概算总表；各单项工程设计文件包括文字说明、图样和概算。

初步设计的深度要达到设计方案的评选和确定，用于指导主要设备材料订货、土地征用、基建投资的控制、施工图设计的控制、技术设计（或施工图设计）和施工组织设计的编制、施工准备和生产准备等，但不足以指导施工。

初步设计经批准后，是编制技术设计和施工图设计的依据，也是确定建设项目总投资，编制建设计划和投资计划、控制工程拨款、组织主要设备材料订货、进行生产和施工准备等的依据。经批准的初步设计，一般不得随意修改、变更，如有重大变更时，须报原审批单位重新批准。

（2）技术设计是对一些技术复杂或有特殊要求的建设项目所增加的一个设计阶段。技术设计应根据批准的初步设计文件编制。其内容根据工程的特点和需求而定，深度应能满足确定设计方案中重大技术问题、有关科学试验和设备制造方面的要求，主要包括特殊工艺流程方面的试验、研究和确定，新型设备的试验、研制及确定，某些技术复杂慎重对待的问题的研究和方案的确定等。技术设计阶段应在初步设计总概算的基础上编制出修正总概算，技术设计文件要报主管部门批准。

（3）施工图设计根据已批准的初步设计或技术设计，绘制出正确、完整和尽可能详尽的建筑、安装施工图样，并按施工图编制施工预算。各相关部门和单位依据施工图设计安排设备和材料的订货，制作各种非标设备及安排施工。施工图和预算经审定后，是建设工

程施工和预算包干工程结算的依据。

2. 设备采购

设备采购一般包括编写技术规范书、设备采购招标、签订设备合同、设备出厂检验、设备到港商检、随工验收等。采购设备及材料的性能质量是影响工程实施效果的重要因素，设备及材料能否按时到货是影响工程进度的重要一环。

室内分布系统的设备及材料采购主要包括信源设备、配套电源设备、无源器件、天线馈线等。

3. 工程施工

工程施工一般包括施工准备、施工招标或委托、开工报告、现场施工等。建设单位应根据建设项目的特点，组织项目管理机构，制定管理制度，落实管理人员，汇总拟采购设备及主材的技术资料，落实施工和生产物资的供货来源，落实施工环境的准备工作。通过施工招标择优选择施工企业，签订承包合同。建设单位在落实了年度资金拨款、设备和主材的供货及工程管理组织后，于开工前一个月会同施工单位向主管部门提出开工报告。现场施工时，施工单位应按批准的施工图设计进行施工。

室内分布系统工程施工量较大，施工影响较广，因此协调难度也较大。一般在现场施工前，甚至在工程勘察前，建设单位或部门就要与拟覆盖建筑物的物业进行协调，以保证勘察和施工的顺利进行。

3.2.3 验收投产阶段

验收投产阶段一般由运营商的建设部门、维护部门、施工单位、监理单位、设备供应商、设计院等共同参与完成。

1. 初步验收

初步验收一般在单项工程完工后，由施工单位依据合同条款向建设单位申请项目完工验收，由建设部门组织检验单项工程各项技术指标是否达到设计要求。

2. 试运转

试运转是指对建设系统的性能、功能和各项技术指标及设计和施工质量进行全面考核，试运转期一般为3个月，在试运转期内，系统如发现有问题，相关责任单位负责免费处理解决；试运转期结束，如系统运行正常，可组织竣工验收。

3. 竣工验收

竣工验收是工程建设过程的最后一个环节，是全面考核建设成果、检验设计和工程质量是否符合要求，审查投资使用是否合理的重要步骤。竣工验收前，由建设单位向主管部门提出竣工验收报告，编制项目工程总决算，整理包括竣工图样、测试资料等相关技术资料，清理所有财产和物资，报上级主管部门审查。竣工验收后3个月内应完成转资，系统和技术资料交由维护部门管理。

室内分布系统的验收包括对信源设备、有源及无源器件、天线、缆线和电源配套设备等的施工工艺质量进行测试，对整个分布系统功能及性能进行测试，对工程档案、工程建设程序规范化情况、工程决算、资源资料等方面内容进行检查。其中：

（1）信源设备的检查测试包括工作状态、载波的工作频率、发射功率、容量和告警等。

（2）分布系统的检查测试包括驻波比、噪声电平、天线口输出功率、双路功率平衡、互调干扰等。

（3）分布系统功能及性能测试包括覆盖区域内各网络制式主要业务性能、无线覆盖边缘场强、接通率、无线信道呼损等测试。

3.3 室内分布系统勘察设计流程

室内分布系统勘察设计是室内分布系统工程项目非常重要的部分，它贯穿室内分布系统项目的立项、实施和验收投产3个阶段。

在立项阶段，设计单位要针对项目进行需求调研与初步勘察、建设方案的制定和评审，进而支撑项目建议书或可行性研究的编制；在实施阶段，将按照建设方案和站点协调情况进行工程勘察，完成施工图设计，用于指导施工；在实施阶段末期和验收投产阶段，要依据物业协调的实际情况进行设计的变更。室内分布系统的具体勘察设计流程如图 3-5 所示。

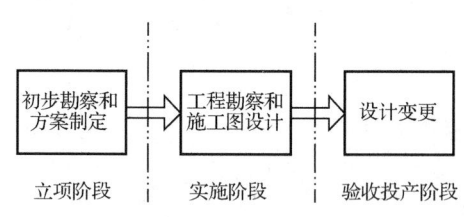

图 3-5 室内分布系统的具体勘察设计流程

3.3.1 初步勘察与方案制定

1. 初步勘察

在项目立项前期，项目管理部门通常会委托设计单位向所服务的运营商各分公司了解调研当地存量和新增楼宇情况，讨论分析本期工程室内分布系统建设的思路，整理潜在建设站点明细。

初步勘察，简称初堪，是依据需求调研的站点明细，在编制可行性研究或初步设计之前，对需求站点的建筑物场景、建筑规模大小、建筑物施工进展、网络覆盖现状、用户分布和发展情况等进行现场勘察和记录，作为建设方案编制和评审的主要依据。

2. 建设方案制定

建设方案的制定是指遵照运营商的网络发展策略或指导意见，综合各分公司的业务发展情况、网络覆盖现状、城市发展情况及分公司的建设思路等，对初步勘察站点的基础信息进行分析筛选，制定出本期工程具体的建设规模、站点明细、主要设备选型、投资估算或概算等，由规划部门组织进行内部评审，评审通过后编制成可行性研究或初步设计方案，向上级部门进行汇报审批。

3.3.2 工程勘察与施工图设计

工程勘察和施工图设计是规划设计工作中最核心的部分，也是持续时间最长的一个阶段，贯穿了工程实施的始末，详细流程如图 3-6 所示。

各大型楼宇通常都有物业进行管理，要在其内部建设室内分布系统，必须要分公司或施工单位提前与物业进行协调沟通才能进场，协调成功后，工程建设部发起设计申请，这时工程勘察设计才正式启动。

1. 工程勘察

工程勘察，简称工勘，是指在项目立项后，施工图设计前，对拟覆盖建筑物所有可能与设计相关的信息进行现场详细的勘察记录，进而指导设计。其一般包括建筑物的基本信息及规模、建筑内部结构特点、信号覆盖现状与主要覆盖区域、人流量情况及用户情况预估、天线的安装位置、分布系统的路由走向、信源设备的安装位置、GPS 北斗天线的安装位置及路由等。

2. 施工图设计

施工图设计是最详细的设计方案，要求能够指导施工单位现场施工。室内分布系统的设计图样应具备天线选型和设计位置恰当，走线路由和设备选择合理，信号分配均匀良好，施工可行性高，方便其他网络制式进行合路等特点。

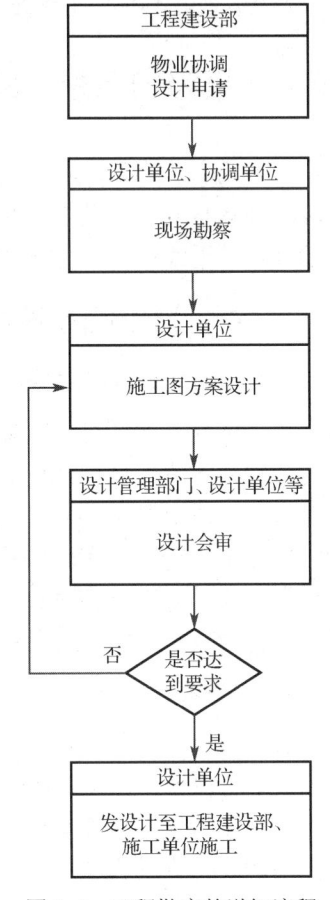

图 3-6 工程勘察的详细流程

施工图设计完成后，通常要由设计主管部门组织网络维护部门、设计院、工程建设部等对设计方案进行会审，合格的设计方案才能发给施工单位进行施工。

3.3.3 设计变更

设计变更指在设计交付以后，施工过程中遇到物业协调、建筑内部结构变化等原因，导致原设计方案需要进行调整，甚至站点完全无法建设，要进行站点替换并重新设计的工作。设计变更通常可分为两种，即设计方案的变更和站点替换设计变更。

（1）设计方案的变更，是指由于各种客观原因导致实际施工不能完全按照原设计方案进行而提出的对原设计方案进行的变更。通常由施工单位提出，建设部门和监理单位确认后才发起设计变更申请，设计人员依据变更申请的内容进行复核沟通，如果涉及较大的覆盖区域调整，通常还要网络维护部门同意，再进行方案调整，并将调整后的方案提交建设部门组织审核，审核通过后交付施工单位继续施工。

（2）站点替换设计变更，是指由于协调原因或建筑不具备施工条件等原因导致的室内分布站点完全无法施工而需要替换站点的变更。这种情况会影响工程进度和项目投资，因此通常由建设部门提交申请到计划部门，详细描述替换站点的原因，替换前后站点场景类型、

规模等,经计划部门审批通过后,设计人员再进行新站点的工程勘察、设计、评审等。

3.4 室内分布系统的工程勘察

室内分布系统的工程勘察是施工图设计的基础,勘察的效果直接影响设计质量的好坏。室内分布系统的勘察现场有许多信息需要核实,包括建筑环境的勘察、工程实施环境的勘察、无线环境的勘测等,勘察时通常采用表格和绘制草图的方式进行记录。

3.4.1 室内分布勘察的准备

1. 项目原则和技术要求学习

在室内分布工程项目勘察之前,勘察设计人员必须对本期工程的立项情况、可行性研究或初设方案进行仔细研读,了解本期工程的建设指导原则和策略、初步方案和规模、设备和材料选型要求、技术指标要求等。

每期工程都会有一些策略、技术要求方面的差异,通过学习可以很好地掌握差异,指导勘察设计。在勘察过程中出现问题或困难时,可以在本期工程总的原则和策略下,灵活应用各种技术手段和方式来解决。

2. 勘察计划与沟通

室内分布系统站点在勘察之前,建设部门或施工单位会提前与站点建筑的管理部门或物业进行协调,协调成功获得进站许可后发送设计申请到设计单位。

勘察设计人员要与设计申请中的业主联系人沟通约定进场时间,在勘察时可以与业主当面沟通允许的设备安装位置、分布系统走线路由和天线安装位置等。尽量从业主那里获取站点的建筑图样,以便现场勘察时更高效准确地核对记录现场情况,也可以为建筑平面图的绘制提供便利。

若同时存在多个站点需要勘察,还应结合地理位置和沟通的实际情况,拟定勘察计划,以保证在规定的时间内完成所有站点的勘察工作。

3. 勘察工具准备

在勘察前需要准备好勘察所必需的勘察工具。室内分布系统所需要的勘察工具包括照相机,可以对目标楼宇的整体结构,可能的设备安装位置、走线位置等进行拍摄;测试手机,用于对覆盖区域的现场信号进行测试;GPS/北斗定位仪,确定目标楼宇的准确位置;指北针,对于需要自己绘制楼宇的结构图样,用来定位方向;皮尺、卷尺或激光测距仪,测量楼高、楼宇覆盖面积、走线长度等;还需要不同颜色的笔,用于记录和绘制草图的纸等,如表3-1所示。

表 3-1 勘察工具明细

勘测工具	作用
照相机	拍摄楼宇整体情况、安装位置等重要信息
测试手机	测试现场信号的覆盖情况
GPS/北斗定位仪	测定覆盖楼宇的经纬度
指北针	定位方向
皮尺和卷尺	测量楼层的长宽、设备的安装空间等
笔和纸	勘测信息记录、草图绘制

4. 勘察资料准备

勘察需要准备的资料主要包括勘察记录表和勘察站点的建筑图样,若为合路站点,则应该提前准备该站点原设计或竣工方案图样等。

由于勘察时需要记录的信息较多,通常项目管理者会在项目启动时编制好勘察记录表,以便现场勘察时记录和勘察结束后信息汇总。所有勘察的记录和照片会整理汇总存档,同时形成勘察报告,供设计编制和评审参考。

纸质的表格不方便保存和查询,在生成勘察报告和存档数据时容易产生低价值的重复劳动,现在很多设计单位采用智能手机终端安装勘察软件,进行现场信息记录,来代替传统的纸质勘察记录表。

3.4.2 建筑环境的勘察

建筑环境的勘察是室内分布系统勘察的第一步,包括建筑基本信息的勘察及现有分布系统的核实与勘察。在勘察前应尽量协调物业拿到建筑图样,如果已建设有分布系统则应查到已建分布系统的平面图,打印出来在现场进行核实。

建筑基本信息的勘察主要包括以下内容。

(1) 站点名称与地址的核实,经纬度勘测。经纬度测量时必须要保证测量精度,GPS/北斗定位仪要放在建筑物所在区域内无遮挡的位置进行测量,且搜索到的卫星数量大于3个以后再进行记录。

(2) 建筑场景性质、楼栋数、楼层数、面积、人流量的勘察,并要求对大楼或物业整体情况进行照相。

(3) 主要覆盖区域的勘察。很多室内分布系统的建筑内都有多个功能区,有时一个室内分布系统是由多个楼宇组成的建筑群,在现场勘察时要分别进行记录并拍照。覆盖区域是分布系统设计的目标,若未能勘察清楚,可能导致覆盖区域不完整或覆盖效果不好等问题。

(4) 建筑内部布局、隔断情况的勘察,电梯、电井的数量与位置勘察。房间的大小、数量、开放程度,门窗的位置及材质,墙壁的材质,都是需要勘察的内容,现场多采用照相方式记录。不同材质和位置的门窗与墙体,对无线信号在传播过程中的衰减影响程度都不一样。对于电梯与电井的分布情况,电井的开门方向、运行楼层也需要重点关注。

对于没有建筑图样的站点,勘察时需要对建筑内不同结构楼层的整体及内部房间的尺寸、门窗的宽度与相对位置等进行测量,并绘制出建筑结构草图。如图 3-7 所示为某教学楼现场勘察时绘制的建筑平面图。

建筑基本信息勘察的主要内容需要通过照相、草图上标注和勘察记录表等多种方式进行记录,勘察记录如表 3-2 所示,现场勘察时可以参考。

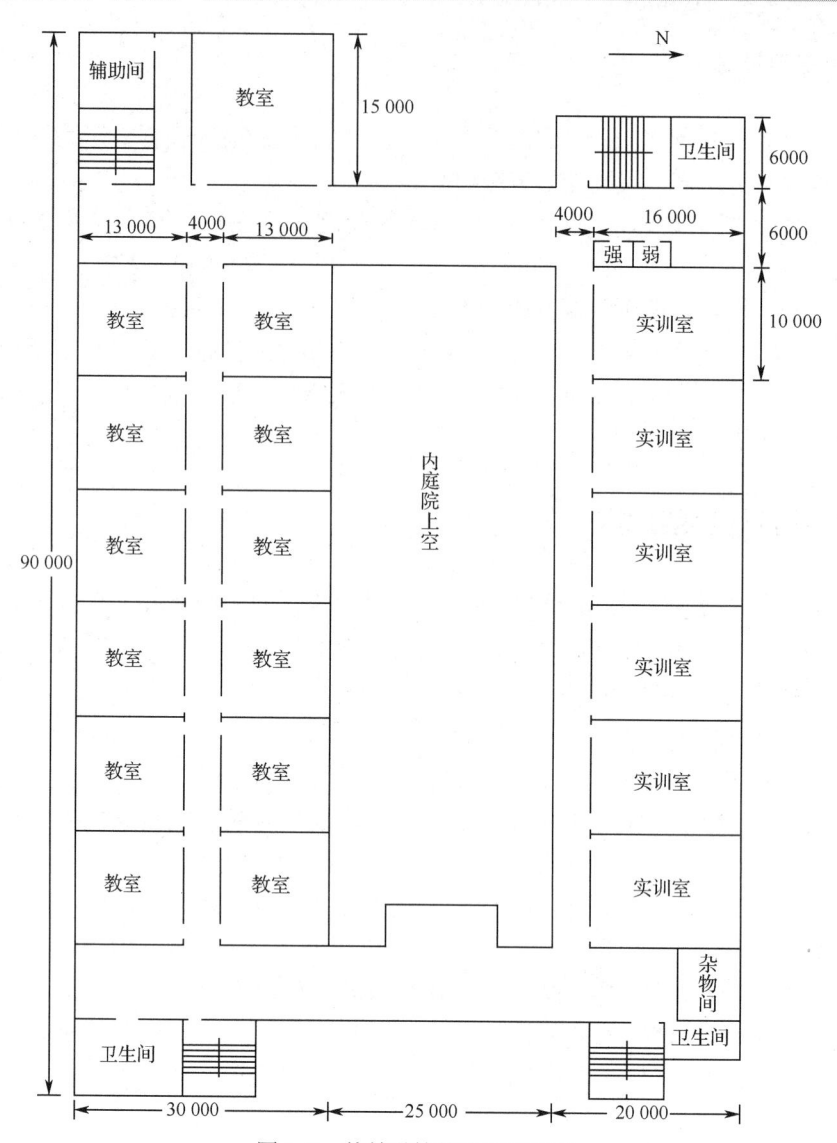

图 3-7 某教学楼的建筑平面图

表 3-2 建筑基本信息勘察记录

站名				基站地址			
分公司		片区		经度		纬度	
勘察日期		查勘人		电话		配合人	
建设场景	□高档写字楼　□大型商场　□学/中学校园　□交通枢纽　□高级酒店　□其他（注明）：						
平均人流量	□500人以下　□500~2000人　□2000~5000人　□5000人以上			覆盖面积		m²	
楼栋数		各栋楼层数		大楼全景照相		□是　□否	
覆盖区域记录				不同覆盖区域照相		□是　□否	
房间布局及隔断	墙体类型：		门类型：	其他记录：	房间门窗情况照相		□是　□否
电梯数量及分布				电梯及电梯厅照相		□是　□否	

2. 现有分布系统的勘察

在进行分布系统建设时，同一家运营商如果在该建筑内已经有一套其他网络制式的室内分布系统，新网络的设计必须优先选择在原分布系统上进行合路，以节约投资，避免重复建设造成浪费，因此对现有网络的室内分布系统的勘察是非常重要的。

经验丰富的勘察设计人员，在站点勘察前一般会提前查询现网资料，核实所服务的运营商在勘察站点建筑内是否已经建设分布系统。若有，则应该将原设计或竣工方案提前打印，在勘察时进行现场勘察核对，提高效率。

在现场建筑环境勘察时，依据手上的合路方案，结合现场实际情况，对建筑内部的室内分布系统进行勘察核实。现有室内分布系统的勘察，主要包括以下内容。

（1）对原分布系统的网络制式的勘察。原分布系统的网络制式和工作频段直接影响设计时合路器的选择。

（2）对原分布系统覆盖区域的勘察。主要核实原分布系统是否全覆盖，或者是否与本次拟覆盖的区域一致。由于传统 2G 所在频段的优势，其宏基站的覆盖范围和效果较好，在很多室内区域也有较好的覆盖信号，因此 2G 在进行室内分布覆盖时，可能只对部分室内弱覆盖区域进行了覆盖。而 3G、4G、5G 由于频率较高，其宏基站覆盖范围和效果不如 2G，在相同的建筑内部，弱覆盖区域会大于 2G，因此在建设室内分布系统时，3G、4G、5G 一般采用全覆盖，因此需要核实原 2G 分布系统是否进行了全覆盖。

（3）对原分布系统天线点位及密度的勘察。这部分勘察主要针对老分布系统的点位分布较散，天线间距较稀的情况。特别是一些老的 2G 分布系统，由于 2G 使用频段较低，传播损耗小，在室内分布覆盖时，天线间距较大，同时天线点位的精度要求没有 3G、4G、5G 高。如果直接将 3G、4G、5G 进行简单的合路，可能无法达到要求的覆盖效果，需要在设计时对合路点的选择进行分析，天线点位可能需要改造和增加。

（4）在一些特殊情况下，还需要对原来的分布系统的建设年限进行勘察核实，如分布系统老化故障较多，或者老的无源器件无法支持 3G、4G、5G 的工作频段等，这些都将影响最终的方案设计。

（5）对其他运营商已有分布系统的勘察。如果一个站点已有且只有其他运营商的分布系统时，在勘察时要结合当地的室内分布系统共建共享要求和原则，核实可否共享其他运营商的分布系统。若采用共享方式，则在勘察时需要注意的事项与合路同一运营商的分布系统相似；若不共享而采用新建，则需要注意新建分布系统时，天线点位一定要与原分布系统天线保持一定的距离来增加隔离度，防止不同网络系统间的干扰。

原有分布系统的勘察，通常要对原分布系统天线、信源设备位置进行拍照，对于一些特殊情况，还要在打印出来的原分布系统图样上进行标注说明。现有分布系统勘察记录表的主要内容如表 3-3 所示，勘察时可以参考。

表 3-3 现有分布系统勘察记录

是否有分布系统	□是　□否	现有分布系统归属运营商		
现有分布系统网络制式	□GSM　□WCDMA　□TD-SCDMA　□其他：＿＿＿	现有设备情况照相	□是	□否
与本次覆盖范围是否相同	□是　□否	现有分布系统照相	□是	□否
天线点位密度是否满足合路要求	□是　□否	现有分布系统照相	□是	□否
分布系统建设方式	□新建单路　□新建双路　□合路　□利旧一路，新建一路			

3.4.3 无线信号的勘察

在室内分布系统勘察时,要对建筑内部现在的无线环境进行测试勘察,验证建筑物室内覆盖的必要性,确定弱覆盖区域,分析周边无线环境与新建的分布系统之间的影响,用于指导室内分布系统设计。

在室内分布系统勘察时,无线环境的测试主要有 CQT 定点拨打测试和步测(walking test,WT)两种方式。

1. CQT 定点拨打测试

CQT 定点拨打测试是指在预先定义的重点区域分别进行拨打测试,感受实际业务情况,主要用来检验网络性能的测试手段。通过使用手机终端在一些地点进行拨叫,主叫、被叫各占一定比例,最后对测试结果进行统计分析。

1)采样点的选择

在对不同的建筑进行 CQT 拨打测试时,每个建筑要选择多个采样点位置进行拨测。采样点应依据建筑的场景类型,在建筑物内合理分布,要选取人流量较大和移动电话使用频繁的地方,能够暴露区域性覆盖问题,而不是孤点覆盖问题。对于高层建筑物,要求在顶楼、楼中部位、底层(含地下停车场)3 个部分分别选择采样点,避免在一个位置进行多次拨打,并在客梯和地下停车场要进行至少一次主叫。同一楼层的相邻采样点至少相距 20 m 且在视距范围之外,具体以测试时用户经常活动的地点为首选。

(1)住宅小区在深度覆盖、高层、底层等区域各选采样点进行测试,以连片的 4~5 幢楼作为一组测试对象选择采样点。

(2)医院的采样点重点选取门诊、挂号缴费处、停车场、住院病房、化验窗口等人员密集的地方。有信号屏蔽要求的手术室、X 光室、CT 室等场所不做测试。

(3)火车站、长途汽车站、公交车站、机场、码头等交通集聚场所的采样点重点选取候车厅、站台、售票处等地方。

(4)学校的采样点重点选取宿舍区、会堂、食堂、行政楼等人群聚集活动场所,如学生活动中心(会场/舞厅/电影院等)、学生宿舍/公寓、学生/教工食堂等,教学楼主要测试休息区和会议室。

(5)商场的采样点应该包括商铺及休息场所。

(6)高层写字楼低层(包括停车场)、中层、高层各选采样点进行测试。

2)测试方法

(1)采用同一网络手机相互拨打的方式进行测试,测试手机使用当地本网签约卡。

(2)在每个场景的不同采样点位置进行主叫、被叫各 5 次,每次通话时长不得少于 30 s,呼叫间隔为 15 s 左右。出现未接通的现象,在 15 s 以后开始重拨。

(3)测试过程中应进行一定范围的慢速移动和方向转换,模拟用户真实感知通话质量。

3)测试记录

在室内分布系统勘察时,可以采用 CQT 拨打测试对信号场强和拨打情况进行记录,记录表如表 3-4 所示,实际勘察时可以参考。

表 3-4 CQT 拨打测试记录

楼层	测试点	信号场强（dBm）	拨 打 情 况
_F	1A		
	1B		
	1C		
	1D		
	1E		
_F	2A		
	2B		
	2C		
	2D		
	2E		
_F	3A		
	3B		
	3C		
	3D		
	3E		

CQT 拨打测试除了要记录信号场强以外，还要记录小区代码、频点等信息，同时还需要关注拨打电话后的通话状态，包括是否有掉话情况的发生、通话质量等。

2. 步测

在室外，驱车搭载无线测试设备沿一定道路行驶来测量无线网络的性能被称为路测（driving test，DT）；在室内，手持测试仪器沿着室内的路线步行测量无线网络性能称为步测。

步测是一种更详细的室内无线信号测试方式，通过测试人手持安装有测试软件的测试手机或笔记本电脑，将建筑物内部平面图导入软件中，人工在室内主要测试区域内步行，利用测试软件将步行路径上的无线信号情况记录下来，再由软件对数据进行统计整理并形成分析报告。

如图 3-8 所示为某建筑 TD-LTE 网络室内无线信号步测图，图中通过不同颜色表示不同的信号电平值。在测试后要对步测结果进行统计分析，如图 3-9 所示。

步测是一种为了掌握网络信号质量、电平、覆盖等状况，利用专门的测试设备对室内进行测试的方式。测试的结果用于指导室内分布系统设计，分析室内分布建成后室内外无线信号覆盖的相互影响。测试时，应注意以下几个情况。

（1）楼层结构相同时，不用每层都测，选择有代表性的楼层测试即可。高层建筑物可以在顶部、中部、底部各选择一层进行测试。

（2）建筑结构不同的楼层，每层都要进行测试。

（3）确定无信号的区域可不测，如电梯、车库。

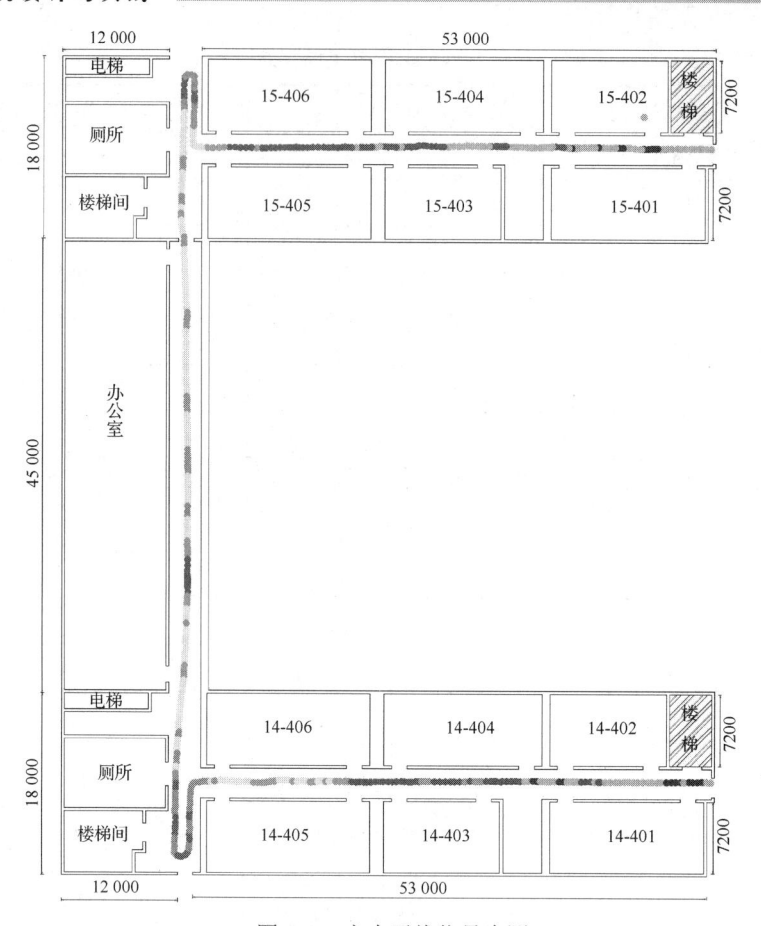

图 3-8 室内无线信号步测

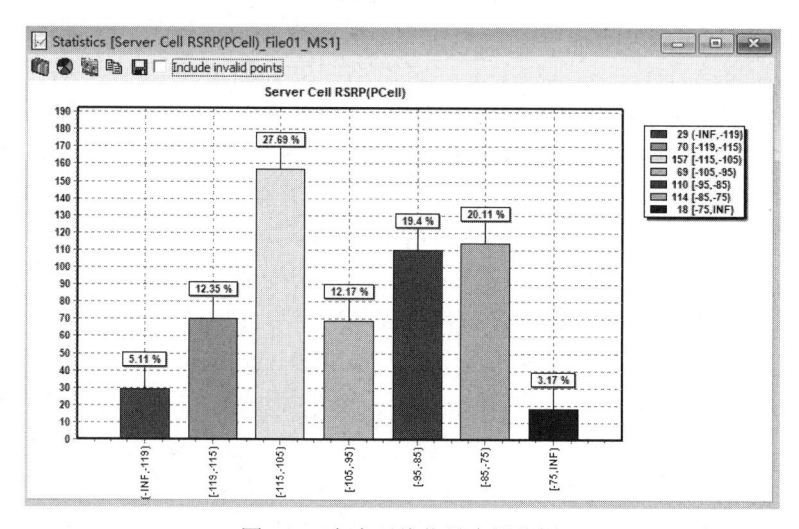

图 3-9 室内无线信号步测分析

3.4.4 工程实施环境的勘察

工程实施环境的勘察是从天线侧开始的，首先要对覆盖区域内天线的选型和安装位置

进行勘察确定,然后对包括馈线、器件在内的分布系统走线路由进行分析,对可实施性进行核实,最后对信源远端设备的安装位置进行勘察。

1. 天线点位的勘察

天线点位的勘察是分布系统勘察最重要的一环,直接关系到分布系统建成后覆盖的效果,它包括了天线的选型和安装位置的勘察。

1)天线的选型

室内分布系统所使用的天线可以分为全向天线和定向天线两大类别,如图3-10所示。

（1）全向天线。

① 在室内分布系统中使用最多的全向天线是室内全向吸顶天线,它安装在天花板上,适用于大部分对覆盖方向性要求不高的场景。

② 在物业对美观要求较高的建筑内,则需要采用合适的室内美化全向吸顶天线来代替,如烟感形美化天线可以用在房间室内的覆盖等。

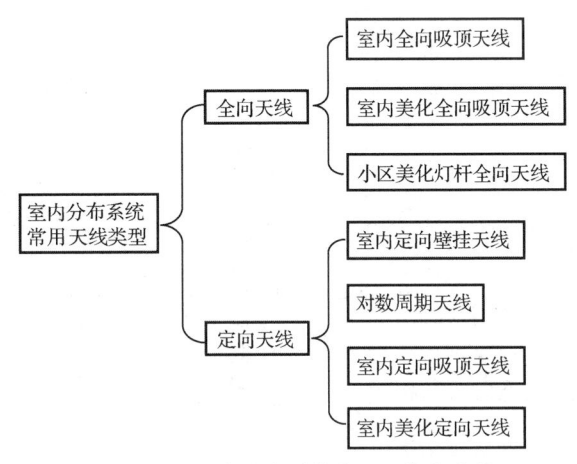

图3-10 室内分布系统常用天线的分类

③ 在室内分布系统外拉小区覆盖时,在业主同意的情况下,可以在住宅小区内使用美化灯杆全向天线。

（2）定向天线。

① 室内分布系统中使用最多的定向天线是室内定向壁挂天线,它安装在侧面墙壁上,用于对方向性或增益要求较强区域的覆盖,包括一些狭长的区域,或需要穿透隔断才能进行覆盖的区域,如车库进出口、建筑物窗边向里覆盖、电梯覆盖等。

② 在一些没有侧墙安装定向壁挂天线的位置,可以采用室内定向吸顶天线安装在天花板上,但方向性和增益较定向壁挂天线差。

③ 在公路隧道和人行隧道覆盖中多使用对数周期天线。

④ 在物业对美观要求较高的建筑内,则需要选择合适的室内美化定向天线来代替定向天线,如开关面板天线可以用在宾馆房间内的覆盖。

⑤ 在室内分布系统外拉小区覆盖时,在业主同意且能控制信号外泄的前提下,可以在住宅楼的中间楼层或低楼层楼房顶部采用射灯形美化天线进行住宅内的信号覆盖。

2)天线安装位置的勘察

室内分布系统的天线通常采用"低功率,多天线"的思路进行布放,实现室内均匀的信号覆盖,不同运营商对于天线密度的要求会有差别,但是整体覆盖思路相似。

（1）在较空旷、少隔断、层高不高的建筑中,通常采用室内全向吸顶天线,天线向四周均匀覆盖。安装位置要避开立柱等遮挡物,覆盖直径即天线间隔设计在10～15 m。如图3-11所示为某超市天线安装位置示意图。

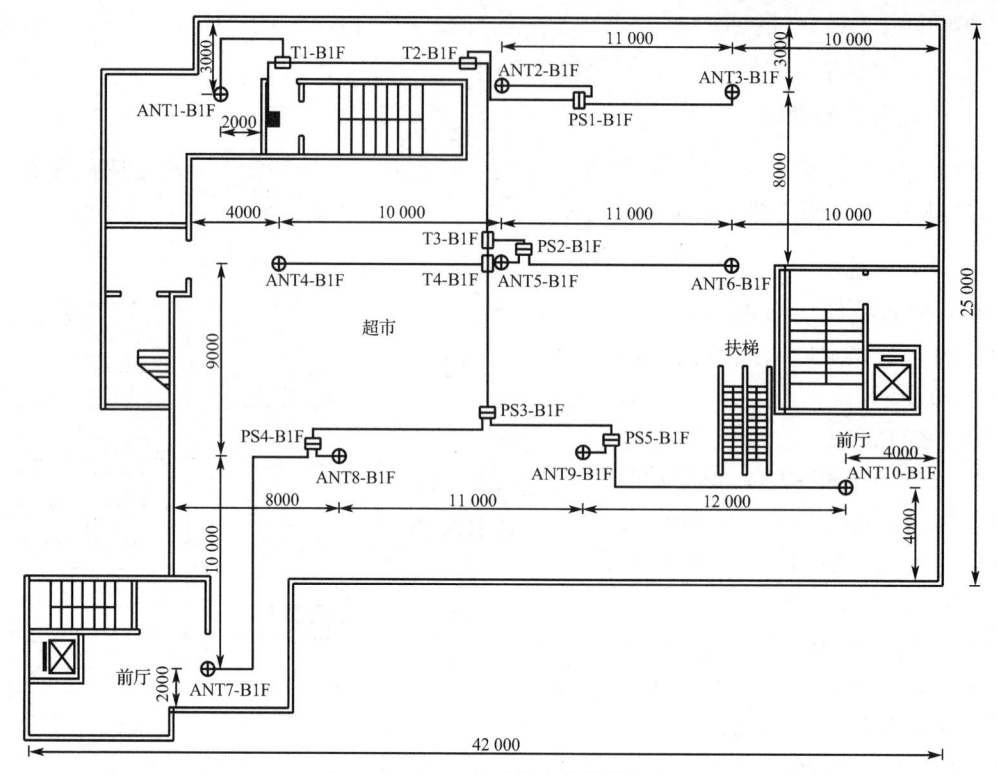

图 3-11 某超市天线安装位置示意

（2）在空旷、层高很高的建筑中，通常顶部不具备安装吸顶天线的条件，则可采用室内定向壁挂天线安装在建筑内两侧的侧墙上交叉进行覆盖。如图 3-12 所示为某会展中心天线安装位置示意图。

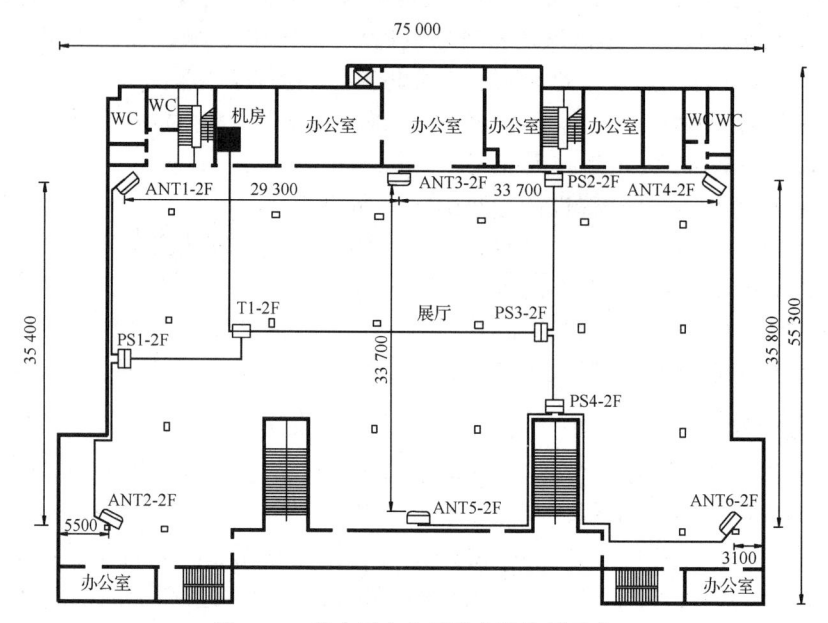

图 3-12 某会展中心天线安装位置示意

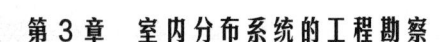

（3）在房间规则、隔断相对固定的建筑中，天线的布放应该兼顾走廊与两侧的房间。

① 若协调难度大，天线只允许安装在走廊上，此时天线的布放位置应该尽量使得天线信号传播到室内的衰减最小。通常在正对的两扇或 4 扇房门中间布放全向吸顶天线，对多个房间同时覆盖；若房门位置不规则，则天线尽量放在只穿一堵墙就能同时覆盖多个房间的位置，通常可在房间相邻的位置设置全向吸顶天线，如图 3-13 所示为某酒店天线安装位置示意图。

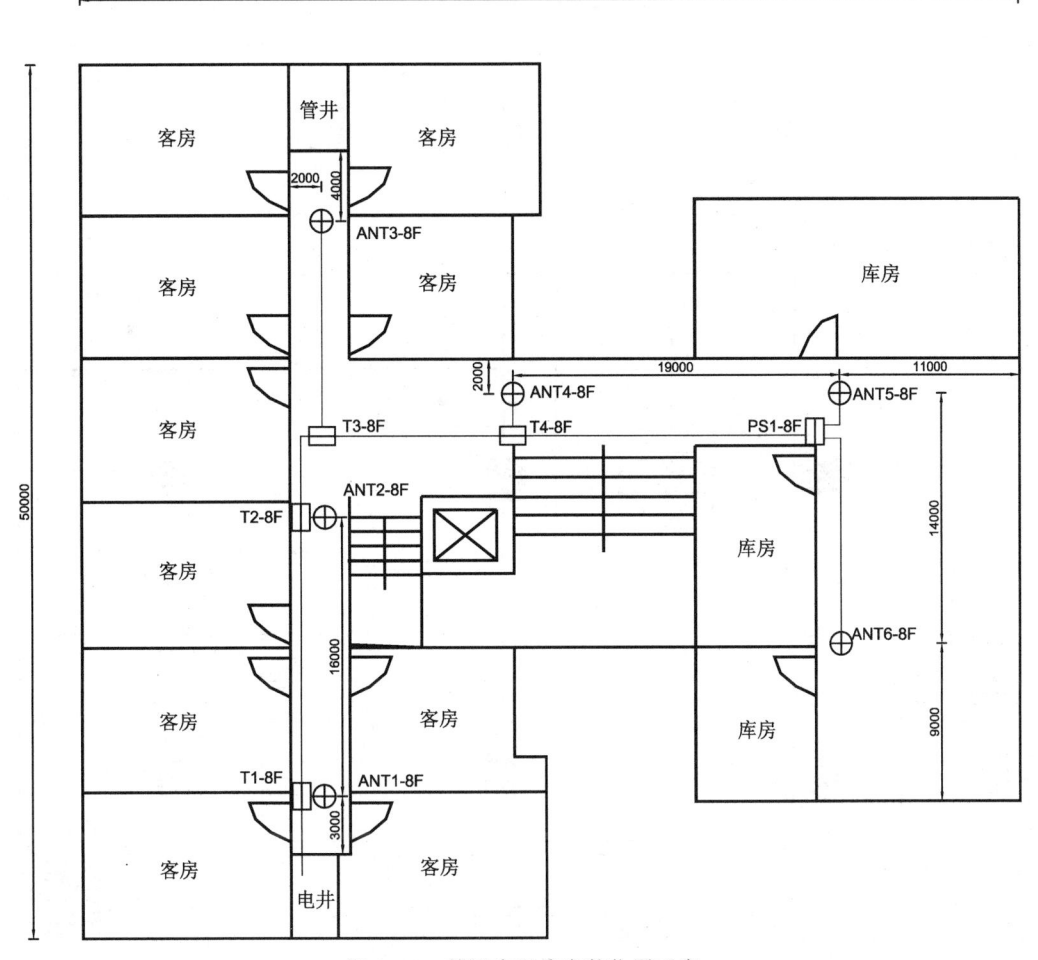

图 3-13 某酒店天线安装位置示意

② 若物业允许，且建筑内业务需求量大、重要性高，还可以采用"天线入室"的方式进行覆盖。通常采用小型美化天线，如烟感型全向吸顶美化天线、开关面板型定向壁挂美化天线等，它们可以安装在房间内，实现对房间内部的覆盖。如图 3-14 所示为某酒店采用"天线入室"天线安装位置示意图，这种方式走廊只需要少量几个定向壁挂天线就可以覆盖了。

（4）还有许多建筑，内部房间和隔断很多，但结构并不规则，此时天线的布放应保证主要覆盖区域尽量有天线直接或只穿透一层隔断覆盖，天线的位置优先安装在多个隔断的交叉位置，可以兼顾多个房间或区域的覆盖，天线的间隔通常为 6～10 m。如图 3-15 所示为某购物商场天线安装示意图。

室内分布系统设计与实践

图 3-14 某酒店采用"天线入室"天线安装位置示意图

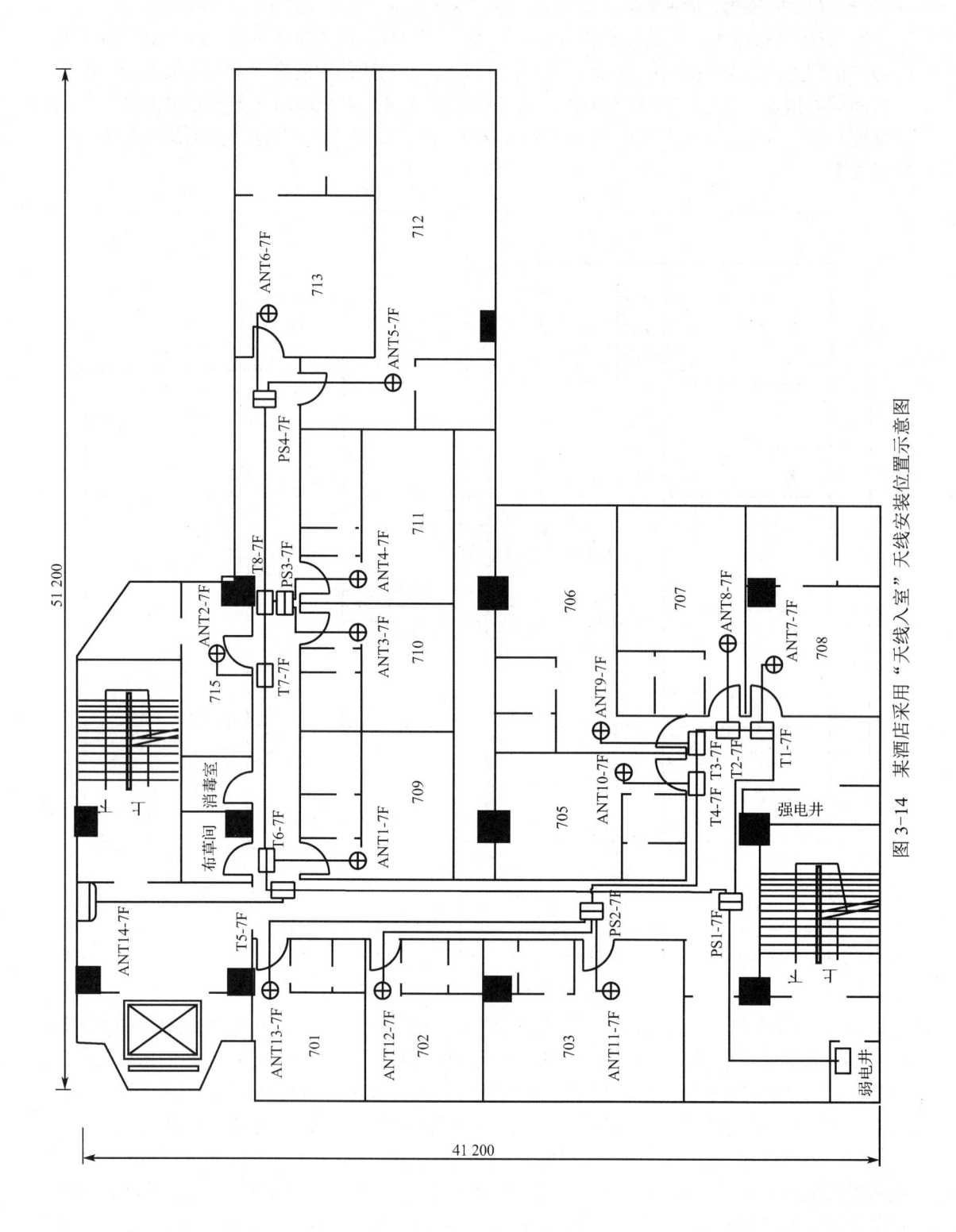

第 3 章 室内分布系统的工程勘察

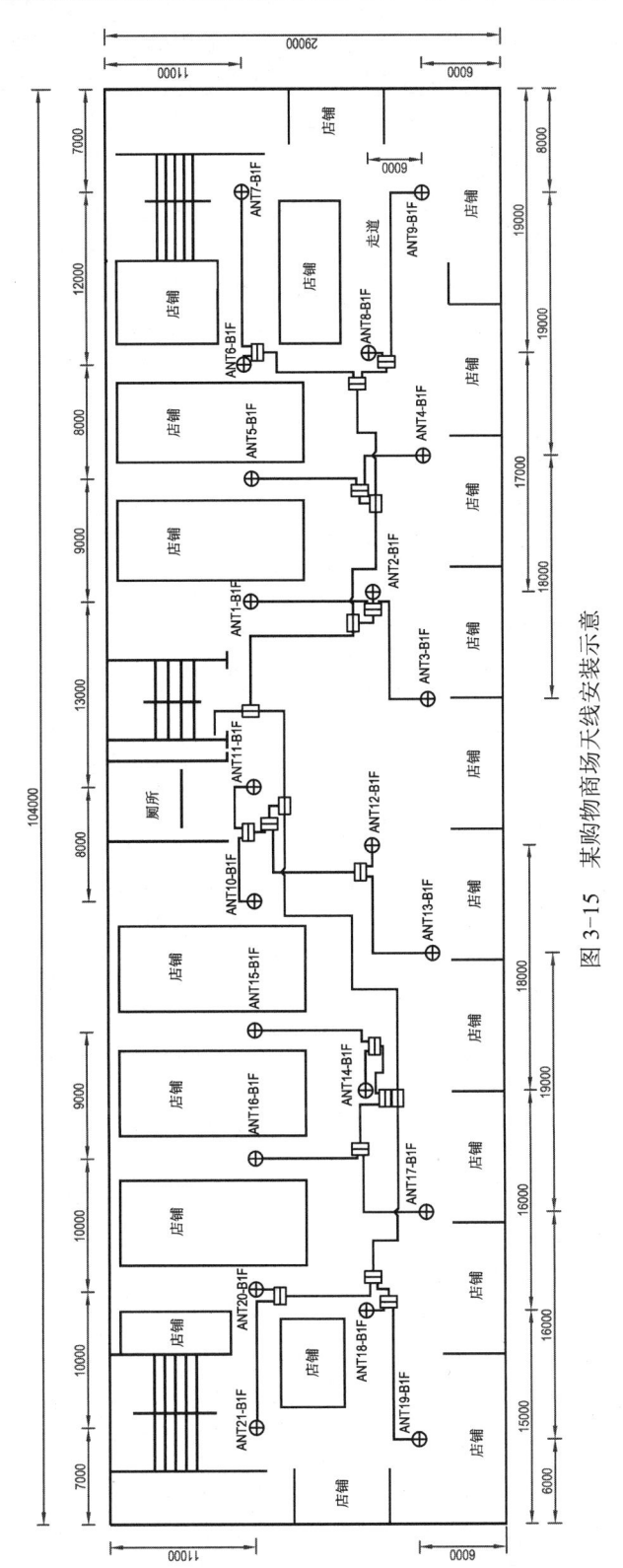

图 3-15 某购物商场天线安装示意

（5）电梯因为其井道墙体较厚，电梯轿厢多为金属体，信号衰减严重，是室内分布系统要重点考虑的地方。电梯的穿透损耗较大，一般为 20～30 dB，多选用高增益的定向天线覆盖。电梯的覆盖方法有很多种，较常见的方式如图 3-16 所示。图 3-16（a）所示是在电梯井道中设置方向性较强的定向天线，如室内定向壁挂天线、对数周期天线，从上往下覆盖，依据建筑每层楼的层高，每 3～5 层楼安装一个。图 3-16（b）所示是采用室内定向壁挂天线从电梯井内朝向电梯门方向进行信号辐射，每 1～3 层楼安装一个。上述两种方式对电梯覆盖时，通常都要在电梯厅布置一副全向天线，保证进出电梯信号的延续，减少进出电梯掉话概率。观光电梯通常优先考虑用室外宏基站进行覆盖，一般不采用井道布置天线的方式。

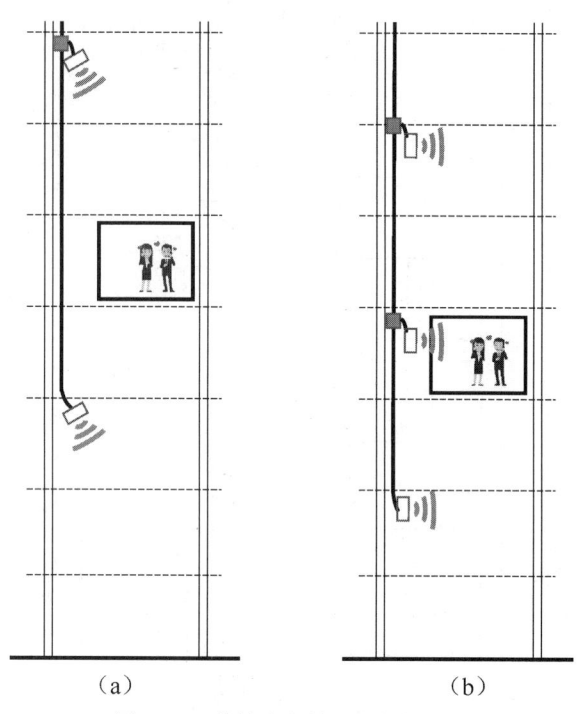

图 3-16 某楼宇电梯天线安装示意

（6）在对建筑的中低楼层窗边进行覆盖时，特别是窗外有重要干道的建筑，应选用定向天线，天线主波瓣从窗边向建筑内部辐射，天线背波瓣应尽量有水泥墙体遮挡，避免室内信号外泄影响室外网络质量。如图 3-17 所示为某卖场 2F 天线布放位置图，从图中可以看到，在靠近干道的窗边采用的是定向壁挂天线往内部进行信号辐射。

（7）对于采用室内分布系统外拉覆盖方式进行覆盖的住宅小区等建筑，使用室内全向吸顶天线和定向壁挂天线对建筑内车库和电梯进行覆盖，在建筑楼顶或中部安装美化射灯天线，在小区内安装美化灯杆或指示牌天线，实现对住户家里和小区内的覆盖。如图 3-18 所示为某住宅小区室内分布系统外拉覆盖方案平面图。此方案中采用的美化天线均为小增益天线，天线口输出功率较宏基站小很多。天线安装的位置，要严格控制室外天线的覆盖范围，避免信号对周边宏基站网络的覆盖造成不良的影响。

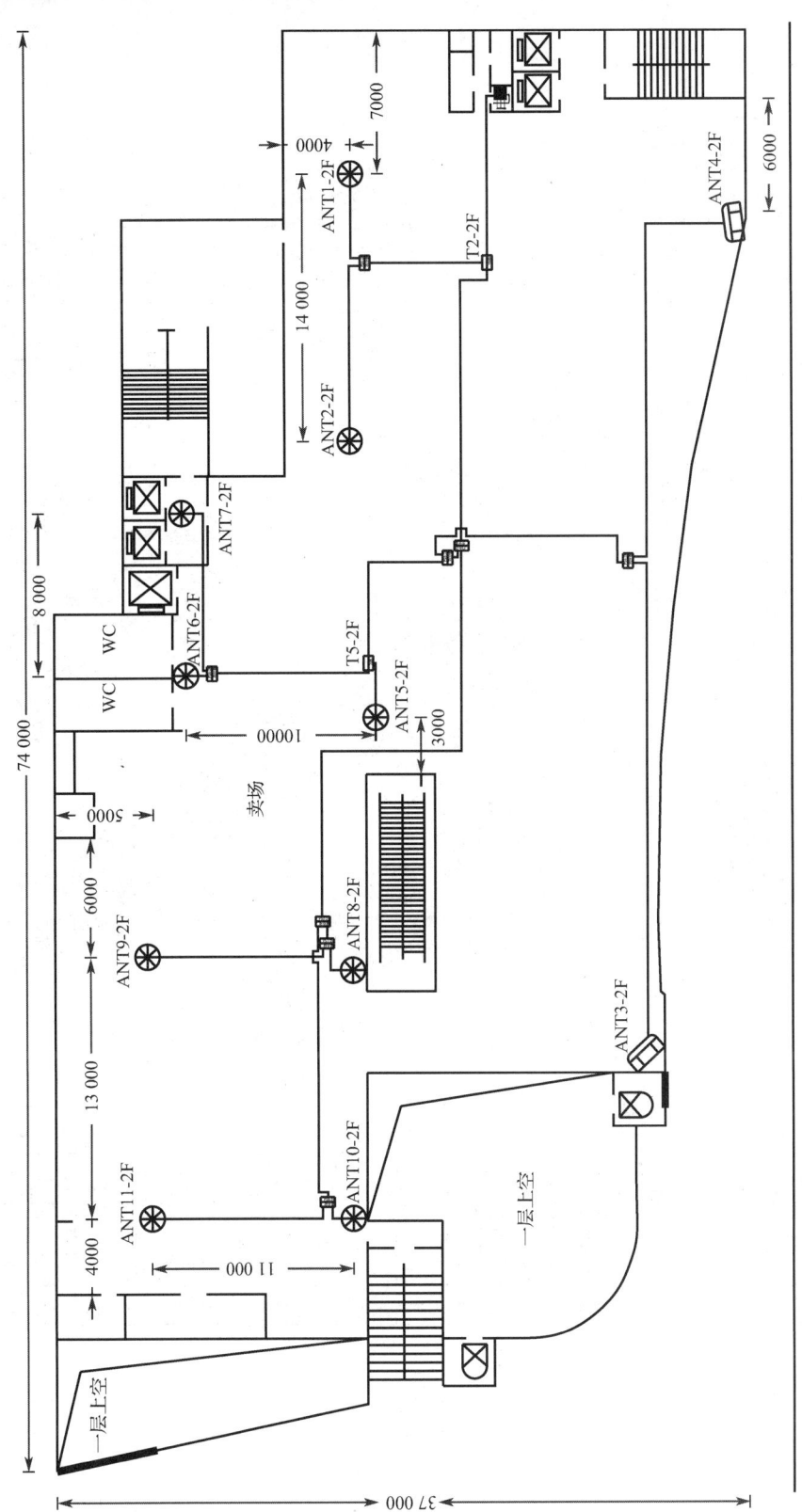

图 3-17 某卖场 2F 天线布放位置

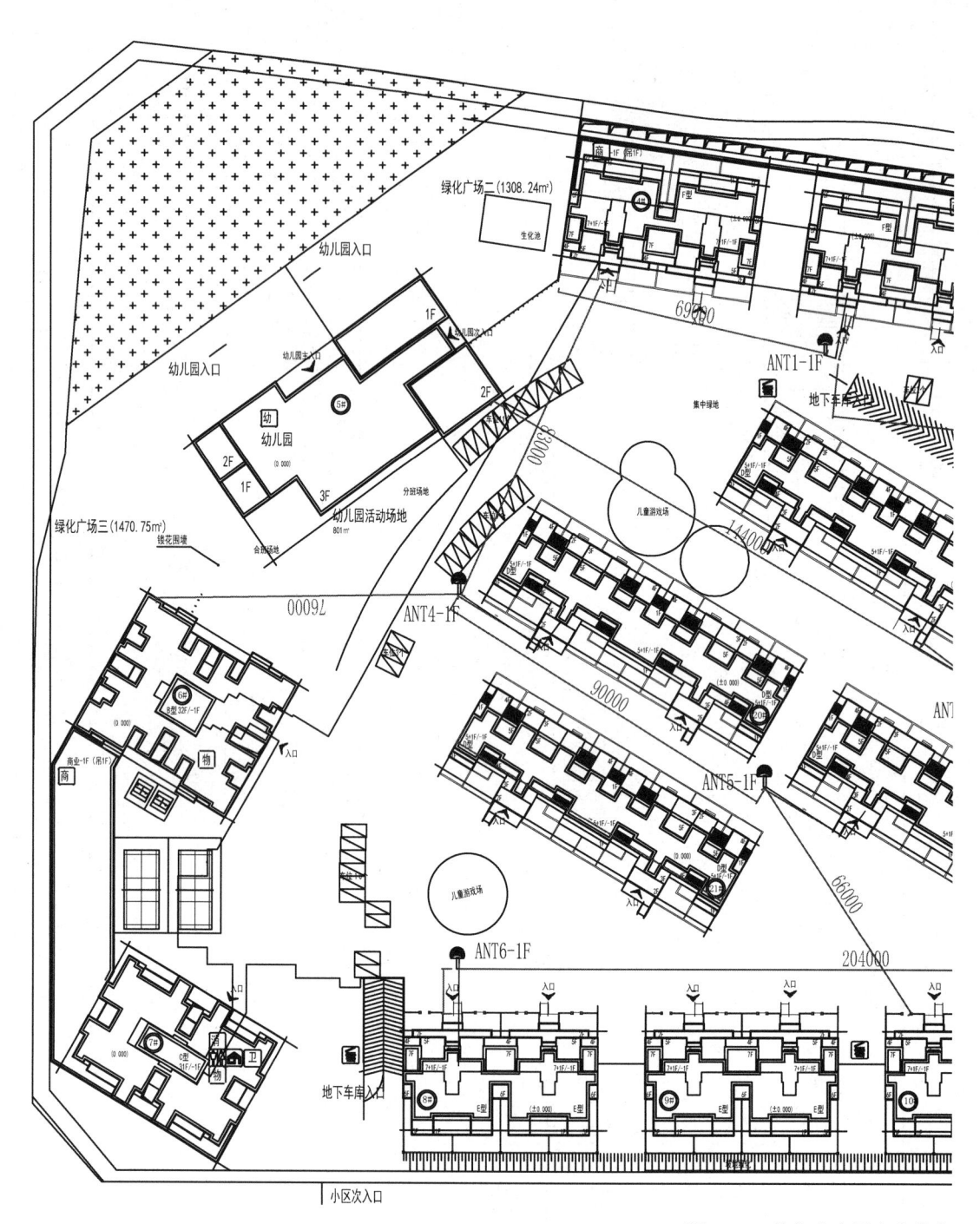

图 3-18 某住宅小区室内分布

第 3 章 室内分布系统的工程勘察

系统外拉覆盖方案平面图

室内分布系统设计与实践

天线的选型与安装位置的勘察，是有一定规律可循的，但是也是非常灵活的，勘察时一定是以覆盖区域为中心，因为室内分布系统天线口输出的功率较小，通常要达到良好的覆盖效果，天线的位置到覆盖区域之间一定要少遮挡或无遮挡。除了要考虑墙壁隔断等对信号的影响，还要注意天线的安装位置要避开立柱、横梁、消防管道等的影响，在有吊顶的建筑，特别是金属吊顶，天线应尽量安装在吊顶下方。

在勘察天线点位时，应准备好建筑物的结构图样，在适合挂天线的相应位置处进行标记。

2. 走线路由的勘察

现代建筑通常都有专门的井道和桥架用于各种线路的布放，室内分布系统的垂直走线一般沿弱电井敷设，水平走线则通常沿水平桥架敷设，因此走线路由的勘察，实际就是对建筑内弱电井道位置和桥架走向的勘察。由于桥架与井道的情况较复杂，现场多采用照相的方式记录。

如果建筑内没有井道和桥架，或者是桥架空间不够，则分布系统应穿 PVC 管或波纹管后沿墙体敷设，保证线缆的美观与安全，如果有吊顶，则应在吊顶内部走线。

电梯覆盖的走线路由比较特殊，特别是楼层高的电梯，其走线路由通常是单独的一路，在建筑的中间楼层打孔进入电梯井内，经二功分器后，沿电梯井道分别向上向下敷设，如图 3-19 所示为电梯覆盖走线路由示意。

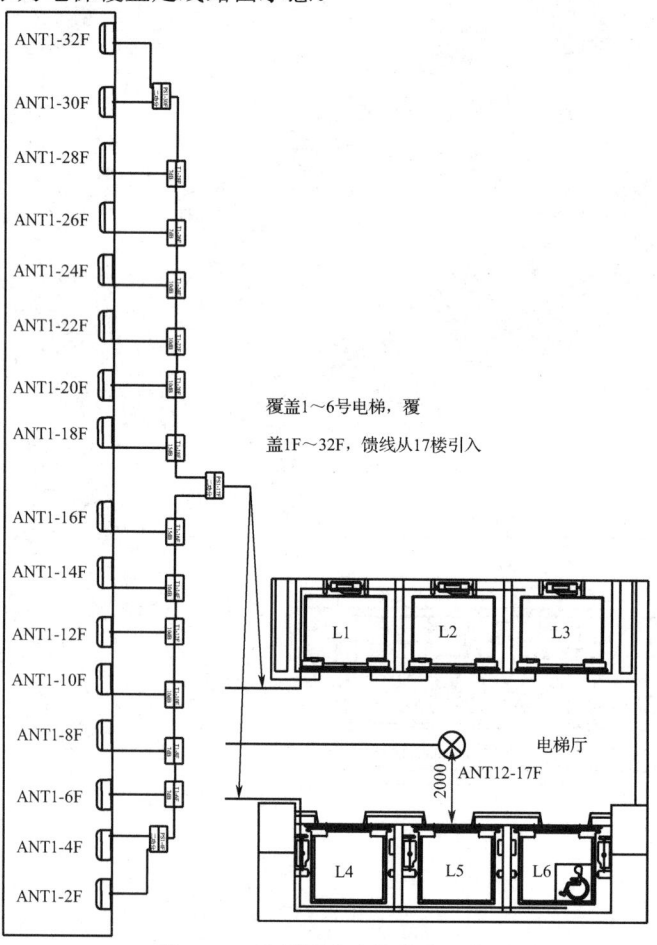

图 3-19 电梯覆盖走线路由示意

走线路由的勘察内容需要记录弱电井的位置和数量、电梯的位置和数量，是否有桥架和吊顶等。勘测弱电井要注意是否有足够的空间走线，走线是否受其他走线的影响；勘测电梯要记录电梯缆线进出口位置、电梯停靠区间。

3. 远端设备安装位置的勘察

信源远端设备包括分布式基站的 RRU、分布式皮基站的扩展单元、WLAN 网络用交换机或 ONU、光纤直放站远端等，在大部分的建筑场景，远端设备安装的位置都在弱电井内。远端设备安装的位置通常还有一些其他配套设备需要安装，如远端设备若为直流供电，则需要安装小型一体化开关电源，为设备提供直流供电及后备电，如图 3-20 所示；如果设备是通过光缆与上级设备进行连接，还需要安装光纤终端盒，实现光缆与尾纤的连接，如图 3-21 所示。

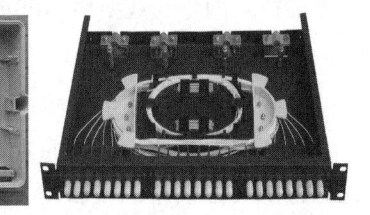

图 3-22　小型一体化开关电源实物　　　　图 3-21　光纤终端盒实物

在确定了弱电井位置后，要对弱电井是否有安装远端信源设备及其配套电源设备的空间进行核实。如果准备安装设备楼层的弱电井空间不够，则要勘察上下楼层弱电井的空间，就近选择合适的楼层，最后记录下拟安装设备电井的位置和楼层，并拍照记录下电井的内部空间结构。

对于没有弱电井的场景，远端设备可以考虑安装在楼梯间或车库等位置，但安装设备的位置行人要少，安装高度行人无法直接触碰，同时还要考虑防尘、防水等因素，勘察时同样应记录位置，并对安装空间进行拍照。

天线点位的勘察、走线路由与远端设备安装位置的勘察都属于分布系统实施环境的勘察，需要现场拍照、绘制草图和填写勘察记录表。拍照主要记录天线安装点位、桥架走线方向、弱电井空间等信息；草图中应记录天线的安装点位和类型、弱电井的位置等信息；勘察记录表需要记录的信息如表 3-5 所示。

表 3-5　分布系统工程实施环境勘察

天线类型	□全向吸顶	□定向壁挂	□定向吸顶	□对数周期	□美化天线（类型）：		□其他：	
天线安装位置	□吊顶外	□吊顶内	□天花板	□侧墙	□其他	安装位置照片	□是	□否
线缆桥架情况	□有	□无	是否有空间走线	□有	□无	拟走线路由照相	□是	□否
电井位置			是否有空间安装设备	□有	□无	远端设备拟安装位置照相	□是	□否

4. 机房的勘察

机房的勘察就是指信源近端设备安装环境的勘察，近端设备包括机柜式基站设备、BBU、光纤直放站近端机等。近端设备需要配套设备才能正常工作，配套设备包括了交流箱、开关电源、蓄电池组、传输设备、空调等。典型的机房设备连接示意图如图 3-22 所示。

近端信源设备负责所属整个室内分布系统的正常运转，重要性高，因此其安装条件和电源配置等要求也相对较高。从设备安全性、维护便利性等角度来看，应尽量将近端设备安装在条件良好的机房内，但新租机房一般会产生较多的费用，成本更高，实际勘察时应依据物业协调情况、运营商的要求和现场勘察的实际情况综合而定。

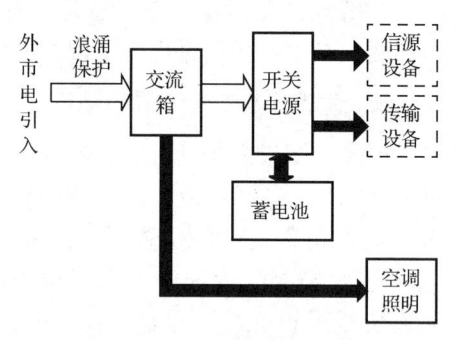

图 3-22 机房设备连接示意

机房的勘察总体上可以分为新建机房的勘察和共址机房的勘察两种情况，部分网络由于需要授时同步，还要对 GPS/北斗天线安装条件进行勘察。

1）新建机房勘察

新建机房分为新建壁挂空间和新建落地机房两种情况。

新建壁挂空间本质就是在物业允许的位置壁挂设备，可能是弱电井、楼梯间等地方，此时信源和配套电源设备均采用小型的，利用挂墙件在墙上安装。勘察时要对壁挂的空间面积是否满足所有设备的安装空间需求，壁挂的墙体承重是否满足要求进行核实，由于不是专用机房，因此还要对安装设备的位置是否存在安全隐患进行重点核实。

新建落地机房包括租用机房、自建砖房、自建活动板房等方式，勘察时应首先测量机房的长宽高及门窗的相对位置等，以便合理布置设备。如果机房要安装外置蓄电池，要对地面的承重条件进行核实。依据机房的温湿度环境情况确定是否需要安装空调，同时核实机房外是否有空间安装外机。另外，还要与物业沟通核实机房的供电情况、大楼的防雷接地情况等。

新建机房勘察时要现场拍照、绘制草图，并在记录表中记录，如表 3-6 所示为新建机房勘察时需要记录的相关信息。

表 3-6 新建机房勘察记录

	设备安装类型	□壁挂 □落地	是否需要土建专业承重勘察		□需要 □不需要
	是否有消防喷头	□是 □否	是否有通水管道	□是 □否	是否有其他 □是 □否
	其他可能危及设备的情况描述			机房位置是否可行	□是 □否
壁挂	可用壁挂面积	壁挂纵向深度	墙体是否满足壁挂承重要求		□是 □否
	壁挂墙壁类型	□实心砖墙 □空心砖墙 □木板墙 □石膏板墙 □混凝土墙 □金属板墙			
落地	机房类型	□租用机房 □自建砖房 □自建活动板房 □其他：			
	新建机房面积	净高	机房门的宽×高		馈窗位置高度
	是否需安装空调	□是 □否	机房外是否满足空调外机安装条件		□是 □否
	是否需安装蓄电池	□是 □否	地板是否满足设备（蓄电池）承重要求		□是 □否

2）共址机房勘察

共址机房的勘察重点是原有机房空间和设备资源的使用情况，核实能否满足新增设备的需要，如表 3-7 所示为共址机房需要勘察的记录表，主要包括以下方面内容。

表 3-7 共址机房勘察记录

机房	面积（m²）		高度（m）		BBU 是否有足够的安装位置		□是 □否（重新协调）	
走线架	原走线架高度（m）		宽度（mm）			新增走线架长度（m）		
馈线窗	原馈窗孔数（个）		剩余孔数（个）		馈窗距地（m）	是否新开馈窗		□是 □否
地排	数量（个）		总端子数		剩余端子数	是否新增		□是 □否
交流配电箱/屏	交流配电箱/屏总开关容量（A）				厂家		型号	
	是否有防雷器/浪涌保护器		□是 □否	型号			规格（kVA）	
	交流引入电缆线径		□3×25+1×16	□3×16+1×10	□3×25+1×16 以上		□3×16+1×10 以下	
	三相分路	已用回路容量	数量	剩余回路容量	数量	两相分路	已用回路容量	数量	剩余回路容量	数量
开关电源	厂家				空气开关/熔丝	总数	剩余数	总数	剩余数
	型号				100A	一次下电		二次下电	
	用电类型（-48V、+24V）				63A				
	开关电源至交流箱电源线径				32A				
	设备尺寸				16A				
	现有负荷（A）				10A				
	整流模块型号		单模块容量（A）		满配置容量（A）		现网配置容量（A）	
蓄电池	厂家	型号	组数	容量（Ah）	宽×深×高（单组）	层×列	安装方式	启用时间
							□立式 □卧式	
通信设备	设备类型	厂家	型号	数量	运行功率（W）	设备类型	厂家	型号	数量	运行功率（W）
空调	数量		类型	□柜机 □挂机 □窗机		功率（W）	是否新增		□是 □否
	厂家		型号			启用时间			
动环	动力环境监控系统厂家				型号				

（1）机房空间面积及使用情况，剩余空间是否足够。

（2）走线架、馈线窗和地排等是否有空余空间供新增设备及走线使用。

（3）交流箱/屏的总容量、线径、断路器是否能够满足新增设备后的用电需求。

（4）开关电源设备型号、总容量、现有容量、现有负荷等，用于核算新增设备后容量是否满足；断路器熔丝的使用情况及是否有剩余合适的断路器用于接入新增设备。

（5）蓄电池的容量是否满足增加设备后的容量需求。

（6）机房现有设备的信息及用电情况，包括通信设备、空调、动环监控等。

共址机房拍照较新建机房多，主要包括以下内容。

（1）机房全景拍照。

（2）机房内设备分布情况拍照，可以站在机房 4 个角落向机房里各拍一张。

（3）新增信源设备安装位置拍照。

（4）原有设备及使用情况的拍照，包括原交流箱/屏和开关电源的引入线径、设备型号、模块数、模块型号、断路器使用情况；蓄电池的摆放方式、型号、容量；馈窗、地排、走线架使用情况；通信及其他设备的使用情况等。原有设备配置及运行情况的照片，要求正面拍摄，并且尽量清晰详细，以备后期查询核实。

共址机房勘察前可以查询该机房运营商原设计图样，打印出来用作现场勘察核实；如果无法获取原设计图样的，需要现场绘制草图，应包括机房尺寸、现有设备尺寸、摆放的相对位置等要素，机房设备布置及走线示例如图 3-23 所示。

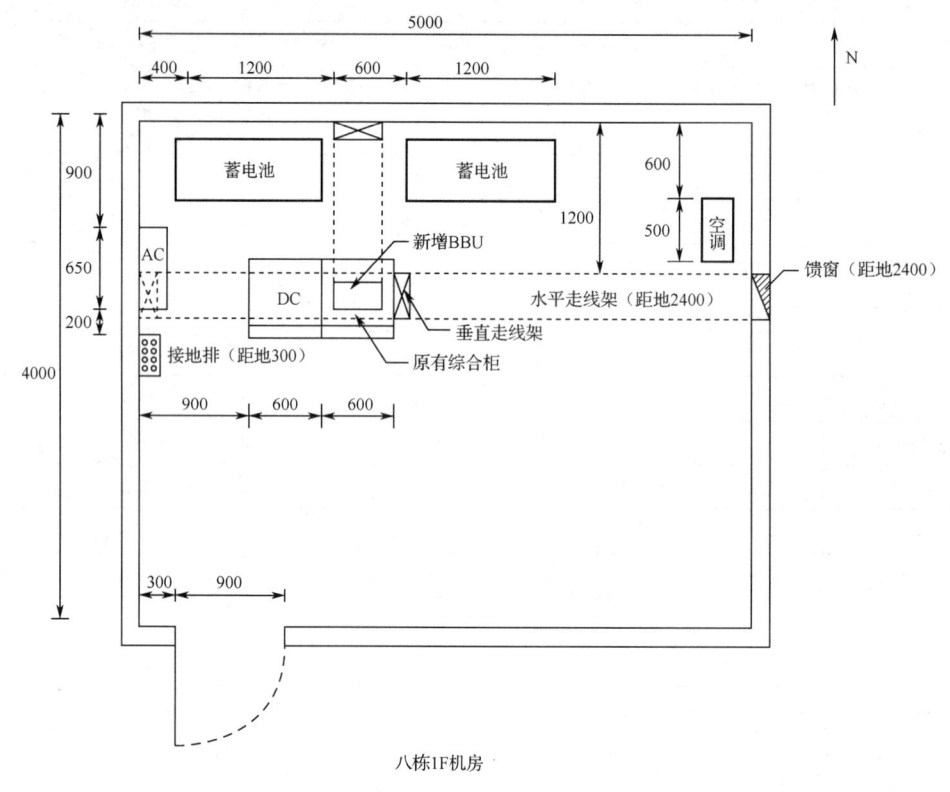

图 3-23 机房设备平面布置及走线路由

3）GPS/北斗天线安装条件的勘察

在常见的移动通信网络制式中，CDMA 2000、TD-SCDMA、TD-LTE 和 5G NR 系统都必须使用精确授时系统进行同步，它们的基站设备都需要安装 GPS 或北斗天线，其安装时应注意以下几点。

（1）GPS/北斗天线安装的位置要求正上方和南方无遮挡以保证卫星信号的正常接收。

（2）为防止雷击影响，必须安装在避雷针斜下方 45°保护范围内，如图 3-24 所示，且不应安装在楼顶的角上。

（3）为避免干扰，GPS/北斗天线安装位置还应远离直径大于 20 cm 的金属物 2 m 以上，包括宏基站天线等，同时绝不能放在宏基站天线正前方主瓣近距离辐射范围内。

GPS/北斗天线通过馈线与 BBU 连接，因此勘察时还要对馈线路由进行勘察。GPS/北斗天线现场勘察主要采用拍照和草图的方式记录。拍照包括 GPS/北斗天线安装位置拍照、避雷针位置拍照、馈线路由拍照等。GPS/北斗天线安装位置及路由俯视图如图 3-25 所示。

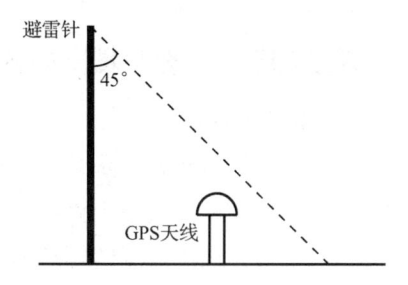

图 3-24 GPS/北斗天线与避雷针位置示意

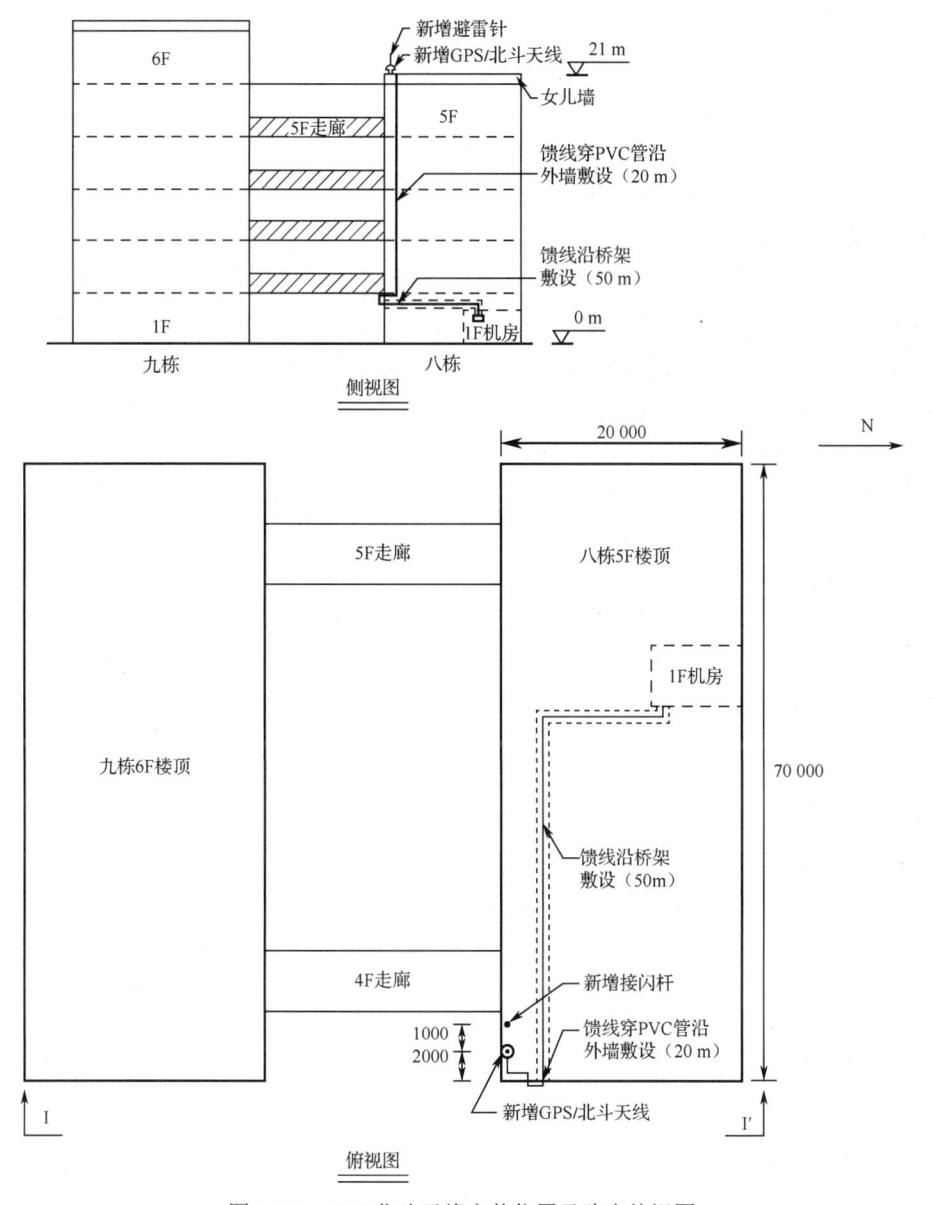

图 3-25 GPS/北斗天线安装位置及路由俯视图

技能训练3　教学楼室内分布系统勘察

1. 实训目的

（1）熟悉室内分布系统勘察的流程与主要内容。

（2）掌握现场快速绘制建筑草图的方法。

（3）了解无线信号测试与CQT拨打测试的方法。

（4）掌握教学楼场景天线布放、分布系统馈线路由与信源远端设备现场勘察的技巧与方法。

2. 实训工具

（1）纸、笔。

（2）照相机、GPS/北斗定位测试仪、指北针、测试手机（可用智能手机代替）、卷尺和皮尺。

（3）室内分布系统勘察记录表。

3. 实训内容与步骤

（1）对教学楼的整体尺寸、房间及门窗布局等相关信息进行勘察与测量，并绘制建筑平面草图；勘察过程中对于重要的信息，包括楼宇整体外观、主要覆盖区域及房间及门窗布局进行拍照；按照勘察记录表要求对相应信息进行测量、预估并记录。

（2）在楼内高、中、低楼层各选择5~10个采样点，选择一个网络进行CQT拨打测试，并填写拨打测试记录表。

（3）依照绘制的建筑平面草图，对教学楼内计划安装天线的类型和位置，进行勘察确认，并在草图中进行标注，对典型的或特殊的安装点位进行拍照。

（4）对楼内弱电井道位置和桥架路由进行勘察核实，并拍照记录，规划合理的天线连接馈线路由；对弱电井内部空间及设备安装条件进行勘察，选择合适的弱电井作为信源远端及其配套设备的安装位置，并拍照记录，最后根据勘察情况填写勘察信息记录表。

4. 实训结果

（1）建筑平面草图（应包含建筑总体尺寸、内部房间结构与尺寸、天线点位、远端设备安装位置等）。

_____

_____

_____

_____

（2）CQT拨打测试记录表（应包含测试楼层、测试位置、信号场强及实际拨打的情况记录）。

_____

_____

_____

(3) 勘察照片（应包括但不限于楼宇整体情况、覆盖区域、房间及门窗布局勘察照片；典型或特殊的天线安装位置、规划的走线路由及远端设备安装弱电井的勘察照片等）。

_____
_____
_____
_____
_____

(4) 勘察信息记录表（包括建筑环境、无线信号测试、分布系统实施环境 3 部分勘察内容）。

_____
_____
_____
_____
_____

5. 总结与体会

_____
_____
_____
_____
_____

技能训练4　分布系统共址机房勘察

1. 实训目的

(1) 认识机房内主要的设备种类与功能。
(2) 掌握不同设备间的线缆连接。
(3) 熟悉共址机房勘察的要点。
(4) 掌握机房平面草图和 GPS/北斗天馈草图的绘制方法。

2. 实训工具

(1) 纸、笔。
(2) 照相机、GPS/北斗定位仪、指北针（可以用智能手机代替）、卷尺。
(3) 共址机房勘察记录表。

3. 实训内容与步骤

(1) 测量机房的总体尺寸、测量门窗的相对位置，绘制出机房整体草图，并从机房 4 个角落向内部进行整体拍照。

（2）测量机房内所有设备的尺寸及相对位置，按比例在草图中绘制设备，标注设备的类型与相对位置，并对每台设备的整体外观进行拍照。

　　（3）对机房内关键设备（包括但不限于交流配电箱、开关电源、蓄电池、走线架、接地排、馈线窗）的使用情况进行勘察核实，记录相关信息在勘察信息表中，并对设备的局部信息进行拍照。

　　（4）在机房所在建筑物附近选择合适的位置安装 GPS/北斗天线，在拟安装 GPS/北斗天线的位置利用 GPS/北斗定位仪测试经纬度与北向，并对 GPS/北斗馈线的走线路由进行规划勘察，绘制 GPS/北斗天线安装及馈线走线路由草图，并拍照进行记录。

4. 实训结果

　　（1）机房设备布置草图、GPS/北斗天线安装及馈线走线路由草图（含侧视图和俯视图）。

　　（2）勘察照片（包含但不限于机房整体照片、设备布局与外观照片、设备使用情况局部照片、GPS/北斗天线安装位置与馈线走线路由照片）。

　　（3）共址机房勘察记录表。

5. 总结与体会

第3章 室内分布系统的工程勘察

内容梳理与归纳

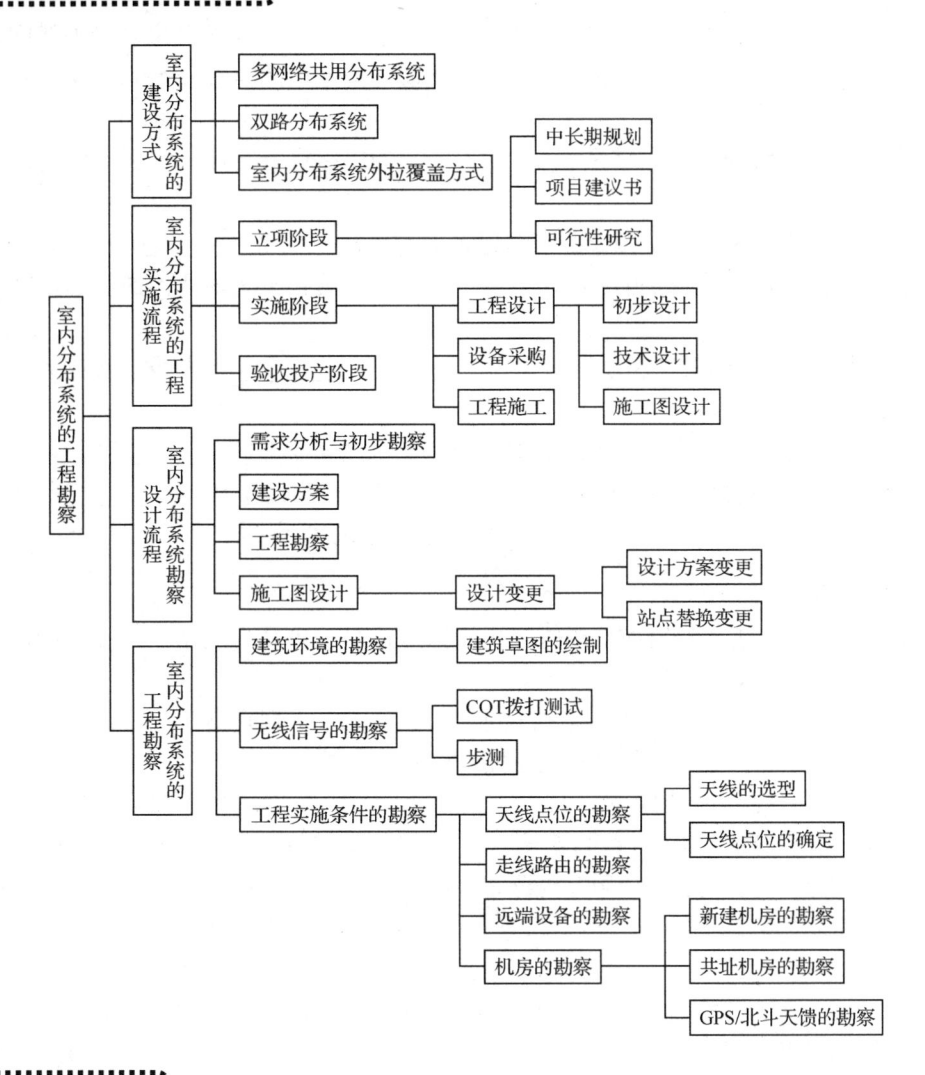

自我测试3

一、填空题

1．多系统合路依据合路设备的不同分为合路器合路和_____合路，其中合路器合路常见于各运营商_____建设室内分布系统的场景，_____合路常见于多运营商共建共享的场景。

2．双路分布系统又可分为_____和_____两种建设方式。

3．室内分布系统的工程实施流程分为_____、实施阶段、_____3个阶段。

4．室内分布系统工勘的准备工作有项目原则和技术要求学习、_____、和勘察资料准备4个部分工作。

5．_____勘察时的主要作用是测量经纬度，确定目标楼宇的准确位置。

105

6．室内分布系统勘察时，对于现在网络覆盖情况的测试主要有_____和_____两种方式。

7．_____是指在室外驱车搭载无线测试设备沿一定道路行驶来测量无线网络性能的测试方式；_____是指在室内手持测试仪器沿着室内的路线步行测量无线网络性能的测试方式。

8．室内分布系统的天线通常采用_____的思路进行布放，实现室内均匀的信号覆盖。

9．在较空旷、少隔断、天花板不高的建筑中，通常采用_____；在空旷、层高很高的建筑中，通常顶部不平，则可采用_____安装在建筑内两侧的侧墙上交叉进行覆盖。

10．在对建筑的中低楼层窗边进行覆盖时，应选用_____天线，避免室内信号外泄影响室外网络质量。

11．对于大部分的建筑场景，信源远端设备都应优先安装在_____内。

12．室内分布系统机房的勘察总体上可以分为新建机房勘察和_____勘察两种情况，其中新建机房又可分为新建_____和新建落地机房两种情况。

二、单选题

1．WLAN 网络的 AP 用作信源时，由于射频信号输出功率较小，一般只能接几个天线，因此采用（　　）方式。

　　A．前端合路　　　　B．末端合路　　　　C．上端合路　　　　D．下端合路

2．下列（　　）不是多系统合路时主要考虑的因素。

　　A．多个网络接入时的互调干扰　　　　B．无源器件的频率支持情况
　　C．不同网络制式的覆盖范围差异　　　　D．不同网络制式的设备形态

3．下列（　　）场景适合使用室内分布系统外拉覆盖方式进行覆盖。

　　A．大型公园　　　　　　　　　　　B．住宅小区
　　C．步行街　　　　　　　　　　　　D．高层写字楼

4．（　　）是拟建项目单位或部门向项目管理机构或部门申报的项目申请。

　　A．中长期规划　　B．项目建议书　　C．可行性研究报告　　D．初步设计

5．初步设计是根据批准的可行性研究报告、设计标准、规范、勘察基础资料等对项目进行更具体深入的设计，它对项目投资的计算被称作（　　）。

　　A．投资估算　　　B．投资概算　　　C．投资预算　　　D．投资决算

6．一阶段设计是指只有（　　）一个阶段。

　　A．初步设计　　　　　　　　　　　B．技术设计
　　C．施工图设计　　　　　　　　　　D．竣工图设计

7．关于 CQT 拨打测试，下列说法错误的是（　　）。

　　A．必须采用同一网络手机相互拨打测试

　　B．测试手机使用当地本网签约卡

　　C．出现未接通的现象时，应马上重拨

　　D．测试过程中应进行一定范围的慢速移动和方向转换

8. 在公路隧道和人行隧道覆盖中多使用（　　）天线。
   A．定向吸顶天线 B．对数周期天线
   C．射灯美化天线 D．开关面板天线

三、判断题

1. 不同网络的信号在接入同一分布系统后所覆盖的范围是完全相同的。（　　）
2. 双路分布系统接入 LTE 系统时，因为引入了 MIMO 技术，能提供给用户的峰值速率可以达到单路分布系统的 1.6～1.8 倍。（　　）
3. 对于一些技术成熟且已经有多年建设经验的项目，可以采用一阶段设计。（　　）
4. 试运行是室内分布系统建设过程的最后一个环节，是全面考核建设成果、检验设计和工程质量是否符合要求，审查投资使用是否合理的重要步骤。（　　）
5. 初步勘察的目的就是指导完成施工图设计。（　　）
6. 在施工过程中遇到协调问题，施工单位可以直接找设计院进行设计变更。（　　）
7. 电梯的穿透损耗较大，因此多选用高增益的全向天线进行覆盖。（　　）
8. 电梯覆盖的走线路由通常是单独的一路，从建筑的低楼层直接拉到顶楼。（　　）
9. 共址机房勘察时需要核算蓄电池的容量是否满足增加设备后的容量需求。（　　）

四、多选题

1. 下列属于室内分布系统可行性研究报告的主要内容的是（　　）。
   A．需求预测与拟建规模 B．建设与技术方案论证
   C．建设进度安排的建议 D．主要工程量与投资估算
2. 室内分布系统多采用二阶段设计，二阶段设计包括（　　）。
   A．初步设计 B．技术设计
   C．施工图设计 D．竣工图设计
3. 通信工程项目验收一般包括（　　）阶段。
   A．工程实施 B．初步验收 C．试运转 D．竣工验收
4. 下列（　　）公司或部门会参与到通信工程项目的工程实施阶段。
   A．运营商的建设部门 B．运营商的采购部门
   C．设计院 D．设备供应商
5. 设计交付以后，因施工过程中遇到物业协调等原因而引起的室内分布系统设计变更可分为（　　）。
   A．设计方案的变更 B．建设规模的变更
   C．投资金额的变更 D．站点替换设计变更
6. 在为某运营商进行室内分布系统勘察时，如果发现该运营商在建筑内已经建设有一套分布系统，则应对该分布系统进行（　　）。
   A．对原分布系统的网络制式的勘察
   B．对原分布系统覆盖区域的勘察
   C．对原分布系统天线点位及密度的勘察
   D．对原来的分布系统的建设年限的勘察
7. 在对酒店进行覆盖时，若物业允许，且建筑内业务需求量大，重要性高，可以采用

"天线入室"的方式进行覆盖,下列天线适合用于"天线入室"覆盖的是(　　)。

  A．烟感形美化天线   B．开关面板形美化天线

  C．射灯形美化天线   D．路灯形美化天线

五、简答题

1. 简述室内分布系统的勘察设计流程。

2. 简述分布系统实施环境的勘察主要包括哪 3 部分内容,并简要描述它们各自的勘察要点。

3. 简述 GPS/北斗天线的安装位置要求。

第4章

传统室内分布系统的设计

学习目标

1. 了解室内分布系统设计的分工界面,掌握室内分布系统设计的内容及步骤。
2. 了解室内分布系统设计的规范与目标,掌握室内信号外泄控制的要求与方法。
3. 掌握分布系统链路设计和功率计算的方法,了解室内信号传播模型和模拟测试。
4. 了解容量估算的方法,掌握小区的划分与配置的方法,掌握小区切换的设计要求。
5. 掌握信源设备设计的规范要求,掌握配套电源设计要求及测算的方法。

内容导航

传统的同轴电缆室内分布系统是现网存量最多的分布系统,即使现在分布式皮基站得到广泛应用,但在电梯、车库等很多场景仍然主要采用同轴电缆分布系统,因此对于同轴电缆分布系统设计的学习是很有必要的,它是学习其他室内分布系统设计的基础。

室内分布系统设计是一个复杂的工作,根据分工不同划分为分布系统设计和信源设计,分布系统的设计需要考虑信号功率分配、信号外泄控制、小区切换合理、容量配置合理等多个因素,信源的设计需要考虑设备与线路的安装规范,以及配套电源的测算与设计。

本章首先介绍传统室内分布系统设计的内容、步骤、规范与目标,然后详细讲解室内分布系统的链路设计与链路功率计算,并介绍室内信号常用的传播模型与模拟测试的相关概念与方法,再详细讲述室内分布系统容量估算的方法,以及小区划分、配置与切换的设计,最后讲解了室内分布系统信源的设计,主要包括设备安装设计要求与配套单元的设计及测算方法。

4.1 传统室内分布系统设计概述

传统的无源同轴电缆室内分布系统是室内覆盖发展至今应用最为广泛的一种室内分布系统，它主要由信源设备及天线、馈线、无源器件组成。下行传播时，信源设备发射射频信号，通过馈线进行传输，传输过程中无源器件将信号进行多次分路，最后传播到多个小功率低增益天线上，天线将射频电信号转换为无线信号，对建筑内进行覆盖。上行信号传播与下行传播刚好相反，当下行信号传播满足网络覆盖要求时，上行信号传播也能满足，因此在室内分布系统设计时，一般只考虑下行信号的传播。

4.1.1 传统室内分布系统设计的分工界面

1. 内部分工

传统室内分布系统由分布系统和信源设备两部分组成，因此室内分布系统设计也可分为分布系统设计和信源设备设计两部分，如图4-1所示。

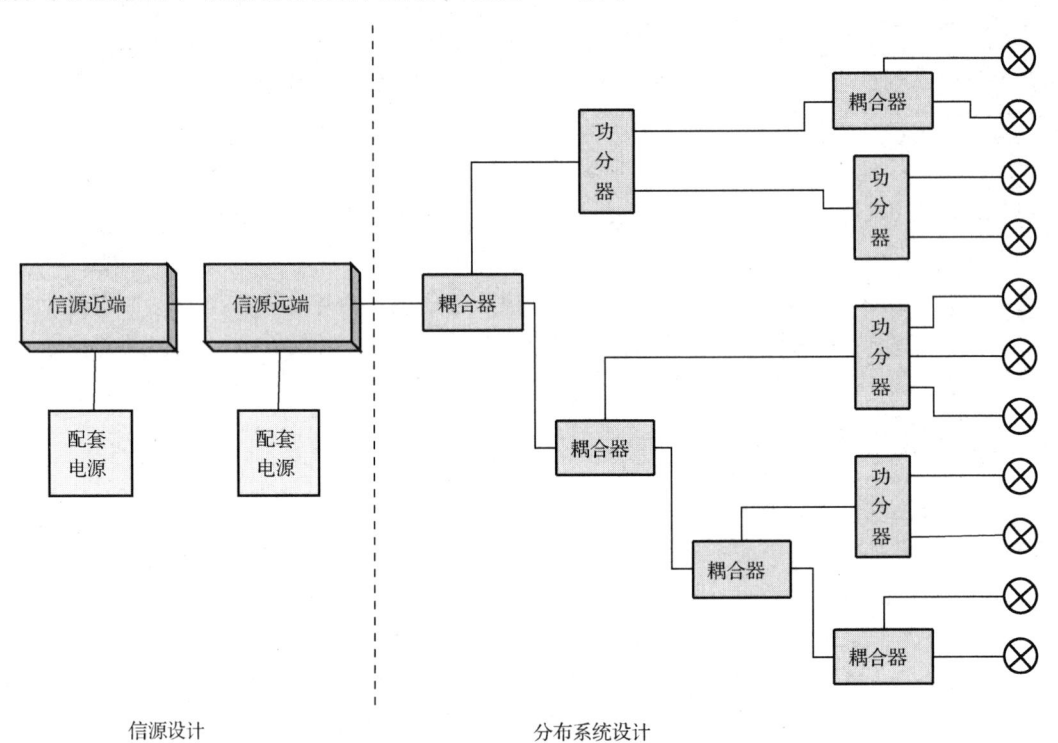

图4-1 分布系统设计与信源设计分工

分布系统的设计包括天线、馈线、无源器件类型的选择，安装位置和走线路由的设定，以及分布系统从信源设备到天线口射频信号功率的链路预算。其旨在解决无源器件该如何才能让信号均匀地分配到各个天线上，采用何种馈线、馈线如何布放可以减少信号损失，传播到天线的射频信号功率电平多大合适，采用何种天线、多少数量的天线及天线安装在什么位置才能够使覆盖区域有良好的覆盖等问题。

信源设备的设计包括使用数量与安装位置设定、设备间线缆（如光纤）路由的设计、载频配置与小区划分、配套电源的测算与选取、电源用线缆的选择和路由设计等。传统室内分布系统的信源设备包括传统基站、直放站、分布式基站，其中分布式基站作为传统分布系统的信源设备，技术最为成熟，应用最为广泛，本章均以分布式基站为例介绍信源设备的设计。

2. 外部分工

通信网络是一个庞大的网络，它需要很多专业技术人员的密切配合，在进行通信设计时，相邻专业间要做到无缝连接，才能使设计建成的网络正常工作。

（1）在机房内，室内分布专业与传输专业以 DDF（或 ODF）架为界，室内分布专业只负责 BBU 与 DDF（或 ODF）架之间的 2 m 电缆或光缆布放，DDF（或 ODF）架的安装及其与传输设备间的连接设计由传输专业负责，如图 4-2 所示。

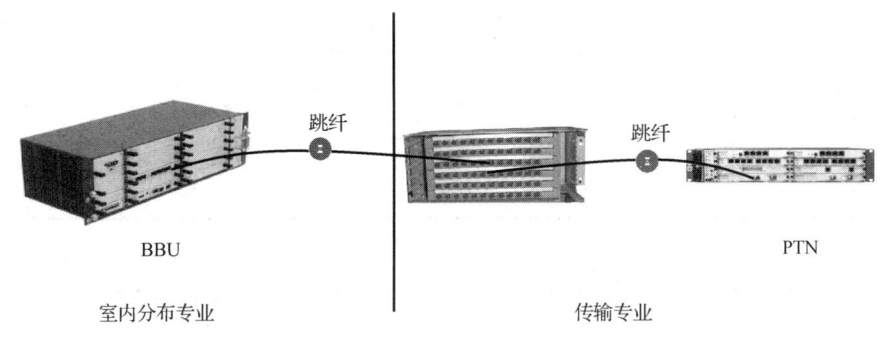

图 4-2 室内分布专业与传输专业的分工界面

（2）室内分布专业负责所有 BBU 与 RRU 及 RRU 间的光缆或光纤连接设计，但是当 BBU 与 RRU 及 RRU 间的光缆连接跨楼时，则需提交需求给传输专业，由传输专业对光缆路由进行核实设计。

（3）室内分布专业负责机房内设备及远端设备的用电设计，市电的引接由建设单位负责委托相关单位设计实施。

（4）室内分布专业负责设备的布放设计，但是当设备布放影响到建筑承重时，需要提交需求给土建专业，由土建专业参与承重核实。

4.1.2 传统室内分布系统设计的内容

室内分布系统的设计按照分工界面可以分为分布图和信源图，如图 4-3 所示。

1. 分布图

在图纸设计时，由于 RRU 紧连分布系统，其安装位置直接影响了馈线的长度，也影响了射频信号传播损耗和天线口辐射功率，与分布系统的设计有着密切的关系，因此在图纸设计时，与 RRU 相关的设

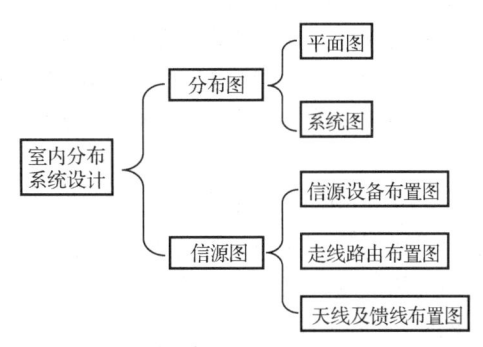

图 4-3 室内分布系统设计图内容

计，均放在了分布图中，包括 RRU 的数量与安装位置、RRU 配套电源的测算与选取、RRU 与 BBU 及 RRU 之间的光纤路由设计、小区的划分与载频配置等。

分布图包括平面图和系统图两部分。

1）平面图

平面图是指分布系统的安装位置示意图，是室内分布系统施工的指导。它以建筑平面图为基础，在建筑图纸中对天线类型与安装位置、馈线路由、功分器和耦合器类型及安装位置、RRU 安装位置、RRU 配套电源安装位置等进行详细设计。

在平面图首页中，首先要单独绘制所覆盖建筑或建筑群的整体结构及所在位置周边环境示意图，包括建筑或建筑群所在位置，以及其周边的主干道分布等情况，并标注北向，可用于指导在设计时考虑控制信号对外部的影响，如图 4-4 所示为某医院建筑整体位置平面示意图。

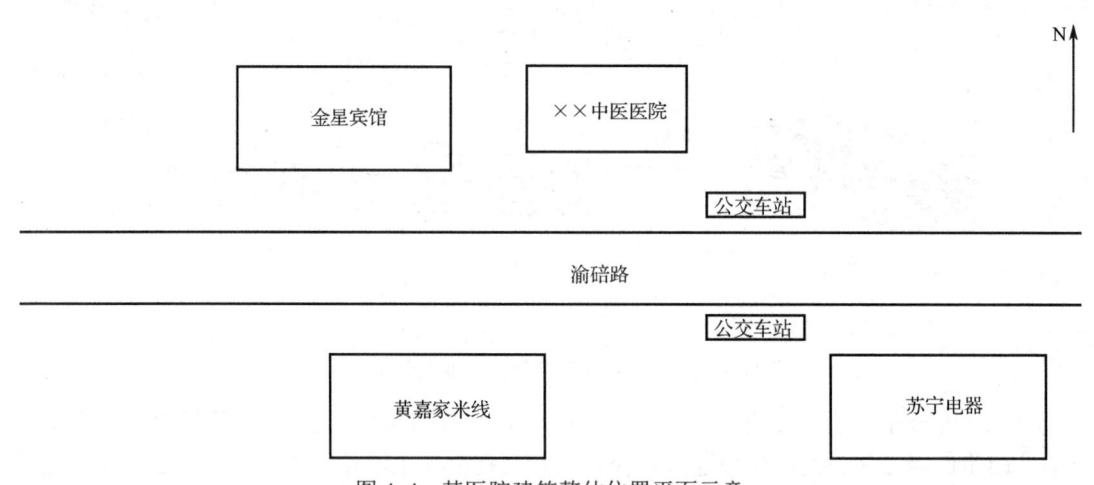

图 4-4 某医院建筑整体位置平面示意

在整体位置平面示意图完成后，就要对所覆盖建筑或建筑群的室内分布系统平面图进行详细设计，平面图设计主要有以下内容。

（1）对所覆盖建筑的整体框架、内部基本结构、门窗位置等进行准确绘制，对于重要的尺寸必须进行标注。

（2）对天线进行选型，对每个天线的安装位置进行准确设计，要求横向、纵向都有详细标注，并按楼层对天线进行编号。

（3）选取合适的无源器件类型，对其安装位置进行设计，并按楼层对其进行分类 编号。

（4）选择合适的馈线类型，对馈线的路由进行设计，并对馈线长度进行测量标注。

（5）利用天线的分布情况与馈线长度，估算 RRU 覆盖楼层数和 RRU 数量，设计 RRU 安装位置。

（6）对于相同内部结构的楼层，若天线点位和走线路由都相同，可以只绘制一张平面图，但需要采用文字注明不同楼层的差异，如哪些楼层安装 RRU，哪些楼层未安装；内部结构不同的楼层，则必须分别进行平面图的设计与绘制。

如图 4-5 所示为某建筑一楼室内分布系统平面布置图（注：图中多处数量按工程惯例未标注，单位均为 mm，下同）。

第4章 传统室内分布系统的设计

图 4-5 某医院建筑一楼室内分布系统平面布置图

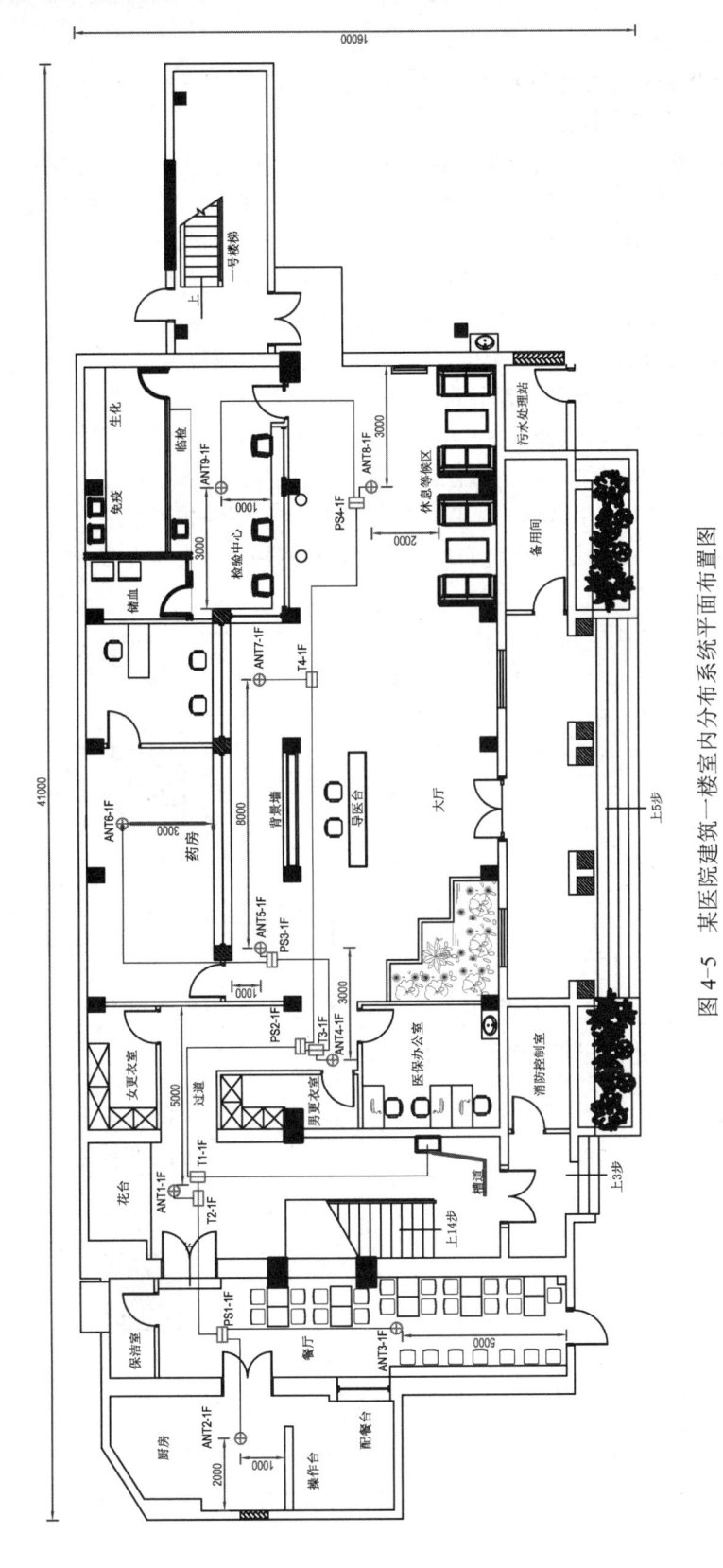

2）系统图

系统图是指分布系统组网拓扑，包括信源设备组网拓扑、分布系统的组网拓扑及从信源设备到天线口信号功率的计算等。

（1）在系统图首页中，要绘制信源设备近端与远端的组网拓扑，包括以下内容。

① 应绘制出准确的 BBU、RRU 数量，以及 BBU-RRU、RRU-RRU 连接拓扑。

② 标注出每个 BBU、RRU 的类型及安装位置。

③ 计算标注出每一条 BBU-RRU、RRU-RRU 连接光纤的长度；若涉及跨楼的光缆布放，应标注"传输设计"，指导施工单位查看这段光缆的传输设计。

④ 测算出为直流 RRU 供电的小型一体化开关电源数量，并在图中绘制标注安装位置，以及与 RRU 的连接拓扑，测算标注出所需电源线缆的长度。BBU 的供电设计在信源图中体现，这里不做测算与设计。

⑤ 在设计说明中详细描述出每台 RRU 所覆盖的楼层范围。

⑥ 在设计说明中对小区划分、载频配置及板卡配置等进行说明。

如图 4-6 所示为某医院室内分布站信源设备组网拓扑图，可在设计时参考。

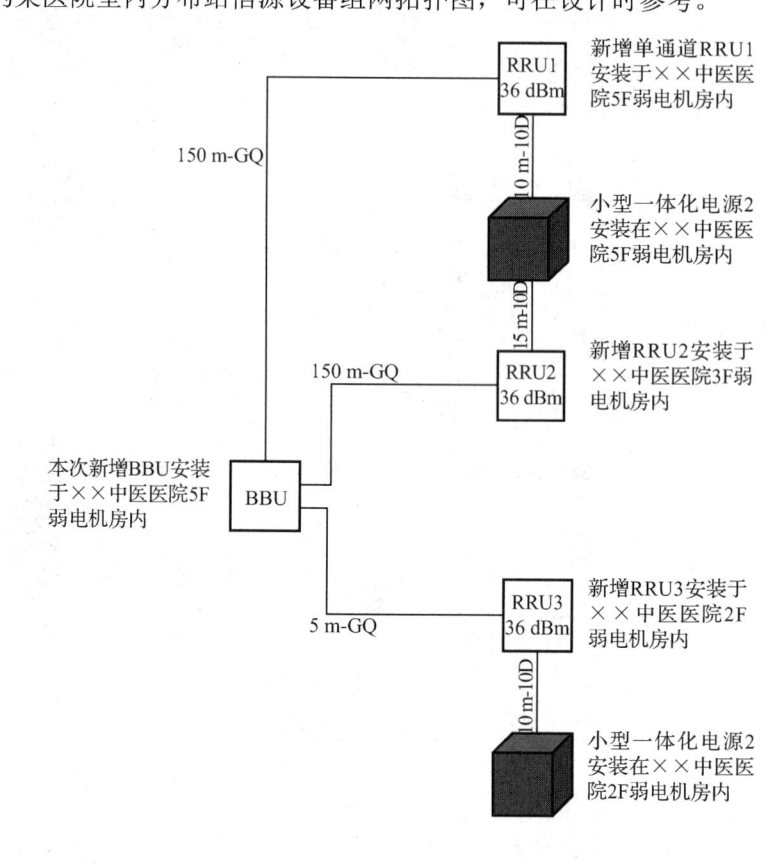

说明：
1. RRU1 覆盖××中医医院5F平层；RRU2 覆盖××中医医院3F～5F平层；
   RRU3 覆盖××中医医院1F～2F平层。
2. LTE小区划分：小区A为RRU1～RRU3，载频配置O1，覆盖××中医医院1F～5F，标配基带板1。

图 4-6 某医院室内分布站信源设备组网拓扑

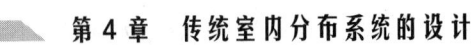

室内分布系统 RRU 的电源配置要求，在不同省份、不同运营商之间各不相同。对技术要求高的省份、运营商，所有 RRU 均要求采用直流-48V 供电，配置开关电源进行供电，并配置蓄电池作为后备电。也有一些省份的运营商，只在部分核心重要的室内分布站采用直流 RRU，通过开关电源配合蓄电池供电，其余大部分室内分布站则采用交流 RRU，直接通过外市电接入供电。

（2）在信源设备组网拓扑图后，要对每一个 RRU 所连接的分布系统组网拓扑按照平面图的连接绘制并进行功率计算，测算验证天线口信号功率是否均匀，能否满足覆盖要求。如果测算出来天线口信号功率强度过高或过低，则需要对分布系统的组网拓扑图进行修改，并再次进行链路预算，直到满足设计要求，最后再对平面图相应的部分也进行修改。

分布系统组网拓扑图及功率计算的详细内容要求如下。

① 必须严格按照平面图的组网路由准确绘制出天线、馈线、无源器件、RRU 的拓扑图。

② 依据平面图天线、无源器件的类型与编号，在拓扑图中标注。

③ 严格参照平面图中测量的馈线长度，对拓扑图中的馈线类型及长度进行标注。

④ 采用文字说明标注出 RRU 安装位置及所连接分布系统覆盖的楼层情况。

⑤ 按照馈线长度和无源器件类型对分布系统所建设的网络进行功率计算，同时对于可能建设的其他网络，特别是频段更高的网络，也一并进行功率测算。

如图 4-7 所示为某医院分布系统组网拓扑图，图中对多个网络的信号功率进行了测算。

2．信源图

在实际工程中所指的信源图多指信源近端设备（如 BBU）所在机房及天面的设计图，它包括了 BBU 的安装平面布置、配套电源配置与布置、电力线缆选择与电源线路由设计，以及部分网络所需要的 GPS/北斗天线安装及馈线路由设计等。

1）信源设备布置图

近端设备是整个室内分布系统的核心设备，优先选择条件较好的房间作为机房进行落地安装，对于一些条件较差的站点，则应该选择壁挂安装方式将设备安装在空间足够的弱电井、楼梯间或地下车库等位置。

如图 4-8 所示为某医院室内分布系统信源设备布置图，信源设备布置图的一般内容要求有以下几点。

（1）要绘制出机房的准确尺寸和详细结构，包括机房的长、宽、高，门、窗、立柱的相对位置等。

（2）通过文字描述出机房的准确位置，标注出北向。

（3）共址机房还要绘制出已有设备的详细布局，包括所有设备的尺寸及相对位置都要标注。

（4）要绘制出新增设备的准确位置，并对位置进行尺寸或文字标注。

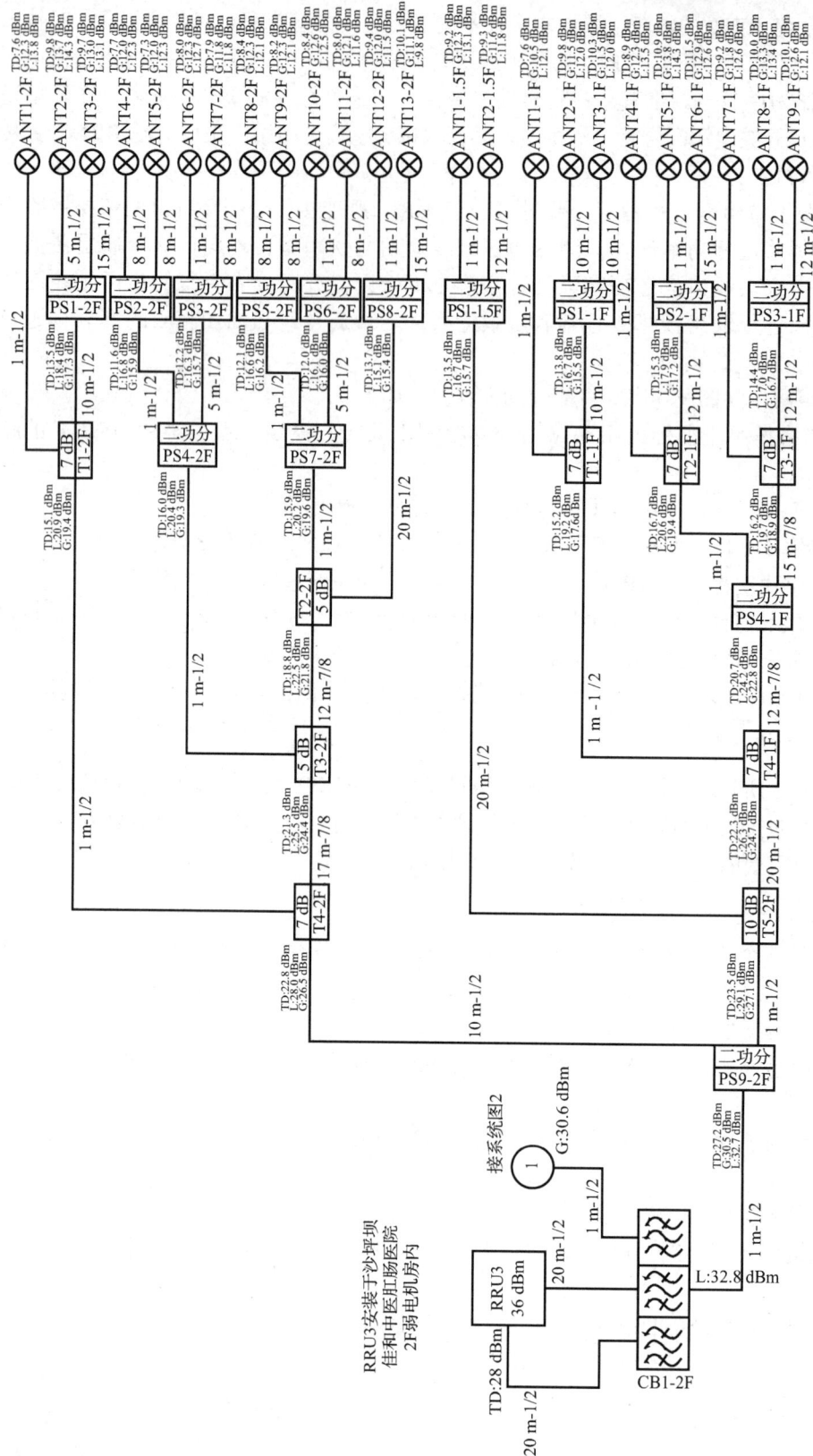

图 4-7 某医院分布系统组网拓扑

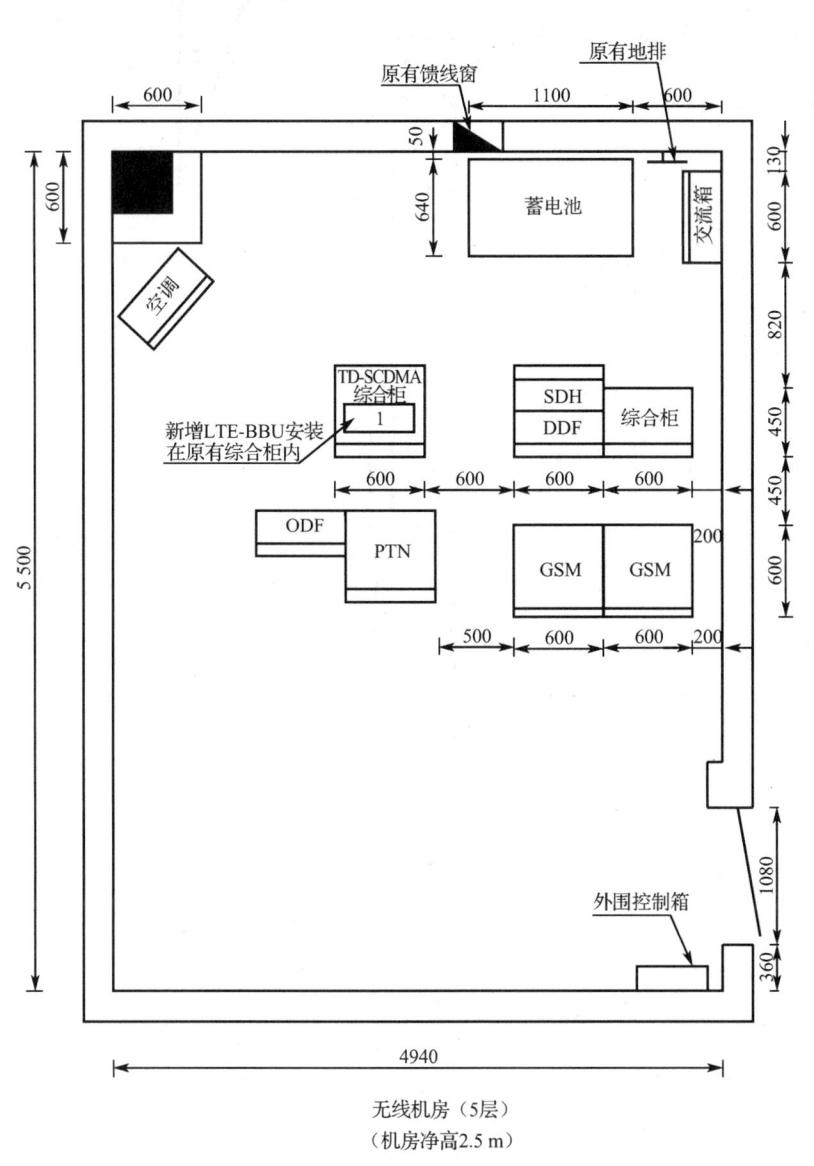

图 4-8　某医院室内分布系统信源设备布置图

2）走线路由布置图

走线路由布置图是在机房布置图的基础上增加了电源线、接地线、馈线及光纤等线缆的走线路由设计，如图 4-9 所示，主要包括以下几点内容。

（1）要绘制出原有或新增的室内走线架的详细布置图，相对位置要有详细尺寸标注。

（2）要绘制出所有新增设备的走线路由，包括电源线、接地线、BBU 连接 RRU 光缆、BBU 连接传输设备光纤等。

（3）如果是共址站，通常还要绘制出所使用的开关电源的断路器使用图，包括已使用的断路器、未使用的断路器及本次设备所连接的断路器。

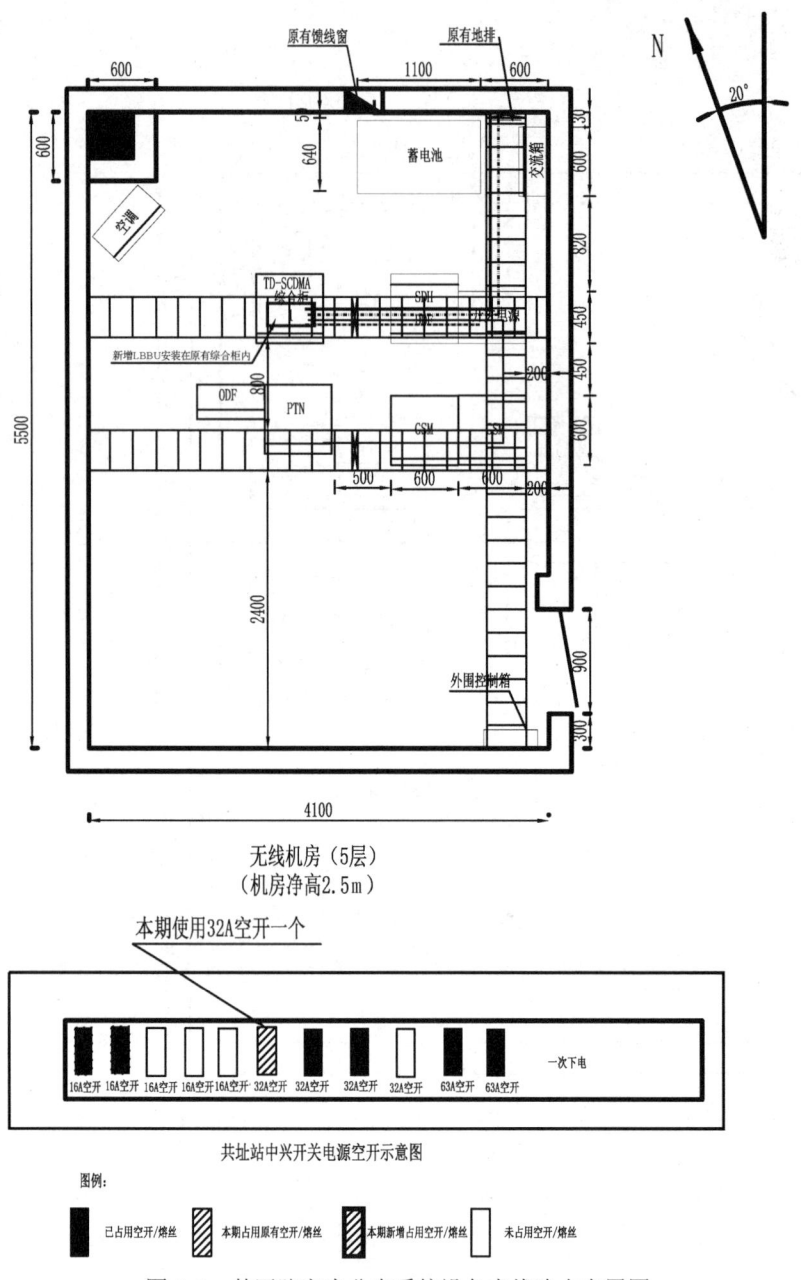

图 4-9　某医院室内分布系统设备走线路由布置图

3）GPS/北斗天线及馈线布置图

在对 CDMA 2000、TD-SCDMA、TD-LTE 和 5G NR 网络信源进行设计时，还要对 GPS/北斗天线、馈线进行设计，一般分为俯视图和侧视图两部分，两部分共同指导 GPS/北斗天线、馈线的安装位置。

如图 4-10 所示为某医院基站的 GPS/北斗天线位置及馈线走向图，主要包括以下一些要素。

第 4 章 传统室内分布系统的设计

俯视图

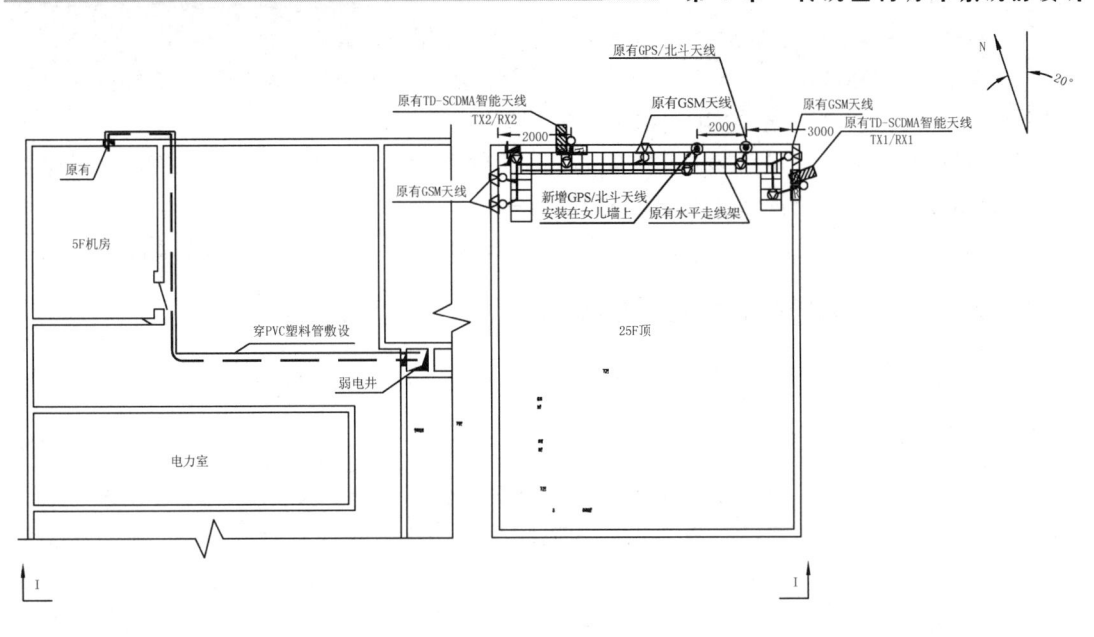

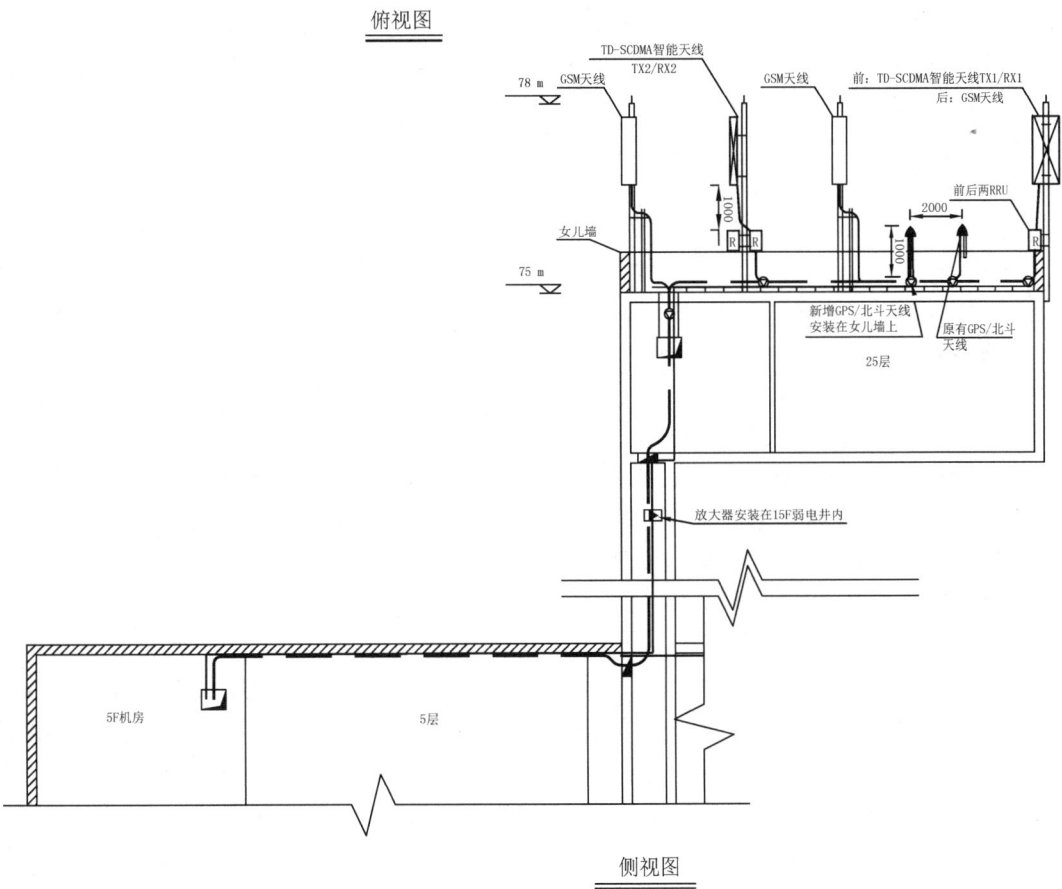

侧视图

图 4-10 某医院 GPS/北斗天线位置及馈线走向图

（1）GPS/北斗天线与避雷针的准确安装位置，标注相对位置。

（2）天面的准确楼层数，机房所在楼层位置等绘制准确，俯视图的北向需要标注，在俯视图中要标注 I-I'，用于描述侧视图的视图方向。

（3）GPS 北斗馈线从机房馈窗到天面的详细走线路由设计，包括是否穿 PVC 管或波纹管，馈线、PVC 管和波纹管的使用长度测算等。

（4）天面上已有的设备设施情况必须详细绘制，如已有其他天线、避雷针等。

4.1.3 传统室内分布系统设计的步骤

室内分布系统设计可以分为新建分布系统和合路分布系统两大类。

1. 新建分布系统

对于一个新的建筑，以往没有室内分布系统进行信号覆盖，则采用新建分布系统进行信号覆盖。新建分布系统设计通常包括建筑图绘制或核实，天线、无源器件、馈线路由设计，信源远端设备设计，分布系统组网拓扑图设计，链路预算，小区划分与容量设计，信源近端设备及配套电源设计。在确定建筑平面图后，新建分布系统设计步骤通常从末端开始，即天线设计开始，反向追溯需要如何设计无源器件与馈线链路、信源远端设备，再利用系统图完成分布系统链路设计、验证天线口功率是否满足要求，最后完成小区及容量设计及信源近端设备设计，详细流程如图 4-11 所示。

2. 合路分布系统

随着移动通信网络制式的演变增加，多个网络制式共用一套分布系统因其具备投资少、干扰小，得到广泛应用。对于一些较老的建筑，运营商已经建设有老的分布系统，则多采用合路原有分布系统的方式进行信号覆盖。如某商场已经有 2G 分布系统，现在需要进行 4G 覆盖，即可采用 4G 信源设备通过合路器合路到原有分布系统。

采用合路方式建设分布系统时，需要对原有分布系统进行详细核实，包括分布系统天线和无源器件是否支持新系统所在频段、新老系统覆盖区域是否一致、老系统天线密度和位置能否满足新系统需要、现场测试老分布系统的信号场强与覆盖率能够满足要求等。若天线和无源器件不支持新系统所在频段，或者原有分布系统遭到大面积破坏无法修复的，则不能采用合路建设方式；若频段支持，但覆盖区域不完整或天线密度较稀疏，则需要对原分布系统进行改造才能合路。

通常，不同网络制式系统的信源设备信号发射功率与覆盖所需的天线口功率都不相同，因此新系统信源设备合路时并不是简单地在原系统信源远端设备处增加新系统设备合路，而是需要对新系统在分布系统中的合路接入点进行分析，合路接入后，再进行链路预算，对新旧系统的天线口功率进行验证。满足要求后，再对信源远端和近端设备的安装和配套电源进行设计。合路室内分布系统设计流程如图 4-12 所示。

在 4G 室内分布系统建设时，若采用"新建一路，合路一路"的设计方式，其设计流程与合路分布系统相似，只是在合路原来的分布系统基础上，再新建一路相同的分布系统来实现 LTE 双路分布系统的建设。

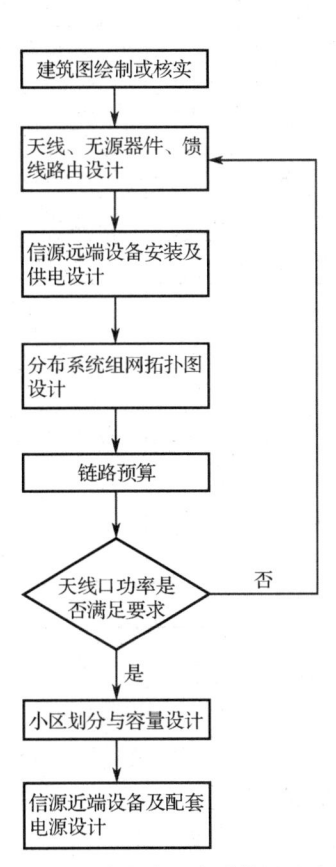

图 4-11 新建室内分布系统设计流程 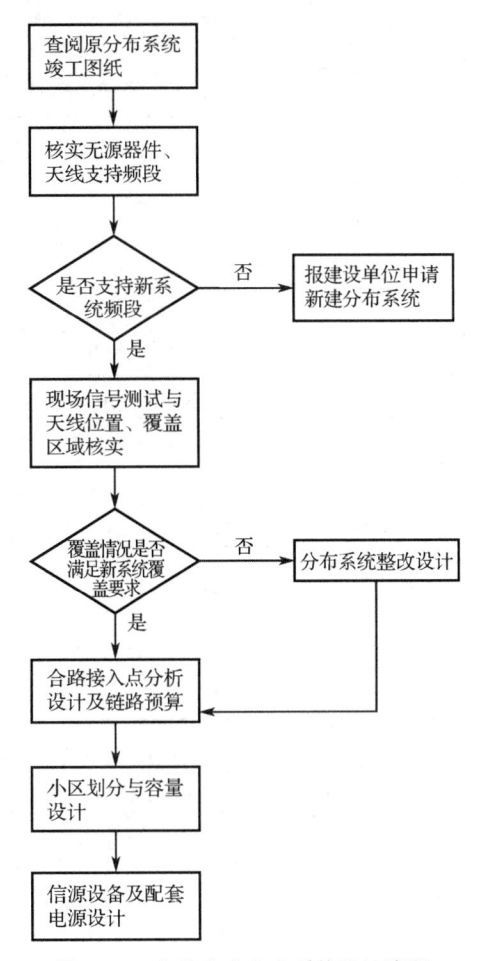　　　　图 4-12 合路室内分布系统设计流程

4.1.4 室内分布系统设计的规范

室内分布系统设计应严格遵守国家、行业和企业的规范标准要求。

由国家标准化主管机构批准发布的标准被称为国家标准或国标，标准编号以 GB 开头。在室内分布系统设计中应遵守的主要国标如表 4-1 所示。

表 4-1 在室内分布系统设计中应遵守的主要国标

标准编号	标准名称	发布部门
GB 8702—2014	电磁环境控制限值	国条质量监督检验检疫总局 环境保护部
GB 50689—2011	通信局（站）防雷与接地工程设计规范	中华人民共和国住房和城乡建设部
GB 51194—2016	通信电源设备安装工程设计规范	中华人民共和国住房和城乡建设部

由我国各主管部、委（局）批准发布，在该部门范围内统一使用的标准，被称为行业标准或行标。通信行业使用的行业标准主要由中华人民共和国信息产业部或中华人民共和国工业和信息化部（以下简称工业和信息化部）发布（前者在 2008 年并入后者），标准的

编号主要以 YD 开头。在室内分布系统设计中应遵守的主要行标如表 4-2 所示。

表4-2 在室内分布系统设计中应遵守的主要行标

标 准 编 号	标 准 名 称	发 布 部 门
YD/T 5120—2015	无线通信室内覆盖系统工程设计规范	工业和信息化部
YD/T 5104—2015	数字蜂窝移动通信网 900/1800MHz TDMA 工程设计规范	工业和信息化部
YD/T 5110—2015	数字蜂窝移动通信网 CDMA2000 工程设计规范	工业和信息化部
YD/T 5111—2015	数字蜂窝移动通信网 WCDMA 工程设计规范	工业和信息化部
YD/T 5112—2015	数字蜂窝移动通信网 TD-SCDMA 工程设计规范	工业和信息化部
YD/T 5213—2015	数字蜂窝移动通信网 TD-LTE 无线网工程设计暂行规定	工业和信息化部
YD 5214—2015	无线局域网工程设计规范	工业和信息化部
YD 5115—2015	移动通信直放站工程技术规范	工业和信息化部
YD 5003—2014	通信建筑工程设计规范	工业和信息化部
YD/T 2198—2010	租房改建通信机房安全技术要求	工业和信息化部
YD 5191—2009	电信基础设施共建共享工程技术暂行规定	工业和信息化部
YD/T 5184—2018	通信局（站）节能设计规范	工业和信息化部
YD 5059—2005	电信设备安装抗震设计规范	原信息产业部

一家企业独立执行一种在法律法规框架范围内的单一标准被称为企业标准或企标。

在室内分布系统设计中，各运营商会依据国家和行业标准，对某些环节的标准进行细化，或是对于一些没有国标或行标的新技术进行规范。例如，中国移动通信集团公司发布的《中国移动无源器件技术规范》《TDD 双极化室内分布系统天线设备规范》等。在实际应用中，应首先参照国家标准，其次是行业规范，严格遵守国家和行业规范，最后参照企业标准。

4.1.5 室内分布系统设计的目标

1. 各移动网络覆盖电平

覆盖电平是指无线信号在覆盖区域内的信号强度，边缘覆盖电平是指要保证室内信号强度满足业务接入和保持的最小覆盖电平要求。移动通信系统各网络对边缘覆盖电平的一般要求是指在覆盖区域内 95%以上的位置，满足信号电平强度≥规定值。如表 4-3 所示为各网络信号覆盖指标要求。

表4-3 各网络信号覆盖指标要求

序号	网络制式	参考指标	覆盖电平（dBm）	覆盖率
1	GSM	RxLev	−85	95%
2	CDMA2000	RSCP	−85	95%
3	WCDMA	RSCP	−85	95%
4	TD-SCDMA	RSCP	−85	95%
5	TD-LTE	RSRP	−105	95%
6	LTE FDD	RSRP	−105	95%

续表

序号	网络制式	参考指标	覆盖电平（dBm）	覆盖率
7	2.6G NR	SS-RSRP	-105	95%
8	3.5G NR	SS-RSRP	-110	95%

室内分布系统边缘覆盖电平，GSM 使用主广播控制信道 BCCH 信道的电平，一般保证 95%（主要活动区域）以上设计区域的 Rxlev≥-80 dBm，电梯、地下等其他区域 Rxlev≥-85 dBm；WCDMA 使用公共导频信道 CPICH 的电平，保证 95%（主要活动区域）以上设计区域的 RSCP≥-85 dBm，电梯、地下等其他区域 RSCP≥-90 dBm。

需要注意的是，用于链路预算和网络边缘覆盖电平要求的功率值，通常不是信源设备的总输出功率，而是某一信道的功率。例如，GSM 系统，采用主 BCCH 信道的功率进行链路预算，通常情况下主 BCCH 信道的功率和设备输出总功率相同；而 TD-SCDMA 和 WCDMA 通常采用导频信号进行链路预算，通常其功率约为总功率的 10%。

在设计时还要保证室内分布系统信号在目标区域成为主导信号。在封闭区域，几乎没有其他信号，室内分布系统信号只要大于业务的最小覆盖电平要求即可；而在建筑物的高楼层，特别是靠近外墙窗户的区域，会收到许多杂乱的室外信号，这时室内分布系统的信号电平要大到成为主导信号才能满足覆盖，这就要求室内小区的信号强度要比边缘覆盖电平大一些，这也是解决中高楼层乒乓效应的方法之一。

2. 室内信号外泄控制

天线的类型与安装位置除了要考虑覆盖效果，还要考虑室内信号外泄的控制。室内覆盖信号扩散到了室外，会对室外移动用户的通话质量造成影响，这种现象被称作室内信号外泄。

室内信号外泄对道路覆盖影响最为明显，移动终端会在占用到室内分布系统信号后，由于迅速衰弱导致切换不及时而出现掉话、乒乓切换、针尖效应等多种异常现象，所以在进行室内分布设计时，要严格控制室内分布系统信号泄漏到室外。

各种移动网络对室内信号外泄都有相应的要求，如表 4-4 所示，各网络都以室外 10 m 处的室内信号电平值作为参考指标，要求室内信号电平小于某一值，或者比室外主小区信号强度低 10 dB。例如，一般要求 GSM 室内信号泄漏到室外 10 m 处的 BCCH 信号强度 Rxlev<-90 dBm；TD-SCDMA 的 PCCPCH 室内信号泄漏到室外 10 m 处的信号强度 RSCP<-95 dBm；TD-LTE 室内信号泄漏到室外 10 m 处的信号强度 RSCP<-110 dBm。

表 4-4 各网络信号外泄的控制要求

序号	网络制式	参考指标	室外 10 m 处信号电平（dBm）
1	GSM	RxLev	-90
2	CDMA 2000	Rxpower	-90
3	WCDMA	RSCP	-90
4	TD-SCDMA	RSCP	-95
5	TD-LTE	RSRP	-110

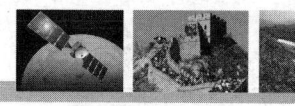

续表

序号	网络制式	参考指标	室外 10 m 处信号电平（dBm）
6	FDD LTE	RSRP	−115
7	2.6G NR	SS-RSRP	−110
8	3.5G NR	SS-RSRP	−115

目前城市高层建筑大多为玻璃外墙，室内信号很容易泄漏到室外，对室外主导小区信号形成干扰。对于中低层建筑，室内信号主要是从大厅、地下室等处经窗户和出口泄漏到室外，从而增加了不必要的室内外切换，影响网络质量。在设计时，控制信号外泄主要有 3 种典型方式，可以结合使用。

（1）选择方向性强的天线进行中低楼层窗户、出口附近的信号覆盖，使天线背向窗户或出口。

（2）控制天线的角度及布放位置，天线安装位置尽量选择在有天然建筑结构遮挡信号外泄的位置，如立柱、混凝土墙体。

（3）适当降低靠近窗口、出口位置的天线口输出功率。

4.2 室内分布系统链路预算设计

链路预算是通过对通信系统的下行和上行信号传播途径中各种影响因素进行调研，对系统的覆盖能力进行估计，在保持一定通信质量下获得链路所允许的最大传播损耗，估算可能传播的最远距离或最大面积。

4.2.1 室内覆盖的链路预算

室内覆盖的链路预算是为保证提供足够高的信号电平到达手机进行通信，测算从信源发射端到手机接收端之间的信号衰减的过程。链路预算从信源发射端开始，到天线输出端，最后到手机接收端结束，其结果用于指导室内分布系统设计，验证分布系统路由、天线位置设计的合理性，链路预算是传统室内分布系统设计的基础，其准确性直接影响分布系统覆盖的效果。

室内覆盖的链路预算分为两段，如图 4-13 所示，第一段为同轴电缆分布系统中射频电信号功率衰减，第二段为天线辐射出的无线电磁波信号功率在室内无线空间中传播的衰减。

1. 分布系统的链路预算

第一段分布系统的链路预算从信源发射端口开始，到天线输出口，主要包括射频电信号通过无源器件的分配损耗与介质损耗和在同轴电缆中传播的衰耗。

分布系统的链路预算，需要完整的分布系统组网拓扑和信源输出信号发射功率及工作频率，通过数学运算准确地算出信号衰减的过程及所有天线口的信号功率。在室内分布设计时，利用系统图来完成链路预算，通过功率的计算结果来修正器件类型的选择和分布系统路由设计，实现天线口输出功率均匀良好。

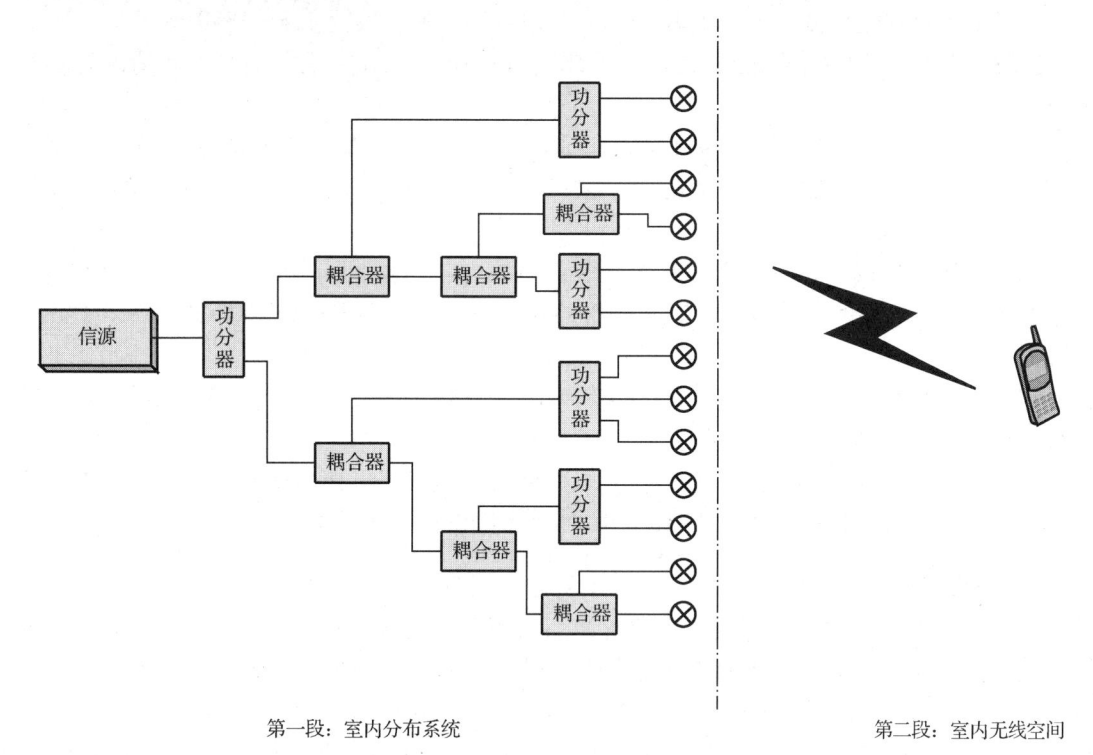

第一段：室内分布系统　　　　　　　　　　　　　第二段：室内无线空间

图4-13　室内覆盖的链路预算示意

2. 室内无线空间的链路预算

室内无线空间的链路预算是从天线输出口开始，到手机接收端，主要包括无线信号在自由空间的传播损耗，室内各传播介质和遮挡物的穿透损耗，如空气的传播损耗，门、墙体等造成的穿透损耗等，另外还要考虑一定的衰落余量。通过测算验证建筑内所有覆盖区域信号覆盖是否均匀良好，手机在覆盖区域内接收到的信号电平值是否满足边缘覆盖电平要求。

室内无线空间的链路预算，是在设计完成后、工程实施前，对于分布系统设计的效果进行验证的重要手段。但是由于无线环境的复杂性、时变性，预算很难精确完成，工程上多利用无线信号传播模型来进行估算，或是利用建立好传播模型的仿真软件进行仿真。

对于特别重要的场景和区域，为了精确地验证设计效果，会在建筑内进行室内分布系统模拟测试。测试时会选择典型楼层，按照设计方案模拟安装信号源和天线，并设定参数，最后利用测试设备对区域的覆盖效果进行测试。

4.2.2　分布系统链路的设计

1. 天线口信号功率要求

天线口信号功率电平要求是指要保证室内信号强度满足业务接入和保持最小覆盖电平要求时天线口的无线信号输出功率值，它可以通过各网络的边缘覆盖电平指标，利用传播模型或模拟测试得到的室内无线空间传播损耗结果进行计算得到。

工程中，利用室内无线空间传播损耗的经验值与各移动网络规定的信号边缘信号电平值，估算出各单制式网络天线口功率（不含天线增益），通常设置在 5~15 dBm。

实际设计时，还要依据信号频段、天线周围环境、覆盖区域大小及隔断情况等灵活调整。

（1）4G 和 5G 所使用的频段在 2 GHz 以上，其绕射、穿透能力都比 2G 所使用的 900 MHz 差，路径损耗更大，因此通常工程中，在相同位置和覆盖范围情况下，4G、5G 的天线口功率要比 2G 大 3~5 dB。

（2）对于一些高档楼盘，天线必须安装在吊顶内，在设计时要根据吊顶材料，对天线口功率预留 2~3 dB 的功率裕量。如果是金属吊顶，天线就应该安装在吊顶外，减少吊顶对信号的屏蔽。

（3）用于电梯覆盖的天线，由于电梯轿厢为金属材质，对信号穿透的衰减较大，因此天线口功率通常设置也较高，一般为 10~15 dBm。

（4）天线输出功率的大小还要结合天线密度进行设置。例如，在隔断较多、房间较小的区域，天线的密度就会比空旷区域密，此时天线功率可能就较低。

2. 分布系统链路设计

分布系统的天线分散在平层各个位置，而信源远端设备通常安装在弱电井内，中间通过馈线、功分器和耦合器等器件完成连接，形成分布系统的链路。分布系统链路连接方式理论上可以有无数种连接方式，但实际设计时，并不能随心所欲地进行连接。

（1）分布系统的链路设计首先应保证各天线口信号功率满足覆盖的要求且相对均匀。

（2）分布系统链路设计时，应尽量使信源发射端到天线输出端之间的信号传播总衰耗较小。减少分布系统中信号传播衰耗的主要方法有以下两种。

① 减少分布系统馈线不必要的绕线、回线布放。

整个分布系统中馈线总长度越长，总的信号传播损耗就越大，相同信源设备所能携带天线的数量就会越少，信源设备的数量增加，设备和馈线成本都会相应增加。因此在分布系统设计中，要合理规划馈线走线路由和器件，尽量减少绕线、回线布放。

② 合理地使用损耗低的馈线。

实际室内分布系统工程从成本和施工可实施性上考虑，馈线大多采用 1/2″馈线。当分布系统中主干上单条馈线长度超过 30 m 时，通常会使用 7/8″馈线来减少线路上的损耗。在主要的支路上，如果单条馈线长度超过 10 m，且敷设路由为直线的也可以采用 7/8″馈线。

（3）分布系统链路设计时还要考虑其他制式的网络能够简单合路。

在多制式网络共用分布系统时，各网络由于所使用的信源设备类型和天线口功率要求不同，导致不同制式网络信源设备所能连接的天线数量各不相同。如图 4-14 所示，GSM 信源设备通常较 3G、4G 信源设备所连接天线数多，而 WLAN 的信源设备则更少，AP 通常仅能连接 4~6 个天线。因而在进行分布系统链路设计时，先建设的网络制式必须兼顾后建设网络的信源设备能够简单合路，避免后建网络合路时对已安装分布系统进行大面积整改，增加工程实施难度和投资浪费。

为了满足各网络简单合路的要求，在分布系统链路设计时通常采用"天线分簇"的方法进行链路设计，而与"天线分簇"形成对比的是"一耦到底"。如图 4-15 所示为"一耦

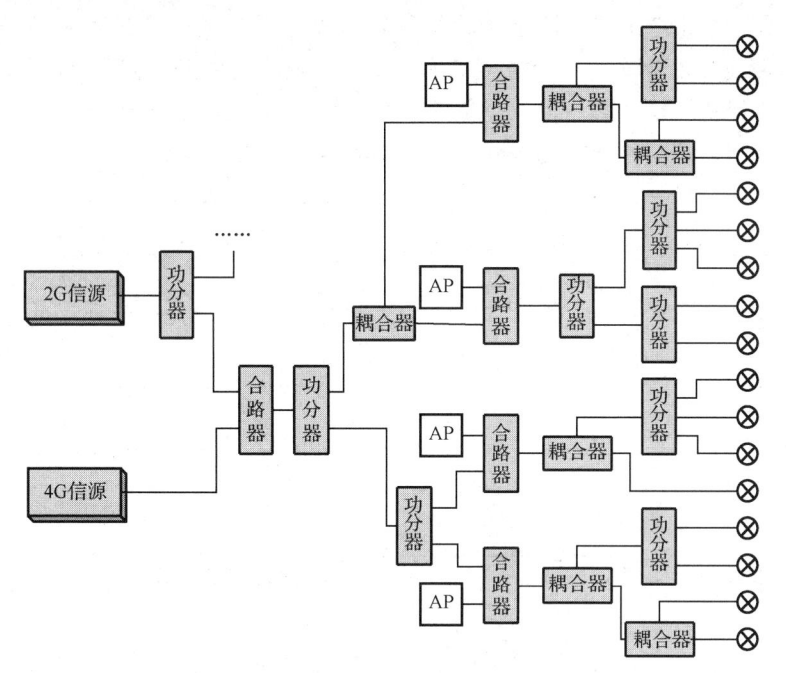

图 4-14 多系统合路拓扑示意

到底"的链路设计方法，其特点为分布系统从信源出来以后，即采用大功率耦合器分配一小部分功率连接单个或少量几个天线，该方法虽然馈线使用相对较少，且能实现各天线口信号功率的均匀分配，但是当其他网络进行合路时，特别是 WLAN 网路合路时，需要对链路进行较大工作量的整改才能合路。

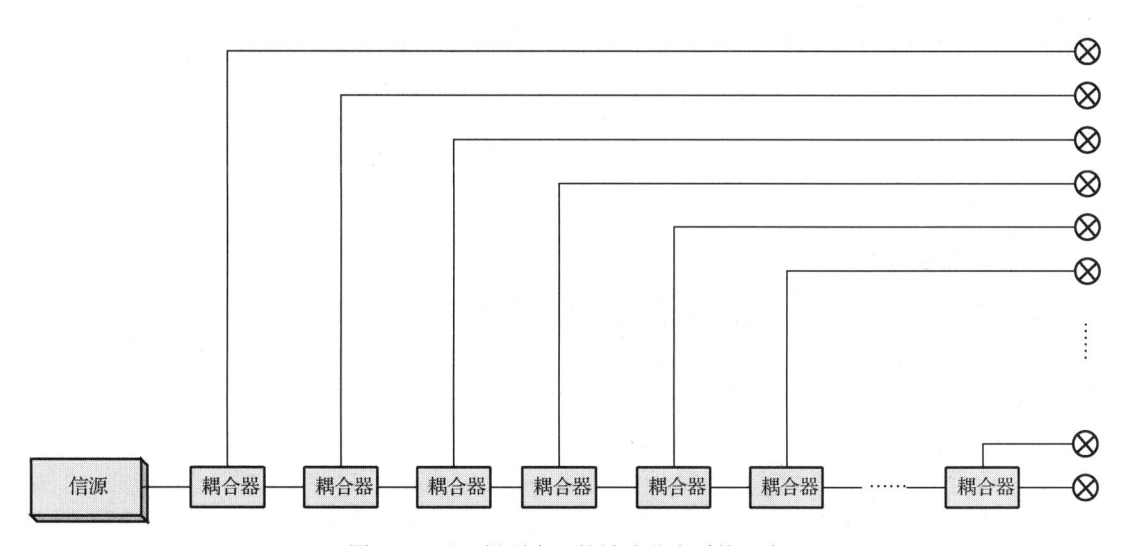

图 4-15 "一耦到底"的链路分布系统示意

"一耦到底"方法因走线路由简单、信号均匀分布容易实现，是许多新设计人员喜欢采用的方式。

室内分布系统设计与实践

"天线分簇"的链路设计方法是指将位置相对靠近或在同一方向上的几个天线放在一起，它们通过馈线和功分器、耦合器连接成一条"支路"，再与其他"支路"进行连接，逐层向上连接形成树状结构，最后形成完整的分布系统链路。如图 4-16 所示，图中使用小功率耦合器或功分器，将信号分配为多路，每一路的多个天线形成一"簇"。

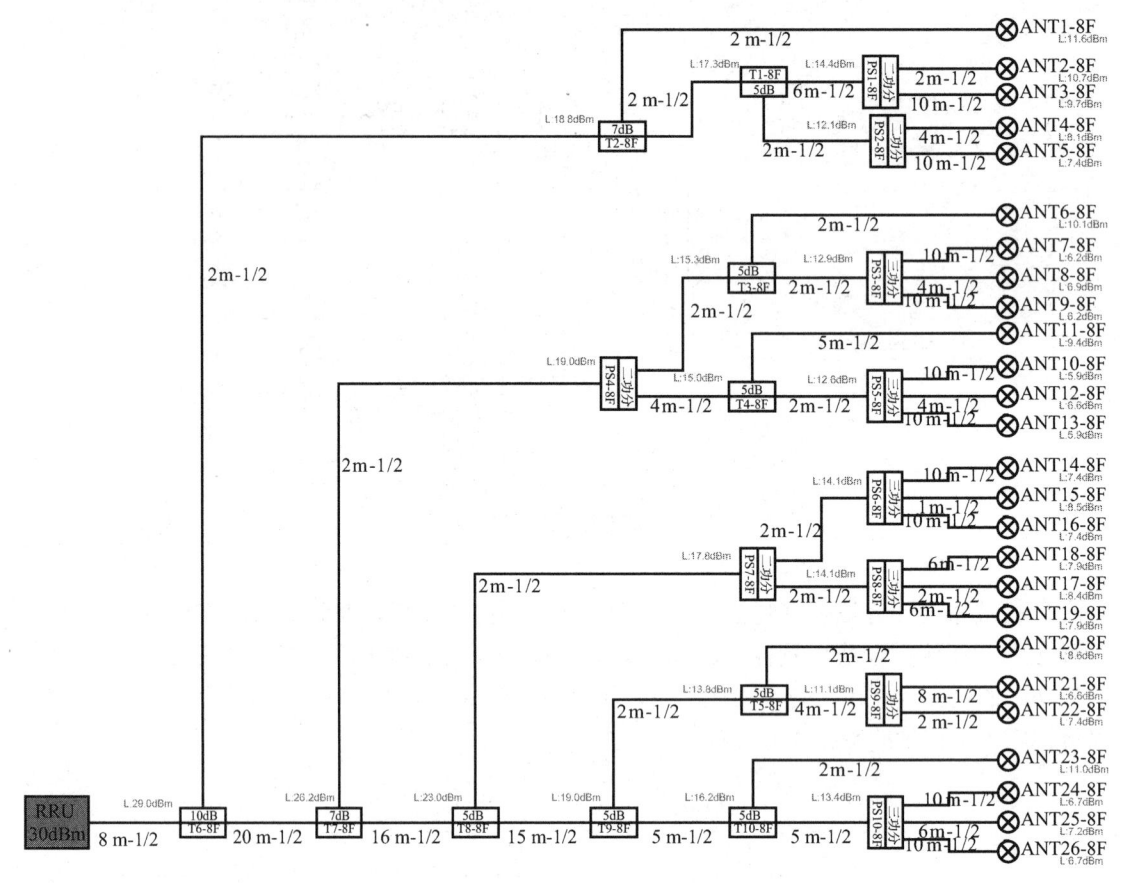

图 4-16 "天线分簇"链路分布系统示意

该方法设计的分布系统馈线总长度会比"一耦到底"方式略大，但是其费用远远少于后期因无法简单合路而整改所产生的费用。

3. 信源数量预估

分布系统链路一般采用"先平层，后主干"的次序进行设计，即先将每层楼的天线采用分簇的方法进行连接，根据楼层面积及设计的天线数量估算出一台信源设备最大可携带的天线数，从而计算出信源设备数量和安装的位置，然后完成信源与每个平层或支路之间的主干路由的设计。

信源最大能携带天线数与信源的输出功率、天线口输出功率、楼层面积及天线分布等都有密切关系，设计时通常根据经验进行预估，也可以通过下述方式进行估算。

在分布系统中的功率消耗可以分为三大部分，第一是信号在馈线和器件中的传输过程中的传播和介质损耗；第二是信源信号分配到多个天线上的分配消耗；第三是信号从天线口辐射到无线空间中的能量转换的消耗，即天线口的输出功率。

依据能量守恒定律可知，信源参考信号的输出功率等于这 3 部分的功率消耗之和，信源的参考信号输出功率 P_i 很容易得到，天线口输出功率 P_o 相对均匀，也可以通过工程经验值获取，如果能够算出信源到每个天线链路的传播和介质损耗 P_b 平均值，就可以得到信号用在分配到多个天线的分配消耗：

$$P_d = P_i - P_o - P_b \tag{4-1}$$

进而可以估算出此信源可以携带的天线数应满足：

$$10 \lg X = P_d \tag{4-2}$$

可得携带天线数：

$$X = 10^{\frac{P_d}{10}} \tag{4-3}$$

信源到每个天线链路的传播和介质损耗平均值 P_b，可以通过信源与位于建筑中部的天线之间的距离进行近似计算。按 90% 的馈线采用 1/2"馈线，10% 的馈线采用 7/8"馈线进行馈线传播损耗的测算，无源器件介质损耗可按每个器件 0.4 dB 进行近似测算。

实例 4-1 某 TD-LTE RRU 参考信道输出功率为 37 dBm，要求天线口信号设计的输出功率（不考虑增益）为 12 dBm，现覆盖的建筑每层楼结构相同，单层楼有 12 个天线，平均每个天线到信源的馈线长度为 80 m，平均每个天线路由经过 5 个器件，试估算平均每条链路的传播和介质损耗是多少，试估算出一台 RRU 可以携带多少个天线。

解 平均每条链路的传播与介质损耗为：

$$P_b = 80 \times 90\% \times \frac{12}{100} + 80 \times 10\% \times \frac{7}{100} + 5 \times 0.4 = 11.2 \text{ dB}$$

设一台 RRU 可携带天线数为 X，则

$$10 \lg X = (37 - 11.2 - 12)$$

可得

$$X = 10^{\frac{(37-11.2-12)}{10}} \approx 24$$

4.2.3 分布系统链路的功率计算

1. 功率计算的流程

平面图中分布系统链路设计是依据工程经验进行的功率分配估算，从而完成了分布系统链路连接，这样的估算是不准确的。因此，在系统图中把平面图中的分布系统链路转换成拓扑图，再进行准确的信号衰减链路预算，验证天线口功率，如图 4-16 所示。

链路预算后，天线口功率若没有全部满足设计要求，则要对系统图和平面图中的器件或路由进行修正，直到天线输出功率全部满足要求。

（1）若天线口功率普遍偏高，则可调整增加单位信源所连接的分布系统，或者使用衰减器对主干信号进行衰减，以达到匹配。

（2）若天线口功率普遍偏低，则需要减少信源连接的分布系统数量，需要对主干所连接分支进行重新规划。

（3）若出现天线口功率不均匀，即一些偏高、一些偏低的情况，则需要对分布系统支路的器件进行调整，以达到不同天线口功率的相对均衡。

2. 室内分布系统设计软件的使用

分布系统的功率计算算法简单，但重复工作量很大，特别是对于规模较大的站点。在实际工程设计时，会使用专门的室内分布系统设计软件，可以大大提高设计效率。

业内使用最为广泛的室内分布系统设计软件有基于 VISIO 的室内分布系统设计软件和基于 CAD 的室内覆盖智能设计软件。

基于 VISIO 的室内分布系统设计软件可以实现自动的分布系统功率计算，节约了设计人员的链路预算设计时间，但是对于特别大型的站点，分布系统链路设计的工作量仍然很大，在拓扑图绘制、元器件编号、馈线长度测算等环节仍需设计人员手动操作，烦琐且容易出错。

基于 CAD 的室内覆盖智能设计软件具备自动配置平面图路由、平面图转系统图、自动功率计算、自动编号等功能，能够大大提高室内分布系统设计效率，其操作流程如下。

1）布置天线

按照现场勘测的情况，根据移动通信的原理和设计人员的经验在建筑平面图上布置好天线，设置天线的预测电平值等。

2）自动配置平面图路由

根据布置好的天线、天线要求的电平和现场情况，配置实际路由，画好馈线后，可以自动打断线并标注线长，并自动插入相关无源器件，而且可以根据实际情况调整器件位置和路由，得到保证天线电平的组合。

3）平面图转换为系统图

按照平面图中分布系统的路由，转换为系统图用于后期功率计算，并对系统图的器件和天线按序列和楼层自动编号。

4）自动计算

选择需要计算的网段自动计算功率，修改某个器件后可以即时修正计算。计算电平完成后，可对器件进行自动编号并将编号和电平值自动对应到平面图中。

5）把系统图的结果导入平面图

根据设计出来的系统图，把相关的最后结果输出到平面图，包括编号、多种网络的天线电平等。

6）楼层复制

如果多个楼层的结构与标准层设计结构是一致的，可以由批量复制标准层生成多个与标准层中各器件相对应的系统图，复制时系统会自动处理器件编号。

7）出图排版与材料统计

设计完成后需要进行出图排版及材料统计，使用图纸切割功能把大张的设计图切割为几份小的设计图，切割的图用副连接点联系起来。当切割出来的图比图框略大时使用图纸压缩功能，系统通过修改器件间的距离的方法压缩图样，从而保证器件的比例不变。

4.2.4 室内信号的传播模型

分布系统的链路预算可以通过数学计算较准确地算出,而室内无线空间的链路预算由于无线环境的复杂性,只能通过建立无线传播模型来估算。

无线传播模型,用于描述无线电波电平随地点不同的变化规律,其核心思想是通过算法模拟出电磁波的传播过程,计算出传播过程中的损耗值,从而对传播区域内的无线电波场强进行预测分析。

无线电波在室内的传播特性复杂多变,因此在对室内无线传播模型进行研究之前,有必要先对室内覆盖无线环境的典型特点进行分析。

首先,建筑物内部结构复杂,通常有大量的墙体、门窗隔断,因此无线信号在室内进行传播时,穿透损耗较大。而不同的建筑物,其内部建筑结构、室内布置与尺寸、隔断的材质等都各不相同,造成的损耗有较大差异,即使在同一建筑内的不同楼层和位置,也有差异。

第二,建筑物内部空间相对较小,墙体、门窗、地板、柱体等建筑结构,以及人在室内的移动,都会引起无线电波的反射、绕射和散射,会有较复杂的多径现象。

第三,不同楼层无线信号特点各不一样。城市中高密度的建筑物增大了对无线电信号的屏蔽衰减和干扰,叠加建筑的墙体造成的信号衰减,使室外信号很难穿透进入低楼层和建筑物较封闭的内部区域,主要呈现出弱覆盖或无覆盖的特点;在建筑中高楼层,室外宏基站的信号杂乱,可能同时接收到多个室外宏基站小区的信号且强度都较弱,导致用户手机在小区间切换频繁,即乒乓效应,从而出现通话质量差、频繁切换、呼叫失败、数据速率慢等现象,导致通话质量严重下降。

建筑物低层、高层信号的特点如图 4-17 所示。

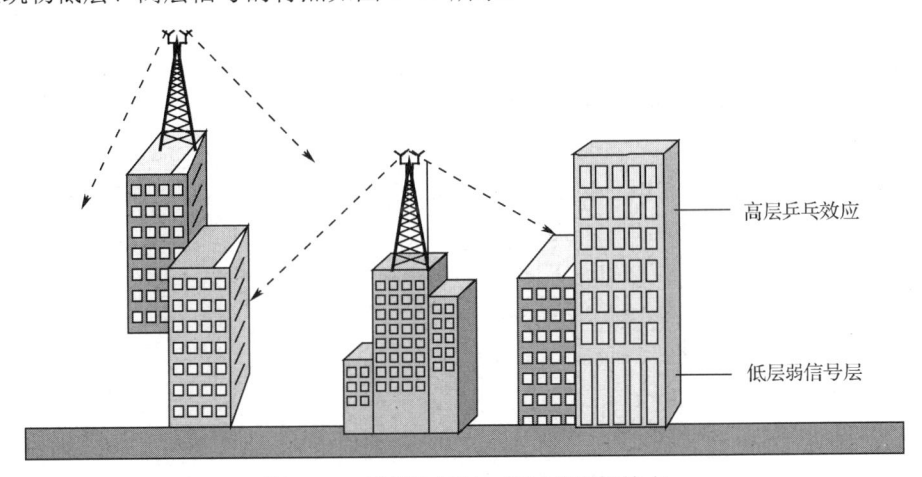

图 4-17 建筑物低层、高层信号的特点

为了方便对传播区域内无线电波场强分布情况进行预测,人们针对不同的室内场景并结合大量的理论分析和测试数据,总结出了一系列室内无线传播模型。室内无线传播模型相对于室外无线传播模型来说,种类相对较少,目前主要使用的室内传播模型有 Keenan-Motley 模型、ITU-R P.1238 模型、衰减因子模型等。Keenan-Motley 模型使用较多,它又是

以自由空间传播模型为理论基础的,以下对它们进行简要介绍。

1. 自由空间传播模型

自由空间是指一种充满均匀且各方向同性理想介质的无限大空间,是一种理想环境。电磁波在自由空间传播时,没有反射、绕射等现象,也没有介质损耗,只有以球面的形式向四周扩散引起的损耗,因此损耗与距离和接收面积有关。以一个理想无线电波点源为例,假设其发射功率为 P_t,距离点源 d m 处的单位面积功率:

$$P_d = \frac{P_t}{4\pi d^2} \tag{4-4}$$

接收天线的面积 S 与无线电波的波长 λ 有直接关系,为

$$S = \frac{\lambda^2}{4\pi} \tag{4-5}$$

不考虑天线增益,接收端接收的功率为

$$P_r = P_d \times S = P_t \times \left(\frac{\lambda}{4\pi d}\right)^2 = P_t \times \left(\frac{c}{4\pi f d}\right)^2 \tag{4-6}$$

则可得自由空间路径损耗:

$$L = 10\lg\left(\frac{P_t}{P_r}\right) = 20\lg\left(\frac{4\pi f d}{c}\right) \tag{4-7}$$

整理可得

$$L = 32 + 20\lg f + 20\lg d \tag{4-8}$$

式中,L 为自由空间路径损耗,单位为 dB;f 为无线电波的频率,单位为 MHz;d 为接收天线距离无线电波发射源的距离,单位为 km,当 d 的单位为 m 时,上述公式变换成:

$$L = 20\lg f + 20\lg d - 28 \tag{4-9}$$

实例 4-2 试计算当无线电波频率为 900 MHz、1 800 MHz 时,距离发射源 1 m、10 m、100 m 自由空间的自由空间损耗各为多少。

解:

(1)f=900 MHz 时,$L = 20\lg d + 20\lg 900 - 28 = 31 + 20\lg d$。

当 d=1 m 时,$L = 31 + 20\lg 1 = 31$ dB。

当 d=10 m 时,$L = 31 + 20\lg 10 = 51$ dB。

当 d=100 m 时,$L = 31 + 20\lg 100 = 71$ dB。

(2)f=1 800 MHz 时,$L = 20\lg d + 20\lg 1 800 - 28 = 37 + 20\lg d$。

当 d=1 m 时,$L = 37 + 20\lg 1 = 37$ dB。

当 d=10 m 时,$L = 37 + 20\lg 10 = 57$ dB。

当 d=100 m 时,$L = 37 + 20\lg 100 = 77$ dB。

从实例 4-2 可以看出,自由空间的传播损耗只与传播距离 d 和工作频率 f 有关,当距离 d 或频率 f 增加 1 倍时,损耗 L 增加 6 dB。

自由空间传播损耗模型主要用于视距传输的场景,因其他室内传播模型中往往包括自由空间传播损耗,所以自由空间传播损耗模型是研究其他传播模型的基础。

2. Keenan-Motley 室内传播模型

Keenan-Motley 是一种室内无线环境比较常用的传播模型，它是在自由空间传播模型的基础上增加了室内墙体和地板造成的穿透损耗，公式如下：

$$L = 20\lg f + 20\lg d - 28 + P \times W \quad (4\text{-}10)$$

式中，P 为墙壁穿透损耗，单位为 dB；W 为墙壁数目。

Keenan-Motley 考虑了室内墙壁的穿透损耗，但是只是简单地把所有墙壁取相同的穿透损耗，这是不准确的，于是对其进行了修正，考虑不同类型墙体和楼层间的穿透损耗，并加上阴影衰落余量，修正后的公式如下：

$$L = 20\lg f + 20\lg d - 28 + \sum_{i=1}^{i}(m_i \times W_i) + \sum_{j=1}^{j}(n_j \times F_j) + \sigma \quad (4\text{-}11)$$

式中，m_i 为第 i 类墙的数量；W_i 为第 i 类墙的穿透损耗；n_j 为第 j 类地板的数量；F_j 为第 j 类地板的穿透损耗；σ 表示阴影衰落余量。

不同材质的墙体或地板对信号的衰减程度不相同，同一材质不同厚度的墙体或地板对信号的衰减也不相同。室内分布系统设计时常用室内隔断穿透损耗参考值，如表 4-5 所示。

表 4-5 常用室内隔断穿透损耗参考值（单位：dB）

材 料 类 型	900 MHz	1800～2100 MHz
普通砖混隔墙	5～8	10～15
混凝土承重墙体	15～20	20～30
金属墙体	25～30	30～35
木门	3～8	6～15
玻璃	0～3	3～5
混凝土楼板	22～25	25～30
金属天花板、电梯箱体轿顶	22～30	30～35

为了使传播模型更接近于真实环境，通常要利用实测数据对传播模型进行校正，这样就需要消耗更大的工作量，其算法参数更多，算法也往往更复杂，而如果模型过于简单，测算精度又难以满足实际工程需要，工程应用中一般在计算精度和计算效率上进行平衡。

4.2.5 室内分布系统模拟测试

1. 模拟测试的概念

由于室内建筑装修的格局、材料、风格的多样化，造成无法形成统一的覆盖模型，就算是经过大量的测试推出的覆盖模型，其参数也是变化的，因此依靠无线传播模型估算和仿真的结果仍不够准确。对于一些重要站点，可能只有一次入场施工的机会，因此要确保室内分布系统建设完成后，就能够达到良好的覆盖效果。

室内分布系统模拟测试是指在设计方案完成以后与施工之前，按照设计的天线点位与天线口输出电平，实地模拟安装天线并辐射信号，再利用测试设备对覆盖区域进行无线信

号测试的过程。模拟测试是在拟覆盖建筑内实地进行的测试,可以精确地测量出室内覆盖时室内无线空间部分的损耗,进而检验按设计方案施工后网络覆盖的效果,反馈指导设计。

模拟测试需要的设备包括信号发生器、天线、天线支架和测试设备等,详细要求如表4-6所示。

表4-6 模拟测试设备清单

设备名称	要 求
信号发生器	能模拟出测试网络频段的参考信号,输出为5～15 dBm可调
天线	室内全向吸顶天线、室内壁挂天线、室外板状天线等
天线支架	室内、室外天线支架固定座
馈线	连接信号发生器和天线
电源	插线板、AC-DC变压器
测试设备	测试手机或计算机
室内分布系统设计平面图	纸质、电子

模拟测试时的具体步骤如图4-18所示,首先按照设计方案模拟安装设计天线,然后将信号发生器与天线连接,将信号发生器设置到所测试网络制式的频段并调整输出功率,使天线口功率与设计方案一致,最后利用测试终端锁定频点进行测试。

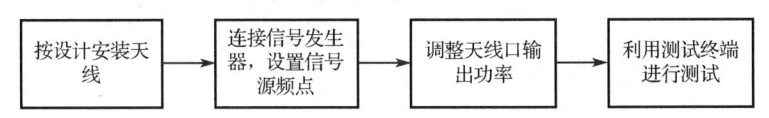

按设计安装天线 → 连接信号发生器,设置信号源频点 → 调整天线口输出功率 → 利用测试终端进行测试

图4-18 室内分布系统模拟测试的步骤

实际测试时,将模拟信号发生器和天线直接相接,天线用支架架起,高度和室内、外分布系统安装的天线高度相当,在覆盖区域内的典型位置点测量功率并记录结果,如图4-19所示。

2. 模拟测试的要求

模拟测试实际是在扫频测试的基础上,对拟建设室内分布系统的覆盖效果进行分析,进而指导方案设计,主要有以下要求。

(1) 模拟测试天线位置同设计天线位置必须一致,测试天线类型同设计天线类型也必须一致。

(2) 模拟信号源天线须用天线支架固定,高于人头顶,放置高度基本与设计位置高度一致。要求设计天线必须外露安装,如果是内置天花板安装需做天花板内模拟测试。

图4-19 室内分布系统模拟测试连接图

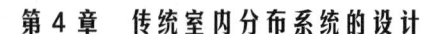

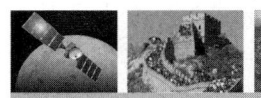

（3）利用接收设备进行信号强度测试时，接收天线性能必须同手机天线性能类似。

（4）覆盖区域内，各楼层结构和材料完全一样可选一层进行测试，完全相同的两栋建筑可只选一栋测试；若各个楼层结构不一样，则都需要进行模拟测试。

（5）模测测试点必须能表示出设计目的及要求，设计中天线覆盖区域内的边角、拐角区域、楼梯过道、两天线交叉区域必须要有模拟测试点。模拟测试点不能低于 4 个点。模拟测试图上非覆盖区域如设备房、电房等无人区须详细表明。

（6）对空旷区域，可以 15～20 m 为覆盖半径进行边缘场强模拟测试。

（7）非空旷区，基本以 10～15 m 为覆盖半径。在天线 10～15 m 边缘处测试接收场强，要求接收场强值大于设计边缘场强。当覆盖区域内因装修材料或墙体太厚造成对电磁信号衰减过大时，可适当缩小测试半径。

（8）特殊情况需要进行穿透测试。如不允许在电梯内安装覆盖天线需要做电梯穿透覆盖；不在楼梯内安装覆盖天线需要进行楼梯间穿透测试等。

室内分布系统模拟测试天线及测试点位布置如图 4-20 所示。

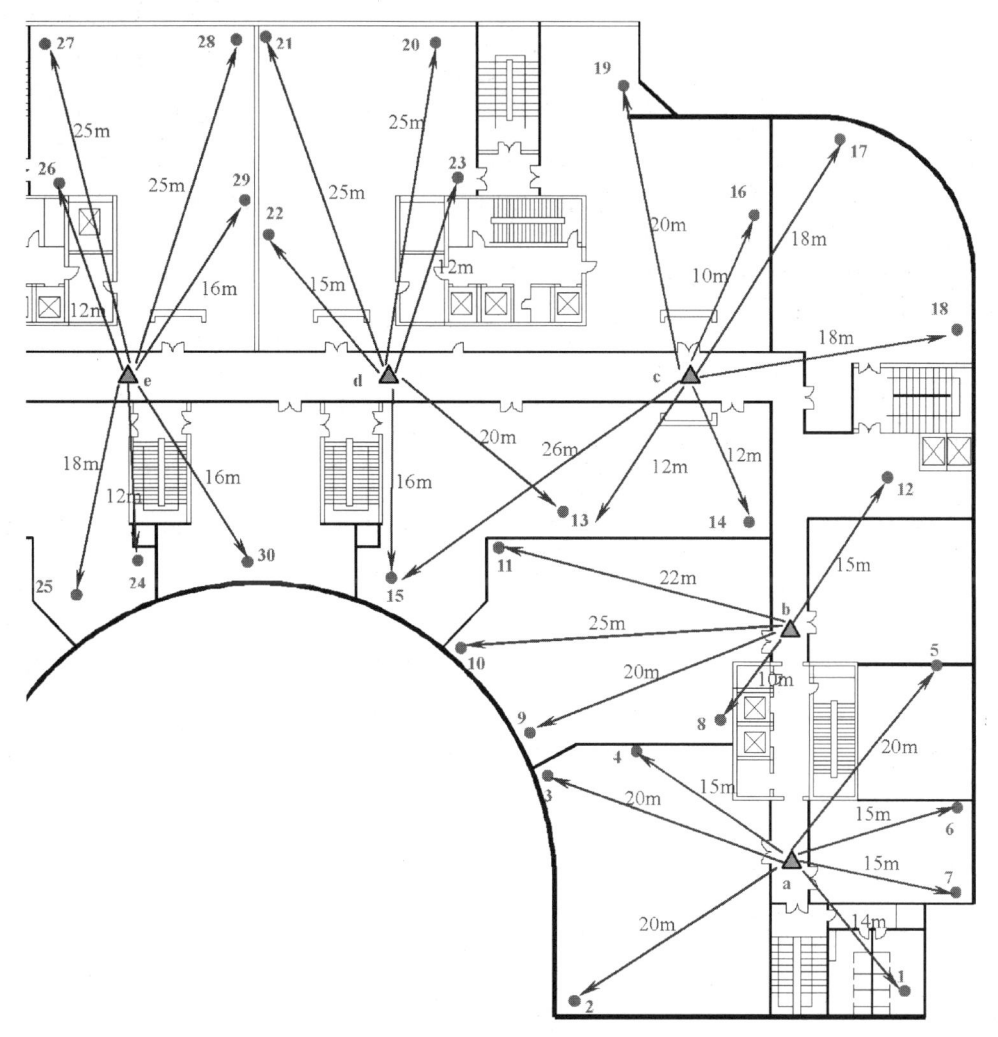

图 4-20 室内分布系统模拟测试天线及测试点位布置

测试完成后要对测试的结果进行记录与分析，如表 4-7 所示。模拟测试的结果如果出现弱覆盖，则可以通过修改天线位置或天线口功率等方法来调整设计方案。

表 4-7 模拟测试记录分析

模拟发射点	模拟测试点	模拟输出功率（dBm）	实测功率（dBm）	设计输出功率（dBm）	预计信号强度（dBm）
a	a-1	10	-92	9.8	-92.2
	a-2		-80		-80.2
	a-3		-78		-78.2
	a-4		-78		-78.2
	a-5		-95		-95.2
	a-6		-82		-82.2
	a-7		-77		-77.2
b	b-8	10	-88	10.2	-87.8
	b-9		-78		-77.8
	b-10		-77		-76.8
	b-11		-81		-80.8
	b-12		-90		-89.8

4.3 容量估算与小区划分

4.3.1 容量估算

在移动通信中，信息都是以一定频率的无线电波作为载体进行通信的，频率资源的使用量便成为移动通信网络的容量单位，称为载频。室内分布系统容量估算是指在一定的话务模型基础上，结合用户数预估，按照一定的算法计算出忙时所需信道资源数，最后求出需要配置多少载频才能满足该分布系统的业务量需求，如图 4-21 所示。

1. 用户数预估

移动网络在 24 h 内的业务量是不均匀的，忙时是指一个移动网络中的业务量在 24 h 中最高的 1 h，基站配置通常是要满足网络忙时业务需求。

用户数是指在覆盖区域内运营商的忙时手机用户数，可以通过对覆盖区域的忙时总人数和该地区运营商的用户占比估算出。

$$用户数 = 总人数 \times 手机使用率 \times 市场占有率 \quad (4-12)$$

2. 话务模型

话务模型是将业务特征和移动用户的行为特征采用数学方式进行描述，其目的是统计并预测业务量的现状和发展，进而进行容量相关的规划。话务模型的主要内容包括移动网络能够提供的业务类型、各业务的用户特性、各业务的资源占用情况或吞吐量，以及期望的业务质量等。话务模型受各地的社会、经济环境、主力用户群的组成情况等因素影响较

大，且将随着用户的增长不断发生变化。

可以利用现网移动网络的数据进行统计建立话务模型，再对未来业务发展进行预测，如表 4-8 所示为某城市 GSM 网络语音通话的话务模型。

图 4-21　室内分布系统容量估算流程

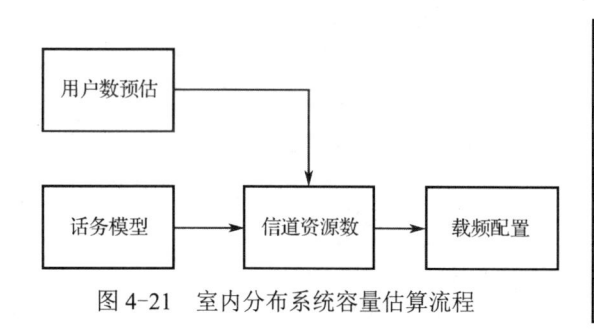

表 4-8　某城市 GSM 网络语音通话的话务模型

项　目	城市 1	城市 2
每用户忙时话务量（Erl）	0.018	0.015
平均呼叫占用时长（s）	48	40
移动用户主叫（s）	39	33
移动用户被叫（s）	57	47
忙时移动用户每户呼叫次数	1.35	1.35
呼叫接通率	80%	80%

话务量是指在一特定时间内呼叫次数与每次呼叫平均占用时间的乘积，其计算公式如下：

$$A = \lambda S \tag{4-13}$$

式中，λ 表示呼叫次数，单位为次/h；S 为每次呼叫平均时间，单位为小时/次；话务量 A 是一个无量纲的量，专门命名它的单位为"爱尔兰"（Erl）。

忙时话务量是指一天中最忙的 1 h 的话务量，每个用户在 24 h 内的话务量分布是不均匀的，网络设计应按最忙时的话务量来进行计算。每用户忙时话务量是一个统计平均值，它与忙时集中度有关。忙时集中度是指最忙的 1 h 内的话务量与全天话务量之比，用 K 表示，一般 K 为 7%～15%。

假设每一个用户每天平均呼叫次数为 C，每次呼叫平均占用信道时间为 T，忙时集中度为 K，则每个用户忙时话务量为

$$A_a = \frac{CTK}{3600} \tag{4-14}$$

在移动通信中，话务量可分为流入话务量 A 和完成话务量 A_0。流入话务量 A 取决于单位时间内发生的平均呼叫次数与每次呼叫平均占用时间，而移动网络无法保证每个用户的所有呼叫都能成功，必然有少量的呼叫会失败，即发生"呼损"，因此在系统的流入话务量中，完成接续的那部分话务量称作完成话务量 A_0。衡量呼叫失败概率的指标称作"呼损率"或"阻塞率"，指损失话务量与流入话务量之比，用符号 B 表示，它的计算公式如下：

$$B = \frac{A - A_0}{A} = 1 - \frac{A_0}{A} \tag{4-15}$$

呼损率越小，成功呼叫的概率就越大。呼损率也是影响移动网络容量配置的因素之一，通常移动网络语音业务的呼损率按 2%设计。

在 2G 和 3G 时代，语音业务是通过电路交换实现的，属于 CS 域（电路交换域）业务；手机上网等数据业务都是通过分组交换实现的，属于 PS 域（数据交换域）业务。而 4G 时代，LTE 网络取消了 CS 域，只有 PS 域，原来的 CS 业务，如语音通话，是通过 PS 域的 IP 承载来实现的。

CS 域业务与 PS 域业务及不同类型的 PS 域业务，它们对资源的占有特性、业务量、占

用资源及 QoS（Quality of Service，服务质量）要求均不同，在容量计算时，它们的话务模型描述是不一样的，此时话务模型较为复杂，是多种业务的分别描述，如表 4-9、表 4-10 所示是室内环境下的单用户话务模型。

表 4-9　某室内环境 CS 业务单用户话务模型

CS 业务	用户渗透率	单用户忙时话务量（Erl）
AMR12.2K	100%	0.02
CS64K	50%	0.001

表 4-10　某室内环境 PS 业务单用户话务模型

PS 业务	用户渗透率	单用户忙时吞吐量（KB）	
		上行（UL）	下行（DL）
PS64K	100%	130	540
PS128K	50%	70	270

PS 业务给出的是以 KB 为单位的忙时话务量，为了便于使用爱尔兰法，通常要将 PS 业务单位从 KB 转换成 Erl，转换方法如式（4-16）所示，其中激活因子常取 0.3。PS 域的上下行吞吐量不一致，下行的吞吐量更大，因此计算时以下行吞吐量为基准，同时考虑用户渗透率可得下行单用户平均话务量，如表 4-11 所示。

$$忙时话务量（Erl）=\frac{PS域忙时吞吐量（KB）}{业务速率\times3600\times激活因子} \quad (4-16)$$

表 4-11　某室内环境下行单用户平均话务量

业务类型	单用户平均忙时话务量（Erl）
AMR12.2K	0.02
CS64K	0.0005
PS64K	0.0078
PS128K	0.000 98

3. 话音业务信道估算

在 2G 时代初期，移动用户使用移动网络主要的目的是进行语音通话，业务类型单一，在进行信道资源估算时，可以利用爱尔兰公式进行计算。

爱尔兰公式描述了呼损率 B、话务量 A 及信道数 n 之间的关系，其数学公式较复杂，工程中利用爱尔兰 B 表进行查询。爱尔兰 B 表的基本思想来源于排队论，应用于不支持排队的系统，即呼损系统。如表 4-12 所示为爱尔兰 B 表的一部分，在已知呼损率 B、话务量 A 及信道数 n 3 项中的两项时，即可计算出另一项值，通过查询爱尔兰 B 表进行测算。

信道分为业务信道和控制信道两大类，爱尔兰公式中所描述的信道数是指业务信道。每个小区的控制信道配置数量根据不同的要求有不同的设置，业务信道等于每个小区总信道数减去控制信道数。

表 4-12 爱尔兰 B 表

信道数	呼损率					信道数	呼损率				
	1%	2%	3%	5%	10%		1%	2%	3%	5%	10%
1	0.01	0.02	0.03	0.05	0.11	37	26.4	28.3	29.6	31.6	35.6
2	0.15	0.22	0.28	0.38	0.60	38	27.3	29.2	30.5	32.6	36.6
3	0.46	0.60	0.72	0.90	1.27	39	28.1	30.1	31.5	33.6	37.7
4	0.87	1.09	1.26	1.52	2.05	40	29	31.0	32.4	34.6	38.8
5	1.36	1.66	1.88	2.22	2.88	41	29.9	31.9	33.4	35.6	39.9
6	1.91	2.28	2.54	2.96	3.76	42	30.8	32.8	34.3	36.6	40.9
7	2.5	2.94	3.25	3.74	4.67	43	31.7	33.8	35.3	37.6	42
8	3.13	3.63	3.99	4.54	5.6	44	32.5	34.7	36.2	38.6	43.1
9	3.78	4.34	4.75	5.37	6.55	45	33.4	35.6	37.2	39.6	44.2
10	4.46	5.08	5.53	6.22	7.51	46	34.3	36.5	38.1	40.5	45.2
11	5.16	5.84	6.33	7.08	8.49	47	35.2	37.5	39.1	41.5	46.3
12	5.88	6.61	7.14	7.95	9.47	48	36.1	38.4	40	42.5	47.4
13	6.61	7.40	7.97	8.83	10.5	49	37	39.3	41	43.5	48.5
14	7.35	8.20	8.8	9.73	11.5	50	37.9	40.3	41.9	44.5	49.6
15	8.11	9.01	9.65	10.6	12.5	51	38.8	41.2	42.9	45.5	50.6
16	8.88	9.83	10.5	11.5	13.5	52	39.7	42.1	43.9	46.5	51.7
17	9.65	10.7	11.4	12.5	14.5	53	40.6	43.1	44.8	47.5	52.8
18	10.4	11.5	12.2	13.4	15.5	54	41.5	44.0	45.8	48.5	53.9
19	11.2	12.3	13.1	14.3	16.6	55	42.4	44.9	46.7	49.5	55
20	12	13.2	14	15.2	17.6	56	43.3	45.9	47.7	50.5	56.1
21	12.8	14.0	14.9	16.2	18.7	57	44.2	46.8	48.7	51.5	57.1
22	13.7	14.9	15.8	17.1	19.7	58	45.1	47.8	49.6	52.6	58.2
23	14.5	15.8	16.7	18.1	20.7	59	46	48.7	50.6	53.6	59.3
24	15.3	16.6	17.6	19	21.8	60	46.9	49.6	51.6	54.6	60.4
25	16.1	17.5	18.5	20	22.8	61	47.9	50.6	52.5	55.6	61.5
26	17	18.4	19.4	20.9	23.9	62	48.8	51.5	53.5	56.6	62.6
27	17.8	19.3	20.3	21.9	24.9	63	49.7	52.5	54.5	57.6	63.7
28	18.6	20.2	21.2	22.9	26	64	50.6	53.4	55.4	58.6	64.8
29	19.5	21.0	22.1	23.8	27.1	65	51.5	54.4	56.4	59.6	65.8
30	20.3	21.9	23.1	24.8	28.1	66	52.4	55.3	57.4	60.6	66.9
31	21.2	22.8	24	25.8	29.2	67	53.4	56.3	58.4	61.6	68
32	22	23.7	24.9	26.7	30.2	68	54.3	57.2	59.3	62.6	69.1
33	22.9	24.6	25.8	27.7	31.3	69	55.2	58.2	60.3	63.7	70.2
34	23.8	25.5	26.8	28.7	32.4	70	56.1	59.1	61.3	64.7	71.3
35	24.6	26.4	27.7	29.7	33.4	71	57	60.1	62.3	65.7	72.4
36	25.5	27.3	28.6	30.7	34.5	72	58	61.0	63.2	66.7	73.5

实例 4-3 某 GSM 室内分布系统覆盖区域内忙时手机用户数为 2000 人，该运营商在本地区市场占有率为 60%，每用户平均忙时话务量为 0.02 Erl，呼损率要求为 2%，试估算该室内分布系统应配置多少个业务信道；若设定每 2 个载频配 1 个控制信道，应配置多少个载频（注：每个载频有 8 个信道）？

解 （1）该区域忙时用户数：

$$用户数 = 2000 \times 60\% = 1200$$

（2）该区域忙时总话务量：

$$A = 1200 \times 0.02 = 24 \text{ Erl}$$

（3）根据呼损率 2%，查询爱尔兰 B 表，可得该区域需配置业务信道数：

$$n = 33$$

（4）每 2 个载频需配置 1 个控制信道，则含业务信道数为 15 个，可得载频数：

$$载频数 \geq \frac{33}{15} \times 2 = 4.4$$

向上取整，可得该室内分布系统应配置 5 个载频。

4. 混合业务信道估算

随着移动网络的发展，移动用户在使用网络时，不再仅仅使用语音通话业务，还会大量使用数据下载等其他业务。不同业务占用的资源数量不同，使用的时间也不同，对应的话务模型也更复杂，因此容量规划较为复杂，对小区容量的估算不能简单沿用纯语音网络中对小区容量的估算方法，需要使用专门的算法。

多业务下话务模型的分析方法有等效爱尔兰法、后爱尔兰法、坎贝尔法、随机背包算法等。

1）等效爱尔兰法

等效爱尔兰法的基本原理是将一种业务等效成另一种业务，并计算等效后业务的总话务量（Erl），然后通过查询爱尔兰 B 表得出满足此话务量所需的信道数。

由于各种业务占用的资源单位个数是不一样的，在使用等效爱尔兰法计算出信道数后，应换算为基本的信道资源数。如表 4-13 所示为某无线制式各业务使用资源单位的情况。

假设某移动网络提供业务 A 和业务 B 两种业务，其中业务 A 每个连接占用 1 个信道资源，该网络在忙时有 6 Erl 的业务 A；业务 B 每个连接占用 3 个信道资源，在忙时有 3 Erl 的业务 B。

表 4-13 某无线制式各种业务使用资源单位的情况

业务类型	占用资源
AMR12.2K	2
CS64K	8
PS64K	8
PS128K	16

（1）根据两种业务占用信道资源的比例，可以将 1 Erl 业务 B 等效为 3 Erl 业务 A，则该网络忙时的总业务量为

$$6 + 3 \times 3 = 15 \text{ Erl}（业务 A）$$

查询爱尔兰 B 表，可知在 2% 的阻塞率下，共需要 23 个信道资源。

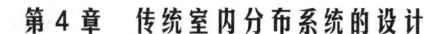

（2）根据两种业务占用信道资源的比例，也可以将 3 Erl 业务 A 等效为 1 Erl 业务 B，则该网络忙时的总业务量为

$$\frac{6}{3}+3=5\ \text{Erl（业务B）}$$

查询爱尔兰 B 表，可知在 2%的阻塞率下，共需要 10 个业务 B 信道，相当于 $10\times 3=30$ 个信道资源。

可以看出，等效爱尔兰法的计算结果与计算采用的等效方式有关，按照低速业务等效，计算出的结果偏小（23 个信道）；按照高速业务等效，计算出的结果偏大（30 个信道），如图 4-22 所示。

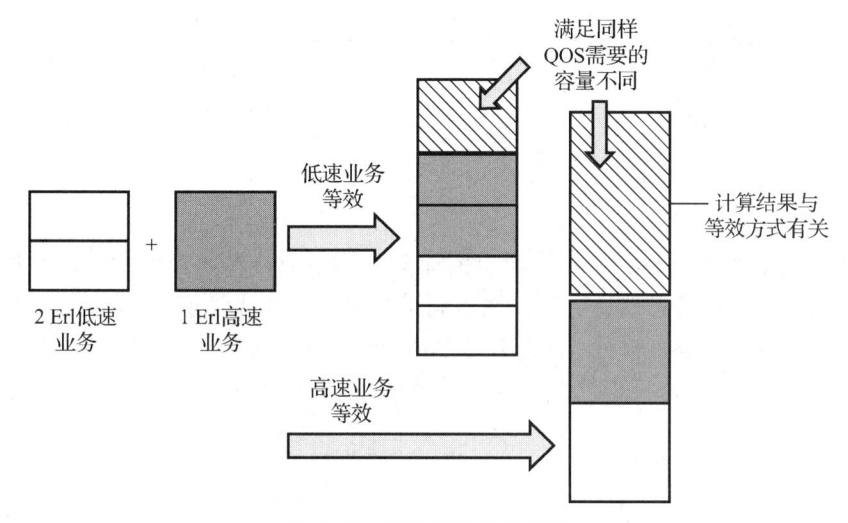

图 4-22 等效爱尔兰法示意

采用等效爱尔兰法计算混合业务时，当等效为不同的业务时，计算结果所需的信道资源数存在差异。

2）后爱尔兰法

后爱尔兰法的基本原理是先分别计算出每种业务满足容量所需的信道数，再将信道进行等效相加，得出满足混合业务容量所需的信道数。

假设某移动网络提供业务 A 和业务 B 两种业务，其中业务 A 每个连接占用 1 个信道资源，该网络在忙时有 6 Erl 的业务 A；业务 B 每个连接占用 3 个信道资源，在忙时有 3 Erl 的业务 B。

业务 A 每个连接占用 1 个信道资源，有 6 Erl 的业务 A，查询爱尔兰 B 表，可知在 2% 的阻塞率下，需要 12 个信道资源。

业务 B 每个连接占用 3 个信道资源，有 3 Erl 的业务 B，查询爱尔兰 B 表，可知在 2% 的阻塞率下，需要 8 个业务 B 信道，相当于 $8\times 3=24$ 个信道资源。

两种业务共需要 $12+24=36$ 个信道资源。

后爱尔兰法的计算结果在考虑阻塞率时，把各业务分开计算，实际上过高地估计了需要的资源。其原因是基站信道资源实际是在业务之间共享的，但后爱尔兰法人为地割离了业务使用的信道资源，其实是降低了基站信道资源的利用率，如图 4-23 所示。

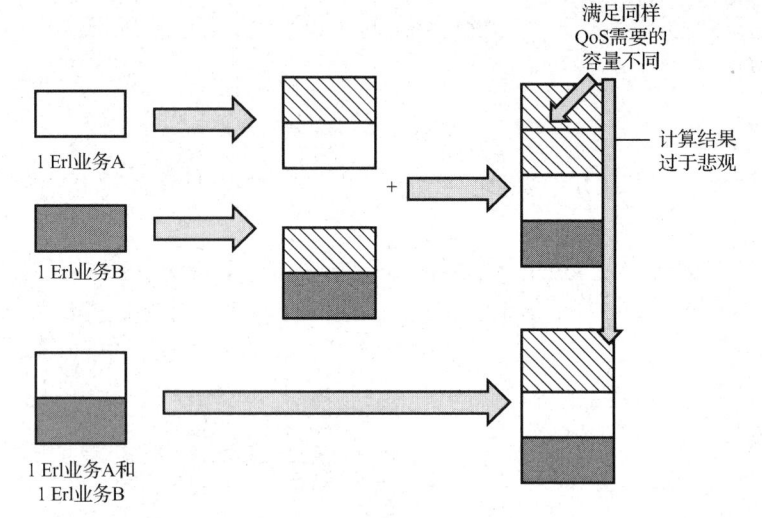

图 4-23 后爱尔兰法示意

3）坎贝尔法

坎贝尔法的基本原理是综合考虑所有的业务并构造成一个等效的业务，并据此来计算系统可以提供该等效业务总的话务量，然后利用爱尔兰公式或爱尔兰 B 表来算出混合业务需要的信道数。如图 4-24 所示，在综合考虑所有的业务基础上，构建了一个等效业务，也称为"虚拟业务"，计算系统提供该业务的信道数和总的等效业务话务量，然后得到混合业务的容量估算。

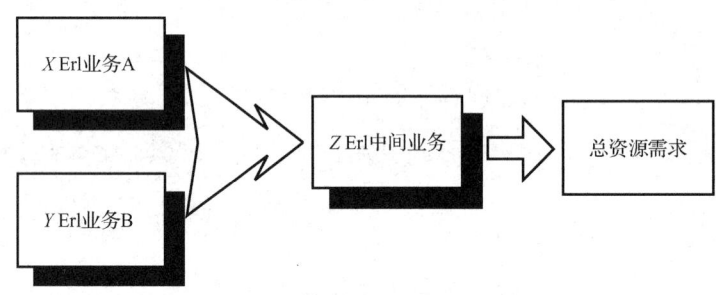

图 4-24 坎贝尔法示意

坎贝尔法中等效的业务被定义为坎贝尔信道，一个坎贝尔信道可以同时为混合业务提供服务，也就是说特定组合的混合业务被看成一个统一业务，该业务可被一个坎贝尔信道所服务。

坎贝尔信道公式如下：

$$c = \frac{v}{\alpha} = \frac{\sum_i \text{Erl}_i a_i^2}{\sum_i \text{Erl}_i a_i} \quad (4\text{-}17)$$

式中，c 是坎贝尔信道；v 是混合业务方差；α 是混合业务加权平均值；a_i 是业务 i 的等效强度，反映业务对资源的占用情况。

虚拟业务的业务量为混合业务加权均值除以坎贝尔信道：

$$\text{OfferedTraffic} = \frac{\alpha}{c} \quad (4\text{-}18)$$

满足虚拟业务量所需的信道数为:

$$\text{Capacity} = \frac{C_i - a_i}{c} \tag{4-19}$$

式中,C_i 是业务 i 需要的实际信道数。

假设某移动网络提供业务 A 和业务 B 两种业务,其中业务 A 每个连接占用 2 个信道资源,该网络在忙时有 12 Erl 的业务 A;业务 B 每个连接占用 8 个信道资源,在忙时有 6 Erl 的业务 B。

则系统均值:

$$\alpha = \sum \text{Erl}_i \times a_i = 12 \times 2 + 6 \times 8 = 72$$

系统方差:

$$v = \sum \text{Erl}_i \times a_i^2 = 12 \times 2^2 + 6 \times 8^2 = 432$$

可以得到坎贝尔信道:

$$c = \frac{v}{\alpha} = \frac{432}{72} = 6$$

等效虚拟业务的业务量:

$$\text{OfferedTraffic} = \frac{\alpha}{c} = \frac{72}{6} = 12$$

通过查询爱尔兰 B 表,可知在 2%的阻塞率下,需要 19 个坎贝尔信道。

则以业务 A 衡量,所需容量为:

$$C_A = 6 \times 19 + 2 = 116$$

以业务 B 衡量,所需容量为:

$$C_B = 6 \times 19 + 8 = 122$$

也就是说两种业务共需要 116~122 个信道资源。坎贝尔法是利用概率统计的方法,找到各种业务比较折中的信道资源占用情况,在工程应用中较为广泛。

4)随机背包算法

随机背包算法是一种能分析不同业务在不同 QoS 要求下的传输容量的估算方法,其主要思想是根据不同业务的话务量大小规律,随机地产生话务,每次产生的话务系统按照最优原则占用一定的资源,通过多次计算,求出总的信道资源需求。

随机背包算法计算量大,必须计算机仿真实现。

4.3.2 小区的划分与配置

1. 小区的概念

小区是一个逻辑上的区域概念,在区域内的用户共用相同的载频资源,一个小区可以配置一个或多个载频,并且有独立的信道配置和参数配置。室内分布系统可能有一个小区,也可能有多个小区。室内分布系统需要划分多个小区有两种原因,第一是业务量过大,第二是覆盖区域过大。

人流量非常大的室内场所,对移动通信业务量的需求也非常大,所要配置的载频数量超过单个小区所能配置载频的上限时,则需要配置多个小区。单个小区所能配置载频的最

大数量取决于不同制式网络的频率资源数量及周边小区频率使用情况，还取决于信源设备所支持的最大载频配置数量。

话务量不大但覆盖区域非常大的场景，因单个 RRU 的输出功率有限，覆盖区域也有限，需要使用较大数量的 RRU 才能够完全覆盖。而组成同一个小区的 RRU 数量有限制，因此若覆盖使用的 RRU 数量超出了单个小区 RRU 数量的限制时，就必须设置为多个小区。

现阶段，不同网络和不同厂家的分布式基站在 BBU 最大连接 RRU 数量、RRU 最大联级数量、不同 RRU 组成一个小区的能力上等都有差异，这要求设计之前必须对所采用的设备厂家及连接性能有充分的掌握。

主流厂家生产的技术成熟度较高的分布式基站，在一个 BBU 连接多个 RRU 进行小区划分时可以非常灵活，如图 4-25 所示。小区划分时，可以一个 RRU 组成一个小区，也可以多个 RRU 组成一个小区，组成一个小区的多个 RRU 可以是级联的，也可以是分散的。但多个 BBU 不能设置为一个小区，一个单通道 RRU 也不能配置为多个小区。

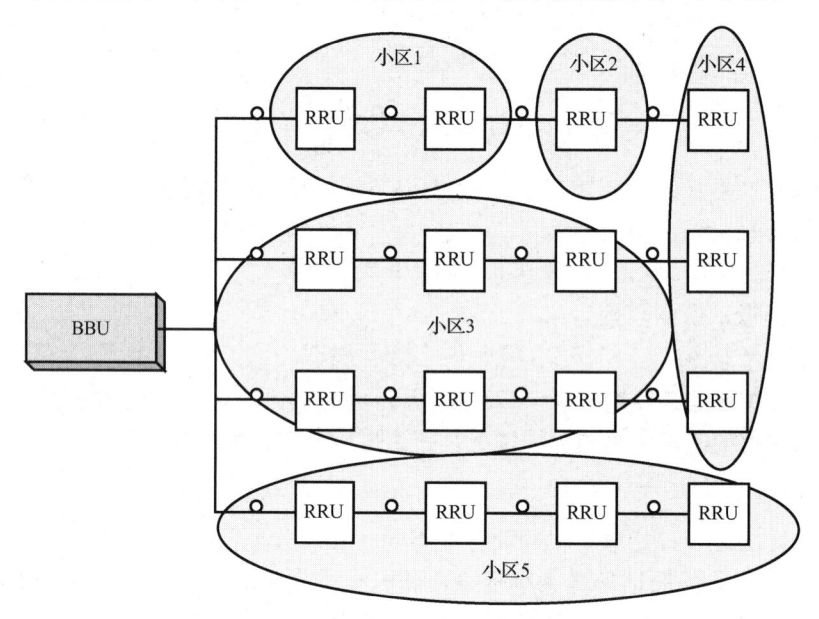

图 4-25　多 RRU 划分小区示意

2．小区配置的表示

在设计时通过对覆盖区域的容量估算来确定需要多少个小区，每个小区配置多少个载频。

（1）当一个室内分布系统只配置一个小区时，假设容量估算出要配置的载频数是 3，则用"O3"来表示。

（2）当一个室内分布系统只有一台 BBU 时，假设经过容量估算后需要配置为 4 个小区，每个小区配置载频数分别是 2、3、2、1，则用"S2/3/2/1"来表示。

（3）当一个室内分布系统有多台 BBU 时，则每台 BBU 分别进行容量估算表示，不同 BBU 之间用"+"表示。例如，"S2/2+S2/1+O2"表示 3 台 BBU，分别配置 2 个、2 个和 1

个小区。

载频配置中的"O"和"S"都是来自宏基站，O 表示全向站，引申到室内分布系统中表示只有一个小区；S 表示定向站，引申到室内分布系统中表示多个小区。

3. 小区合并与分裂

在实际网络中，把多个覆盖面积较小的小区合并为一个大的小区的过程称为小区合并。相反，将一个覆盖面积大的小区分裂为很多更小的覆盖区域的过程称为小区分裂。

小区合并的优点是增加了小区覆盖范围，减少了小区的切换；缺点是单个小区总的载频配置数有限。一般在容量需求较低，主要解决覆盖问题的线性场景中使用。例如，地铁、铁路隧道覆盖时，由于终端移动速度较快，使用小区合并，可以减少切换次数，降低掉话率。

小区分裂是室内分布系统在运行过程中较为常见的一种增加系统容量的手段。分布系统投入使用后，由于覆盖区域内用户数增加，或是用户平均业务量增加，导致小区的覆盖区域总业务量增加到容量极限，即小区无法再通过增加载频数来增加容量，此时就必须将原小区分裂为多个小区。小区分裂根据实际组网的不同，工程实施难度也不同，如图 4-26 所示。

(a)

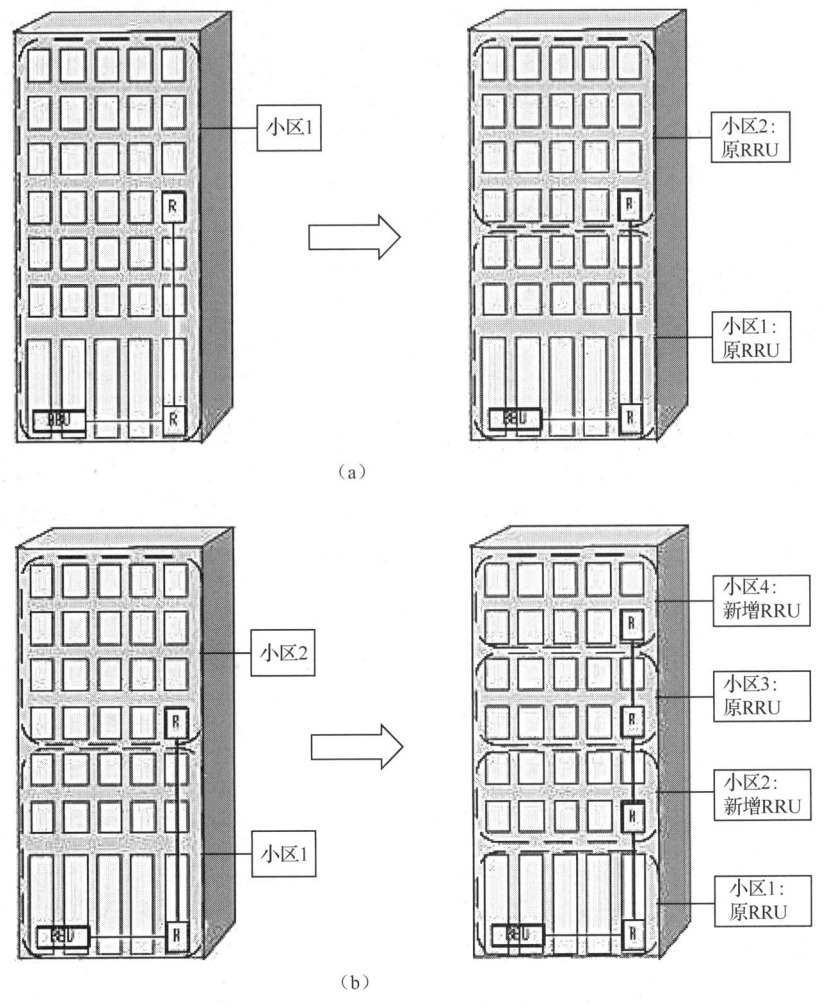

(b)

图 4-26 小区分裂示意

（1）当一个小区包含多个 RRU 的覆盖区域时，小区分裂只需要减少小区所辖 RRU 数即可将一个小区分为多个小区，此时小区分裂只需在后台对 RRU 进行设置即可。

（2）当一个小区业务量特别高，小区只包含一个 RRU 的覆盖区域，由于单通道 RRU 不可配置为多个小区，此时再进行小区分裂时，必须增加 RRU，且要对原有分布系统进行整改，将原 RRU 覆盖区域分为两部分，分别连接两个 RRU，并将两个 RRU 各设置为一个小区。此时小区分裂的实施难度就较高，需要对原分布系统进行整改。显然，当分布系统路由采用"分簇设计"时，整改的工程量相对较小。

由于小区分裂时，可能要对原分布系统进行整改，工程量和实施难度较高，因此在对业务量非常大的场景进行小区划分时，对于小区所辖 RRU 数量、小区的载频配置及单个 RRU 所辖覆盖区域等因素都要充分考虑。单小区配置载频时不要达到或接近极限，要为后期扩容留有余量，对于业务量特别大的区域，还要控制单个 RRU 所覆盖的区域，尽量使分布系统后期扩容可以通过简单地增加载频来实现，减少小区分裂的概率，如果必须进行小区分裂，则尽量减少对现有分布系统进行整改的可能。

4. 小区配置的设计

小区配置的设计通常在系统图设计中完成，如图 4-27 所示，配置设计包含分布式基站的组网拓扑、各 RRU 的安装位置及覆盖区域，各小区所辖 RRU 及载频配置。

光纤直放站不增加系统容量，因此不存在载频配置和划分小区的问题，通常一个光纤直放站近端耦合一个小区的信号进行中继，因此这个近端机下面所有远端机的覆盖范围都属于该小区，而该小区载频和参数配置均在被耦合信号的基站上进行配置。

4.3.3 小区的切换设计

当用户从一个小区移动到另一个小区时，为了保持移动用户通信信号的不中断，通信需要进行信道切换，这个过程称为小区切换。

小区的划分增加了系统容量，但是也增加了小区间的切换，小区间切换成功率是移动通信网络中非常重要的考核指标，它直接影响用户的通话体验和网络质量。小区切换是一个复杂的过程，在后台要进行相应的参数配置，在相邻小区间则要设置一定的重叠覆盖区，提供足够的时间和空间来完成切换，从而不中断用户的业务使用。

1. 邻区规划

当用户在不同小区间移动，涉及小区间的配合问题，需要进行邻区规划。在邻区规划时，邻区的关系设置有两种。

（1）双向邻区，指相邻小区之间可以互相切换，在大多数小区之间邻区规划时一般是设置该种方式。

（2）单向邻区，指相邻小区之间只能向单方向切换，这种邻区关系一般用在比较特殊的场景。

室内分布系统中主要有两种邻区关系：一种是室内分布小区和室外宏基站小区的邻区，简称室内外邻区；另一种是室内分布系统内部小区之间的邻区，简称室内邻区。

室内外邻区配置一般有以下几种情况。

（1）楼宇出入口、地下停车场出入口：一般规划室内外小区为双向邻区。

第 4 章 传统室内分布系统的设计

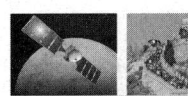

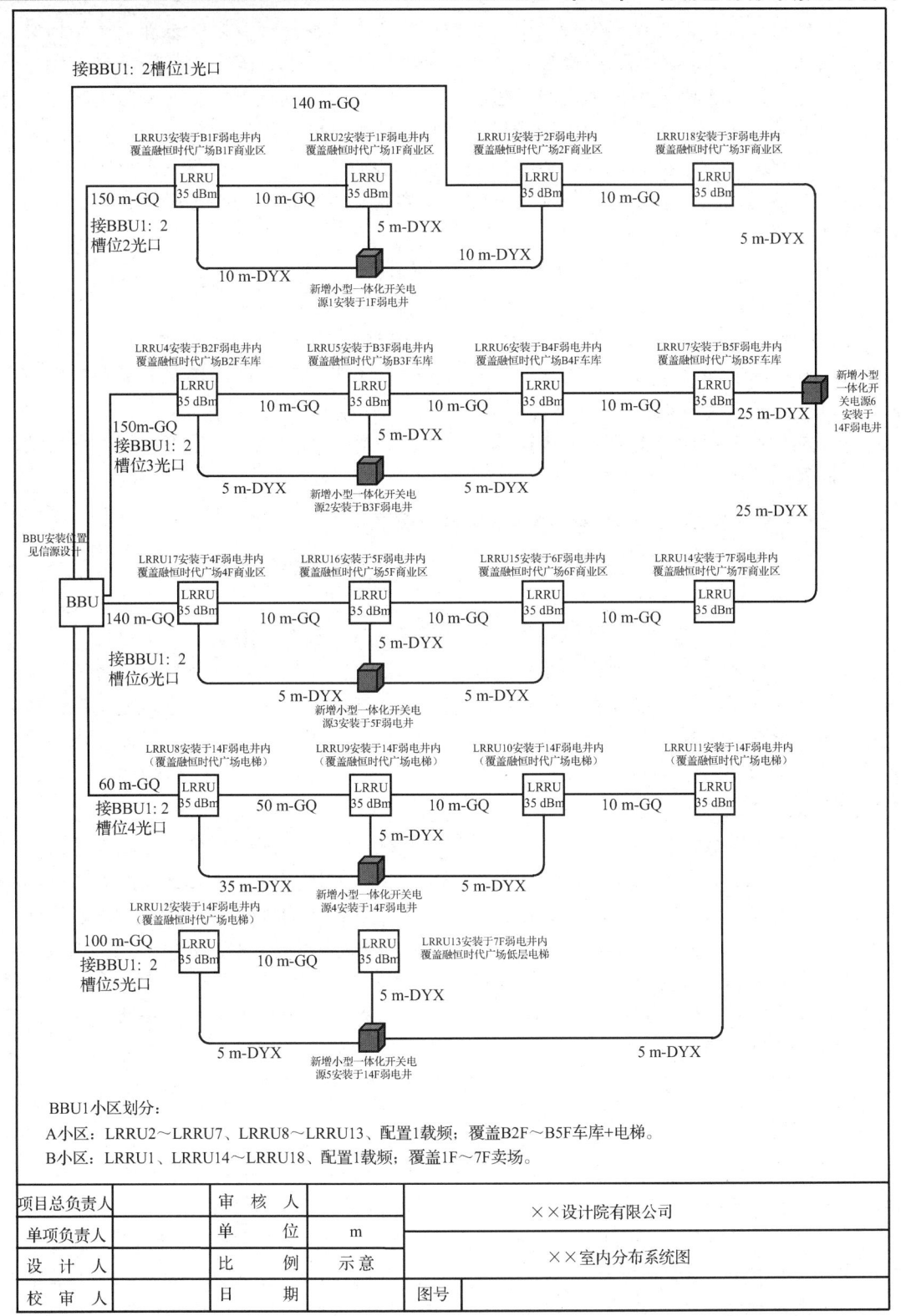

```
接BBU1: 2槽位1光口
                    140 m-GQ
LRRU3安装于B1F弱电井内  LRRU2安装于1F弱电井内   LRRU1安装于2F弱电井内   LRRU18安装于3F弱电井内
覆盖融恒时代广场B1F商业区 覆盖融恒时代广场1F商业区  覆盖融恒时代广场2F商业区  覆盖融恒时代广场3F商业区
         [LRRU    10 m-GQ  [LRRU          [LRRU    10 m-GQ  [LRRU
150 m-GQ  35 dBm]           35 dBm]        35 dBm]           35 dBm]
接BBU1: 2                         5 m-DYX                              5 m-DYX
槽位2光口                10 m-DYX          10 m-DYX
                              新增小型一体化开关电
                              源1安装于1F弱电井

LRRU4安装于B2F弱电井内  LRRU5安装于B3F弱电井内  LRRU6安装于B4F弱电井内  LRRU7安装于B5F弱电井内
覆盖融恒时代广场B2F车库  覆盖融恒时代广场B3F车库  覆盖融恒时代广场B4F车库  覆盖融恒时代广场B5F车库
                                                                          新增小型
         [LRRU           [LRRU          [LRRU           [LRRU              一体化开
         35 dBm] 10 m-GQ  35 dBm] 10 m-GQ 35 dBm] 10 m-GQ 35 dBm] 25 m-DYX  关电源6
150m-GQ                                                                    安装于
接BBU1: 2                         5 m-DYX                                   14F弱电井
槽位3光口                 5 m-DYX           5 m-DYX
                              新增小型一体化开关电                          25 m-DYX
                              源2安装于B3F弱电井

BBU安装位置
见信源设计   LRRU17安装于4F弱电井内  LRRU16安装于5F弱电井内  LRRU15安装于6F弱电井内  LRRU14安装于7F弱电井内
            覆盖融恒时代广场4F商业区  覆盖融恒时代广场5F商业区  覆盖融恒时代广场6F商业区  覆盖融恒时代广场7F商业区
[BBU]
         [LRRU           [LRRU          [LRRU           [LRRU
140 m-GQ 35 dBm] 10 m-GQ  35 dBm] 10 m-GQ 35 dBm] 10 m-GQ 35 dBm]
接BBU1: 2                         5 m-DYX
槽位6光口                 5 m-DYX           5 m-DYX
                              新增小型一体化开关电
                              源3安装于5F弱电井

         LRRU8安装于14F弱电井内  LRRU9安装于14F弱电井内  LRRU10安装于14F弱电井内  LRRU11安装于14F弱电井内
         (覆盖融恒时代广场电梯)  (覆盖融恒时代广场电梯)  (覆盖融恒时代广场电梯)  (覆盖融恒时代广场电梯)
60 m-GQ   [LRRU           [LRRU          [LRRU           [LRRU
          35 dBm] 50 m-GQ  35 dBm] 10 m-GQ 35 dBm] 10 m-GQ 35 dBm]
接BBU1: 2                         5 m-DYX
槽位4光口                 35 m-DYX          5 m-DYX
                              新增小型一体化开关电
                              源4安装于14F弱电井

         LRRU12安装于14F弱电井内   LRRU13安装于7F弱电井内
         (覆盖融恒时代广场电梯)    覆盖融恒时代广场低层电梯
100 m-GQ  [LRRU          [LRRU
          35 dBm] 10 m-GQ 35 dBm]
接BBU1: 2                         5 m-DYX
槽位5光口
                5 m-DYX        新增小型一体化开关电      5 m-DYX
                               源5安装于14F弱电井
```

BBU1小区划分：
A 小区：LRRU2～LRRU7、LRRU8～LRRU13，配置1载频；覆盖B2F～B5F车库+电梯。
B 小区：LRRU1、LRRU14～LRRU18，配置1载频；覆盖1F～7F卖场。

项目总负责人		审核人			××设计院有限公司
单项负责人		单位	m		
设 计 人		比 例	示意		××室内分布系统图
校 审 人		日 期		图号	

图 4-27 小区配置设计图

147

(2）中高层窗口处：在室内场景中，室内用户优先选择室内小区，室外宏基站信号往往比室内信号小很多，此时的中高层不需要规划邻区关系；但当室外宏基站信号飘到室内高层，在室内形成孤岛，室内用户一旦进入该区域，略有移动就可能出现室内小区和室外小区间的频繁切换，产生乒乓效应造成掉线，解决的办法就是给引起效应的室外小区和室内小区间配置为单向邻区。这样，在室内小区发起的通话，始终保持在室内小区，而在室外小区发起的通话，可以在室外信号较弱时，切换到室内小区，同时还避免了室内高层的乒乓切换问题。

室内小区之间的邻区配置一般有以下几种情况。

（1）室内只有一个小区：此时不需要邻区规划。

（2）楼宇内有多个小区，每个小区有多层：不同楼层的相邻小区要配置邻区关系。

（3）同一楼层有多个小区：对于话务量大的一些大型楼宇，同一楼层需要划分为几个小区，这些小区之间需要规划紧密的邻区关系。

（4）电梯：若电梯内与每层电梯厅为同一小区，可不规划邻区；若不一样，则必须要配置双向邻区关系。

2. 室内分布小区与室外宏基站小区的覆盖切换

室内分布小区与室外宏基站小区的覆盖主要包括大楼出入口的切换、地下停车场进出口的切换、高层窗边的切换。

（1）大楼出入口的切换。建筑物的进出口较多，需要逐个考虑全面。用户进出楼宇的移动速度相对较慢，因此切换带大小不是重点，重点是关注切换带位置，通常将切换带设置在门厅外 5 m 左右的地方，重叠覆盖区域半径为 3～5 m。如图 4-28 所示，通常在 1 楼大厅内安装一副吸顶天线，其覆盖能够到达大门口外 10 m 以内，即满足外泄控制要求，进出大楼用户的切换均在大楼门口外完成，避免因大楼开关门造成的信号迅速减弱，引起切换失败而发生掉话。

（2）地下停车场进出口的切换。由于进出车辆速度较快，因此切换区域设置应更长，切换区域通常设置在进入地下车库的入口处的车道上，为确保有足够的重叠覆盖区域，通常安装一副天线专门对出入口进行覆盖，如图 4-29 所示。如果进出口有较大弯道，定向天线的安装位置一般控制在弯道附近，向外进行覆盖，同时确保能与室内外信号良好衔接。

（3）在高层窗边受到周边室外宏基站信号的影响，会同时存在多个室外信号，覆盖时一般采用定向天线从靠窗位置向建筑内部覆盖，成为覆盖的主导小区，在开站配置时，只允许从室外小区往室内小区切换，不允许室内小区往室外切换。对于无法在窗边及房间内安装天线的场景，则应设置为可相互切换，切换带设置在房间门口处。

3. 室内分布小区之间的切换

若室内分布站存在多个小区，则还存在多个室内分布小区间的切换区域选取与设置问题，基本原则是切换区域数尽量少，切换区域人流量尽量小。

（1）单层面积不大的场景，切换区域通常设置在楼层之间，即同一楼层（不包括电梯）只有一个小区，电梯与低楼层划分在同一个小区，如图 4-30 所示。每栋楼的人流量都是通过大楼底层或车库进入的，因此底楼人流量是建筑内最大的，电梯和低楼层设置为同一个小区，可以减少信号切换。

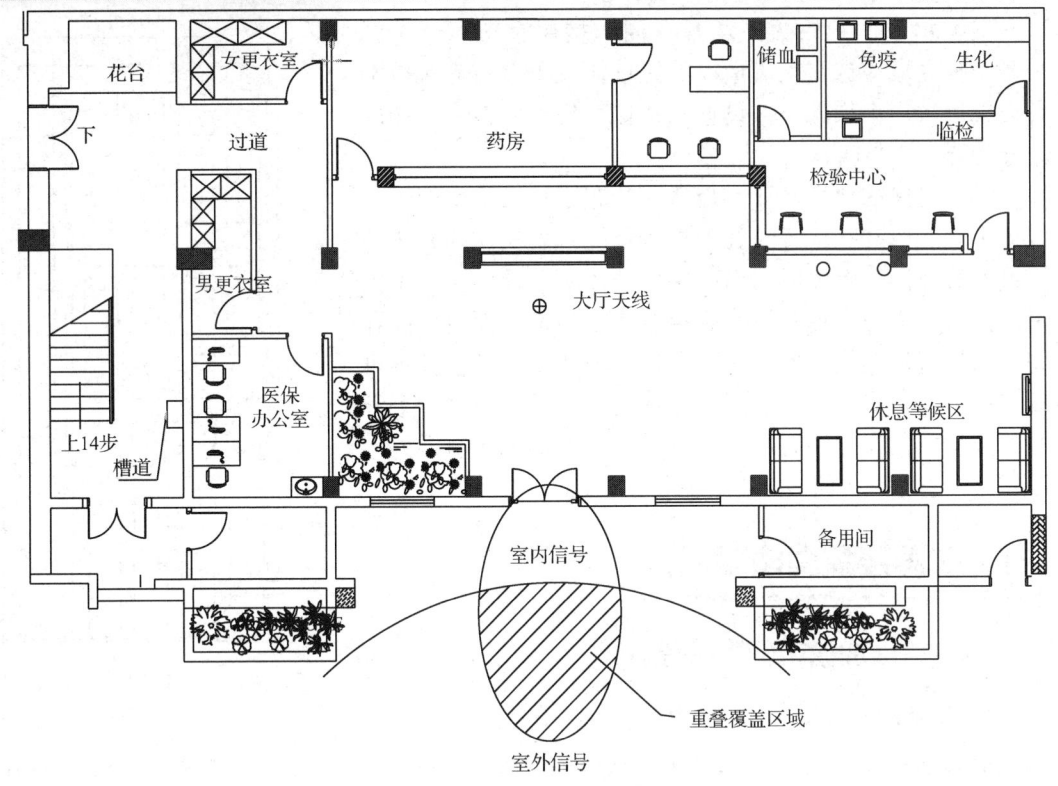

图 4-28 大楼出入口的切换区域设置

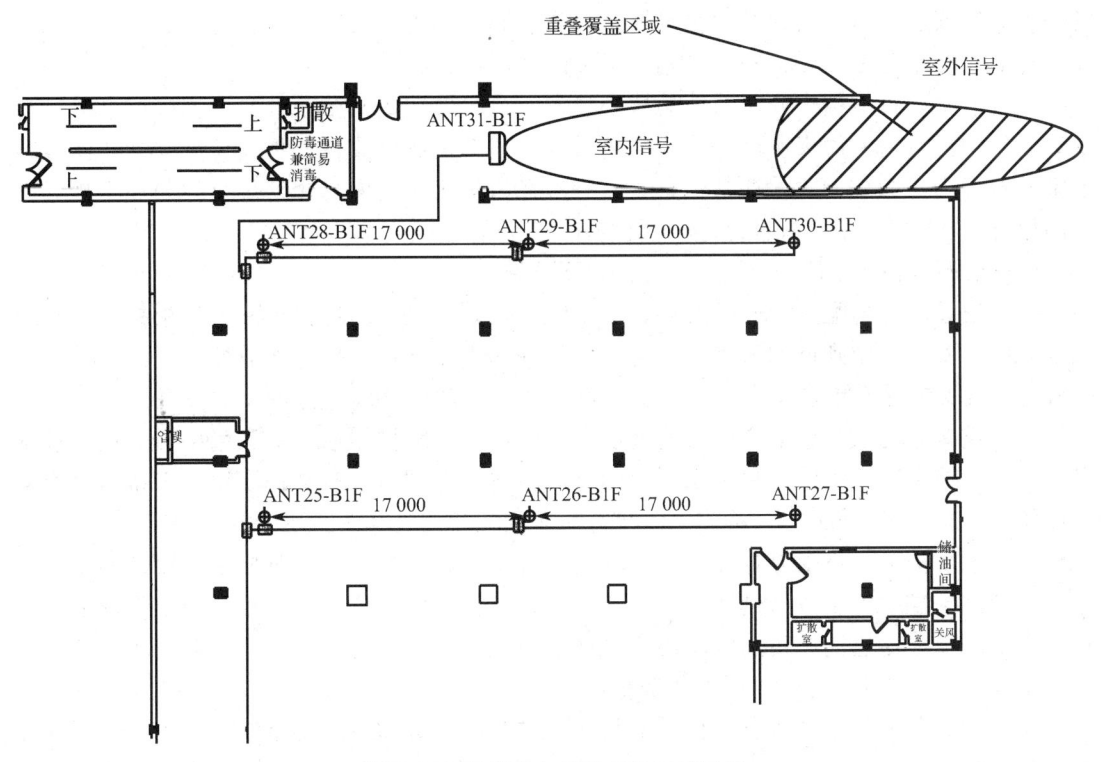

图 4-29 车库出入口的切换区域设置

（2）单层面积较大的场景，同一楼层存在多个小区时，切换区域应选在人流量小的区域，且重叠覆盖区域不宜设置过大，电梯的小区设置则类似，仍然应该与低楼层划分为同一个小区。

（3）电梯的切换设计，是室内分布系统设计中的一个重点。一般电梯在运行过程中尽量不能有切换，因此电梯尽量设置在同一个小区。当电梯与低楼层设计为同一小区时，高楼层进出电梯时不可避免会产生切换，而电梯门开关时间较短，关闭后信号衰减很快，因此将切换区域不可设置在电梯门口。通常的解决方案是在电梯厅放置一个天线，并与电梯设置为同一个小区，整个切换就在电梯外完成，可以避免开关门效应造成的切换失败。

4.4 信源及配套电源设计

4.4.1 信源设备的安装设计

1. 设备的安装要求

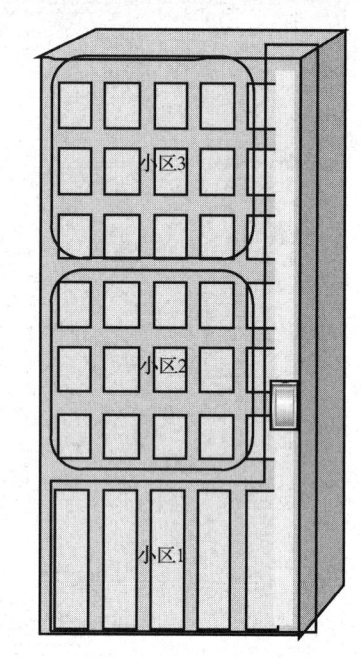

图 4-30 楼层小区设置示意

室内分布系统的远端信源设备大部分安装在建筑物内，通常采用壁挂方式安装在电井、设备间等位置，特殊的时候还可能安装在楼梯间、车库墙上等，设计安装时要满足设备的安装空间、引电、接地及安全等要求，设备布局和走线布置也要符合相关规范，它的安装与配电设计通常在系统图中完成，如图 4-27 所示。

近端信源设备是整个分布系统的核心设备，重要性较高，在条件允许的情况下尽可能安装在标准机房内，如果所覆盖建筑物内没有合适的机房位置，还可以拉远安装在就近的宏基站机房内。如果上述条件都不具备，则应在所覆盖建筑内选择安装空间与环境相对良好的位置进行壁挂安装，保证近端信源设备的运行环境。

所有信源设备在设计安装时，应注意以下要求。

（1）设备选择与配置合理，近期、远期统一规划。设备的选择和配置应根据近期和远期规划统一安排，做到近期、远期结合，以近期为主。设备选择遵循成熟性、经济性、可扩容性，设备配置要能够满足近期要求，同时预留扩容空间满足远期建设的需求。

（2）设备布局应注意整齐性、美观性，便于操作与维护，使机房利用率最大化。设备布置应考虑整个机房的整齐和美观，若为标准机房应考虑留一条维护走道，设备布置应便于操作、维护、施工和扩容，应有利于提高机房面积和公用设备的利用率。

（3）布线规范，路由要合理整齐，减少布线交叉。设备在摆放时要考虑线缆的走向，相互配合，同类型的设备尽量地放在一起。设备布置应使设备之间的布线路由合理整齐，不同类型的线缆，包括馈线、电源线、接地线、光缆，在走线架上分开布置，尽量减少不同类型线缆的交叉和往返，布线距离尽量短。

（4）当信源设备壁挂在建筑物内部其他地方时，还必须注意设备安装位置的安全性，包括壁挂墙体承重能力要好，不能是空心砖；不能挂在经常有人通过的地方；安装要远离

消防喷头等有可能损坏设备的地方。

2. GPS/北斗天线安装

在 CDMA 2000、TD-SCDMA、TD-LTE 和 5G NR 4 个系统的信源近端进行设计时，还要对 GPS/北斗天线的安装进行设计，设计应注意 GPS/北斗天线安装位置和馈线路由的合理性。

（1）GPS/北斗天线安装的位置要求正上方和斜下方无遮挡，且必须安装在避雷针斜下方 45°保护范围内。

（2）GPS/北斗馈线路由要合理，不宜过长，否则会因信号衰减过大导致 GPS/北斗天线无法正常工作。不同厂家关于 GPS/北斗馈线最大长度的限制有所差异，通常设计时控制在 100 m 以内。

（3）如果 BBU 位置到 GPS/北斗安装位置的实际距离超过厂家最大距离限制，需要安装放大器，安装位置选在靠近 GPS/北斗天线端，如图 4-31 所示。

（4）当同一基站内有多台 BBU 时，它们都需要 GPS/北斗天线的同步信息才能正常工作，为了节约设备与材料，可以采用 GPS/北斗分路器安装在近 BBU 端，供多台 BBU 共同连接使用，此时只需要在楼顶安装 1 个 GPS/北斗天线，如图 4-32 所示。

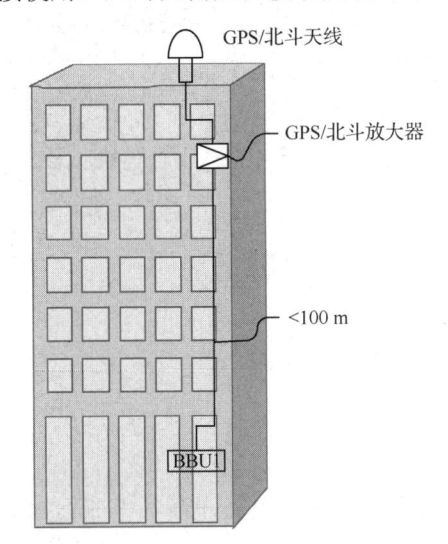

图 4-31 GPS/北斗放大器的安装位置 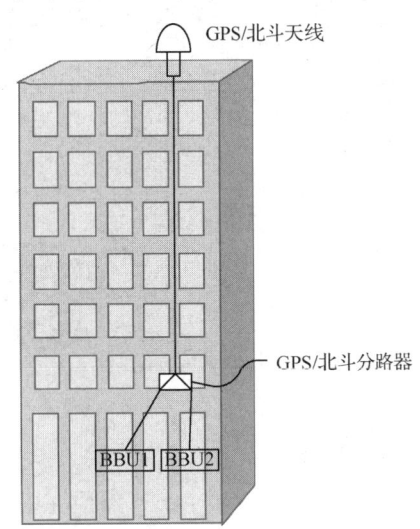　　　图 4-32 GPS/北斗分路器的安装

厂家提供的分路器一般最大支持一分四，当 BBU 数量大于 4 台时，就需要额外安装 GPS/北斗天线来提供同步信号。需要注意的是，分路器会减少 GPS/北斗馈线中的信号功率，使馈线最大设计长度变短，此时还可以将分路器和放大器配合使用。

由于不同设备厂家设备性能存在差异，GPS/北斗天线最大长度限制、分路器最大分路数、放大器最大可放大程度及是否可以级联等都有差异，设计前一定要了解各厂家的设备情况。

4.4.2　市电与交流箱的设计

室内分布系统的信源设备供电的方式有两种，交流直接供电和-48 V 直流供电。在重要

的室内分布系统场景都采用-48 V 直流供电,利用开关电源将交流电转换为直流进行供电,配合蓄电池,可以保证室内分布系统在停电一定时间内仍能正常运行。在次要的室内分布系统场景可以采用交流直接供电,也可以采用-48 V 直流供电,不同省市、不同运营商对室内分布系统信源系统供电的要求有所不同,设计时依据当地运营商的具体指导意见执行,本节重点介绍采用-48 V 直流供电的设计。

-48 V 直流电源系统符合我国的通信电源标准,它通过开关电源将从变压器引入的交流电转换为-48 V 直流电,供给通信设备使用,组网架构如图 4-33 所示。通信基站的电源设计主要包括交流引入部分和直流供电部分的测算,交流引入部分包括了市电引入容量的测算和交流配电箱容量计算,直流供电部分包括了开关电源容量测算、蓄电池容量测算等。

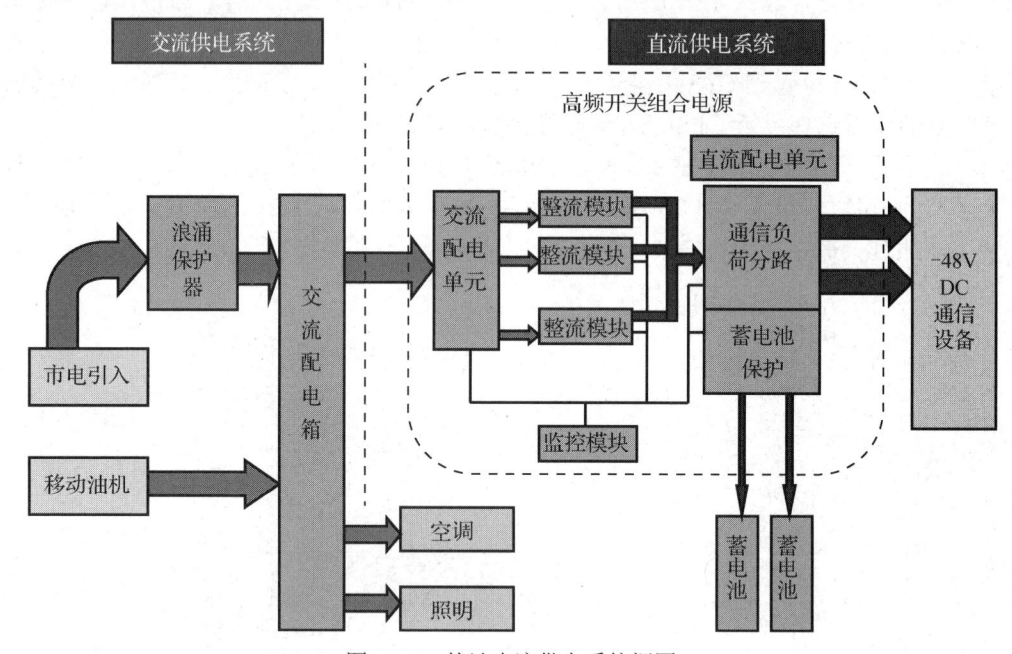

图 4-33 基站直流供电系统框图

1. 市电的类型

市电即我们所说的工频交流电(AC),交流电常用 3 个量来表征:电压、电流、频率。工业用电通常采用三相 380 V,民用交流电通常采用单向 220 V,通信基站一般从变压器引入独立的三相 380 V、50 Hz 的市电作为电源,在条件受限时才考虑引用单相 220 V 的市电作为电源。

依据通信局(站)所在地区的供电条件、线路引入方式及运行状态,将市电供电方式分为 4 类。

1)一类市电供电方式

一类市电供电方式为从两个稳定可靠的独立电源引入两路供电线,两路供电线不应有同时检修停电的供电情况,两路供电方式宜配置备用电源自动投入装置。

一类市电供电方式的不可用度指标:平均月市电故障次数应≤1 次,平均每次故障持续时间≤0.5 h,市电的年不可用度应<6.8×10^{-4}>。

2）二类市电供电方式

二类市电供电方式为满足以下两个条件之一者。

（1）从两个以上独立电源构成的稳定可靠的环形网上引入一路供电线的供电方式。

（2）从一个稳定可靠的电源或从稳定可靠的输出线路上引入一路供电线的供电方式。

二类市电供电方式的不可用度指标：平均月市电故障≤3.5次，平均每次市电故障持续时间应≤6 h，市电的年不可用度应<$3×10^{-2}$。

3）三类市电供电方式

三类市电供电方式为从一个电源引入一路供电线的供电方式。

三类市电供电方式的不可用度指标：平均月市电故障≤4.5次，平均每次市电故障持续时间应≤8 h，市电的年不可用度应<$5×10^{-2}$。

4）四类市电供电方式

四类市电供电方式应符合下列要求条件之一。

（1）由一个电源引入一路供电线，经常昼夜停电，供电无保证，达不到三类市电供电要求，市电的年不可用度>$5×10^{-2}$。

（2）有季节性长时间停电或无市电可用。

2. 市电引入容量设计

市电容量是指引入变压器提供的最大负荷，单位为VA或kVA，设计时需要对新增市电容量进行估算，计算方法如下：

$$市电容量 = \frac{通信设备总功耗 + 蓄电池充电功耗 + 交流用电功耗}{功率因子} \quad (4-20)$$

（1）通信设备包括安装在机房内的所有通信设备，典型的有BTS、BBU、RRU、传输专业的PTN设备。以一个4G基站为例，通信设备总功耗=BBU数量×BBU最大功耗+RRU数量×RRU最大功耗+传输PTN设备数量×传输设备最大功耗。

（2）蓄电池充电用电功耗是指蓄电池充电时的用电负荷，工程中通常采用蓄电池容量与充电系数0.1来计算，具体公式如下：

$$蓄电池充电功耗 = 48\ V蓄电池容量 × 0.1 × 48 \quad (4-21)$$

（3）交流用电功耗包括空调、监控设备及照明的用电功耗，其中监控及照明功耗通常较低，一般按500 W估算，空调用电的功耗如下：

$$空调用电能耗 = 制冷量/能效比 \quad (4-22)$$

式中，制冷量的大小以瓦（W）来表示，它与市场上空调制冷量常用的"P（匹）"的关系如下：

$$制冷量（W）= 制冷量（P）× 2000 × 1.162 \quad (4-23)$$

例如，1匹的空调其制冷量（W）应为

$$1 × 2000 × 1.162 = 2324（W）$$

能效比是指空调制冷运行时实际制冷量与实际输入电功率之比，反映了单位输入功率在空调运行过程中转换成的制冷量。空调能效比越大，在制冷量相等时节省的电能就越多。空调能效等级是表示空调产品能效高低差别的一种分级方法，按照国家标准相关规定，将空调的能效比分为 1~5 共 5 个级别，能效比与能效等级的关系如表 4-14 所示。

（4）功率因子一般用 cosφ 表示，它是指因交流电流、电压相位差造成的有功功率与总功率的比值，也被称为用电效率，其值与电路的负荷性质有关，如白炽灯泡、电阻炉等电阻负荷的功率因数为 1，一般具有电感性负载的电路功率因数都小于 1。工程中叠加用电冗余等因素，常按 0.75 进行估算。

表 4-14　空调能效比与能效等级的关系

能效等级	能耗比
五级	2.6~2.8
四级	2.8~3.0
三级	3.0~3.2
二级	3.2~3.4
一级	3.4 及以上

公式中测算出的市电容量为当期基站用容量需求，在施工进行市电引入时，要考虑负荷的冗余和基站远期规划建设的增加需求，因此引入市电容量会大于测算的当期容量需求。

实例 4-4　某基站机房拟建设 1 套 GSM 设备，设备最大功耗为 2000 W；1 套 TD-LTE 设备，包括 1 台 BBU、3 台 RRU，单台设备功耗分别为 500 W 和 300 W；传输设备 1 套，功耗为 600 W。基站设备采用直流供电，配置有 500 Ah 蓄电池 2 台，另外配有 3P 空调（一级节能）1 台，监控和照明功耗约为 500 W，试求该站需要引入的外市电容量（功率因子按 0.75 计）。

解：

无线信源设备总功耗 = 2000 + 500 + 300 × 3 = 3400（W）。

传输设备总功耗 = 600 W。

蓄电池充电用电功耗 = 2 × 500 × 0.1 × 48 = 4800（W）。

空调用电功耗 = $\dfrac{3 \times 2324}{3.4}$ = 2050（W）。

其他用电功耗 = 500（W）。

市电容量 = $\dfrac{\text{通信设备总功耗} + \text{蓄电池充电功耗} + \text{交流用电功耗}}{\text{功率因子}}$

= $\dfrac{3400 + 600 + 4800 + 2050 + 500}{0.75}$

= 15 133（VA）

= 15.1（kVA）。

3. 交流箱的容量设计

交流箱全称交流配电箱（AC），是交流电电能分配设备，还具备电量统计和浪涌保护的功能。

交流箱将从变压器引入的市电分配给各路交流负载，还可以将 380 V 三相电转换为 220 V 单向电，而当市电中断或交流电压异常时，配电单元能自动断电。交流箱通常由输入单元、分配单元、输出单元、浪涌保护器（防雷器）、监控模块、汇接排、智能电表等组成。智能电表对基站用电情况进行监控，汇接排用于交流箱的接地。

1)交流箱的接地

交流箱的接地又可分为工作接地和保护接地,需要分别设计。

(1)交流箱工作接地即零线接地,用于保证相线与零线形成回路,用电设备正常工作,当三相负载不平衡时,可以维持系统电压的稳定性,减轻各种原因所产生过电压的危险性。

(2)交流箱保护接地是指电气设备不带电的金属外壳或支架等与接地装置做良好的电气连接,即交流箱金属外壳的接地。一般工作地线是黑色,保护地线是黄绿色。

2)交流箱的容量

交流箱的容量是指交流配电箱的额定电流,单位为安培(A),它反映了交流箱的最大供电功率。

交流箱常用的型号有 380 V/160 A 、380 V/125 A 、380 V/100 A、380 V/63 A,如图4-34所示为一台 380 V/100 A 交流箱实物图。在功率较大的宏基站或中心机房,还会使用容量更大的落地式配电屏;在室内分布系统中,用电负荷相对较小,市电引入难度较大,多引入220 V 市电,此时可采用 220 V/32 A 非标小交流箱,如图4-35所示。

图4-34 380 V/100 A 交流箱实物

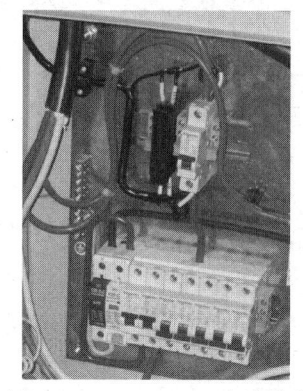

图4-35 220 V/32 A 交流箱实物

三相交流箱的容量计算公式如下:

$$I_{AC} \geq \frac{P \times 1000}{\sqrt{3} \times 380 \times \cos\varphi} \quad (4-24)$$

两相的小容量交流箱的容量测算公式如下:

$$I_{AC} \geq \frac{P \times 1000}{220 \times \cos\varphi} \quad (4-25)$$

式中,P 为交流箱所保证的交流负荷最大值,单位为 kW;$\cos\varphi$ 为功率因数,$\frac{P}{\cos\varphi}$ 可以用外市电容量(kVA)近似代替,选取交流箱容量必须大于测算容量,计算时要考虑远期扩容容量,对计算值留有余量。

实例4-5 在实例4-4所在机房中,所配置三相交流箱容量应不小于多少 A?

解:

$$I_{AC} \geq \frac{P \times 1000}{\sqrt{3} \times 380 \times \cos\varphi} = \frac{15133}{\sqrt{3} \times 380} \approx 22.9 \text{ (A)}$$

参考常用的交流箱型号,本站可以采用 380 V/63 A 的交流箱。

3）交流箱的技术要求

室内分布系统使用的交流配电箱容量较小，如表 4-15 所示为某运营商 380 V/100 A 与 220 V/63 A 交流配电箱技术指标要求，交流配电箱产品主要技术要求都应满足工业和信息化部指定的行业标准《通信基站用交流配电防雷箱》（YD/T 2060—2009）。

表 4-15　某运营商 380 V/100 A 与 220 V/63 A 交流配电箱技术指标要求

项　　目	380 V/100 A 交流箱	220 V/63 A 交流箱
输入	二路额定容量：三相 380 V、100 A 进线方式：三相五线制（塑壳开关）	一路额定容量：单相 220 V、63 A 进线方式：单相三线制（塑壳开关）
输出	九路额定容量：380 V/50 A 二路、380 V/32 A 一路、380 V/25 A 二路、220 V/32 A 二路、220 V/16 A 二路	六路额定容量：220 V/32 A 二路、220 V/20 A 二路、220 V/10 A 二路
防浪涌模块	100 kA（最大放电电流），配置一个	20 kA（最大放电电流），配置一个
箱体参考尺寸	高×宽×深不大于 800 mm×600 mm×160 mm	高×宽×深：不大于 600 mm×400 mm×170 mm
防护等级	室内使用：不低于 IP20	室内使用：不低于 IP20

交流配电箱的输入分路满足二路电源切换的要求是指一路为市电输入，一路为发电机组输入，用于防止长时间停电，即蓄电池后备电时间不够的特殊情况。

交流配电箱内应能根据用户要求配置不同标称放电电流的 B 级浪涌保护器（30 kA、40 kA、60 kA、100 kA）。

IP 防护等级是指电气设备对于防尘防湿气的能力等级。系统对电器防尘防湿气的分级由两个数字组成，第 1 个数字表示电器防尘、防止外物侵入的等级，第 2 个数字表示电器防湿气、防水侵入的密闭程度，数字越大表示其防护等级越高，在条件较好的室内机房使用的通信电源设备通常采用 IP20。

4.4.3　开关电源与蓄电池的设计

1．开关电源的容量设计

在通信机房内将交流电转换为-48 V 直流电的设备被称为开关电源，它由交流配电单元、整流器、直流负荷分配单元、监控模块、汇接排等组成，通过外接或内接蓄电池作为后备电，组成直流配电系统给基站、传输等设备供电。

交流配电单元将交流配电屏引入的交流电分配给整流器，整流器将 220 V 交流电整流为-48 V 直流电后，输出到直流配电屏，通过断路器或熔丝为负载供电及蓄电池充电。开关电源实物如图 4-36 所示。

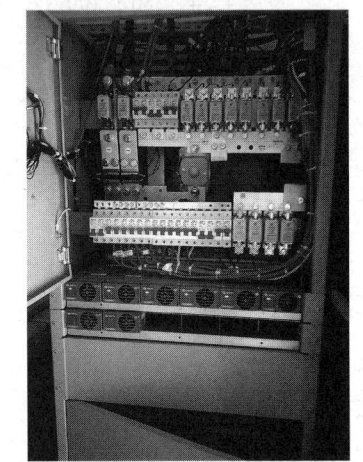

图 4-36　开关电源实物

1）一次下电与二次下电

开关电源直流电分配时依据供电设备的重要程度分为一次下电和二次下电，不同的设

备在连接时必须遵守一次下电或二次下电的划分规则，连接对应区域的断路器或熔丝。

一次下电用于接业务支撑系统设备用电，如 BTS、BBU 等基站设备通常接一次下电的断路器。当基站停电且后备电不足时，开关电源将首先断开一次下电连接的设备，保证二次下电连接设备的用电。

二次下电用于接传输网络设备用电，如 SDH、PTN 设备。由于传输设备停止工作可能影响传输网环路上其他基站的正常工作，重要性较基站设备高，因此在后备电不足时，优先保护不被断电。

2）开关电源的接地

开关电源汇接排用于接地，开关电源的接地也可分为工作地和保护地，也需要分别设计。

开关电源保护地与交流箱类似，指电气设备不带电的金属外壳或支架等与接地装置做良好的电气连接，即开关电源金属外壳的接地。通常情况下，通信设备都必须设计保护地线。

开关电源工作接地是指输出直流-48 V 总接线排的正极接地，即提供 0 V 电位的总接线排的接地。

3）开关电源的容量

开关电源的容量是指开关电源能提供直流供电的最大能力，单位为安培（A）。基站用开关电源常用的机架满配容量有 300 A、600 A，而实际配置容量由开关电源所配置的整流模块数量决定，典型的单个整流模块容量为 50 A 和 30 A。如图 4-36 所示，该开关电源实际配置 8 个整流模块，每个整流模块的容量为 50 A，开关电源的实际配置容量为 400 A。

如图 4-36 所示为落地式安装开关电源，通常用于宏基站和室内分布信源有机房的场景。而很多室内分布系统的信源设备由于安装条件受限都采用壁挂安装，包括部分 BBU 和绝大部分 RRU，这时就只能采用壁挂式小型一体化开关电源进行供电，较典型的型号有-48 V/30 A、-48 V/60 A，此类开关电源整流模块通常为满配，单体容量多设计为 15 A、20 A 等。

开关电源容量 I_{DC} 测算公式如下：

$$I_{DC} \geq \frac{已有直流设备总功耗 + 新增直流设备总功耗 + 蓄电池充电功耗}{48} \quad (4-26)$$

已有直流设备和新增直流设备均指采用-48 V 供电的设备，其功耗计算方式如下：

$$总功耗 = \sum 已有或新增设备数量 \times 已有或新增设备最大功耗 \quad (4-27)$$

蓄电池充电功耗算法与外市电测算时相同，如下

$$蓄电池充电功耗 = 48\ V 蓄电池容量 \times 0.1 \times 48 \quad (4-28)$$

开关电源容量测算以后，要配置整流模块来实现容量，整流模块在测算时通常采用"N+1"原则确定，即满足测算最大容量后再增加一块整流模块备份，算法如下：

$$n \geq \frac{I_{DC}}{I_R} + 1 \quad (4-29)$$

式中，I_R 为单个整流模块的容量。

实例 4-6 在实例 4-4 中，机房若配置开关电源，容量应不低于多少？若整流模块为每块 50 A，至少需要配置多少块整流模块？

解：

容量：$I_{DC} \geq \dfrac{\text{已有直流设备总功耗} + \text{新增直流设备总功耗} + \text{蓄电池充电用电功耗}}{48}$

$\geq \dfrac{(3400 + 600 + 4800)}{48}$

$\geq 183 \text{（A）}$

整流模块数量：$n \geq \dfrac{I_{DC}}{I_R} + 1 \geq \dfrac{183}{50} + 1 \geq 4.66$

向上取整 $n = 5$（块），因此，开关电源容量不应低于 183 A，模块配置数至少需要 5 块。

4）开关电源的类型

开关电源有很多种类，按照是否集成蓄电池，可以分为组合式开关电源和一体化开关电源；按照安装方法的不同，又可以分为落地式开关电源和壁挂式开关电源；按照安装位置及防护等级的不同，可以分为室内型开关电源和室外型开关电源。

在室内分布系统中使用较多的为室内型开关电源，包括落地式和壁挂式两种。当信源近端设备安装在标准机房时，通常使用的是组合式开关电源或室内落地式一体化开关电源供电；当信源近端设备壁挂安装时，则和信源远端一样，通常使用壁挂式一体化开关电源供电。

不论是哪种开关电源产品，它们的主要技术要求都应满足行业标准《通信用高频开关电源系统》（YD/T 1058—2015），室外型的设备还应满足《室外型通信电源系统》（YD/T 1436—2014）的要求。如表 4-16 所示为某运营商室内组合式开关电源的技术指标要求，表 4-17 所示为某运营商室内落地式一体化开关电源的技术指标要求，表 4-18 所示为某运营商室内壁挂式一体化开关电源的技术指标要求。

表 4-16 某运营商室内组合式开关电源的技术指标要求

参数名称	技 术 指 标
输出电压	−58～−42 V DC
负载总容量	600 A
输出分路	一次下电：100 A×2，63 A×6，32 A×2，16 A×4
	二次下电：100 A×2，63 A×2，32 A×4，16 A×2，10 A×2
电池熔丝	400 A×2
扩展性	一次下电和二次下电均应具备增加安装断路器的条件，数量各不低于 3 个
安装方式	落地柜式
参考尺寸	宽×深×高=600×600×1600（mm）
防护等级	室内使用：不低于 IP20

表 4-17 某运营商室内落地式一体化开关电源的技术指标要求

技术参数名称	技 术 指 标
输出电压	−57.6～−43.2 V DC
负载总容量	300 A
输出分路	一次下电：63 A×2，32 A×2，16 A×3
	二次下电：32 A×2，16 A×4，10 A×2

续表

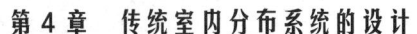

技术参数名称	技术指标
扩展性	一次下电和二次下电均应具备增加安装断路器的条件，数量各不低于 3 个
电池熔丝	100 A×2
蓄电池容量	200 Ah
安装方式	落地
参考尺寸	宽×深×高=600×600×1600（mm）
防护等级	室内使用：IP 不低于 IP20

表 4-18 某运营商室内壁挂式一体化开关电源的技术指标要求

参　　数	技术指标
输出电压	−57.6～−43.2 V DC
系统总容量	30 A
配置容量	30 A（模块数大于等于 2）
输出分路	20 A×2，16 A×2，10 A×4
电池熔丝	20 A×1
蓄电池容量	40 Ah
安装方式	壁挂
参考尺寸	不大于（宽×深×高）460×350×600（mm）
防护等级	室内使用：不低于 IP20

2. 蓄电池的容量设计

蓄电池是指能将化学能和直流电能相互转化，放电后经过充电能重复使用的装置。蓄电池是基站后备电设备，用于保证停电后基站的正常工作。

1）蓄电池的串联与并联

蓄电池主要的电气指标有电压和容量，电压的单位为伏（V），容量的单位为安时（Ah）。常见的蓄电池单体电压有−2 V、−12 V 两种，容量有 40 Ah、100 Ah、300 Ah、500 Ah、600 Ah、1000 Ah 等多种。蓄电池通常以"组"的形式工作，蓄电池组是由多个蓄电池单体串联和并联组成，如图 4-37 所示。

（1）蓄电池组必须以−48 V 对通信设备进行供电，因此要对蓄电池单体进行串联，即蓄电池单体正负依次连接，形成−48 V 的蓄电池组。

（2）当需要配置的蓄电池总容量超过了蓄电池单体的容量，则需要对串联后的蓄电池组再进行并联，即将−48 V 蓄电池组的正极与正极、负极与负极连在一起输出。

图 4-37 蓄电池组串并联实物

以图 4-37 为例，该基站需要配置−48 V/600 Ah 的蓄电池，但是蓄电池单体为−2 V/300 Ah，此时则需要将 24 台蓄电池单体正负极相连接，组合成−48 V/300 Ah 的蓄电池组，再将两组串联好的−48 V/300 Ah 蓄电池组正极与正极、负极与负极连在一起输出，就并联成-48 V/600 AH 蓄电池。蓄电池在串联时根据层数和列数的不同，一般可分为单层双列、双层单列、双层双列 3 种安装方式，图 4-37 为双层双列的安装方式。

需要注意的是，蓄电池组在串并联使用时，必须是同一型号、同一厂家和同一生产批次，否则会降低蓄电池组的使用效率和寿命。

2）蓄电池的种类与表示方式

常用的蓄电池有铅酸电池、镍氢电池、镍镉电池、锂离子电池等，室内分布系统使用的蓄电池中铅酸电池占的比例较大。铅酸蓄电池组的表示符号为"X-GFM-YYY"。

"X"指单格电池数，蓄电池单体电压为-2 V，"X"乘-2 表示蓄电池组的电压，单位为伏（V）。

GFM 是指固定式阀控密封蓄电池，其中 G 表示固定型、F 表示阀控式、M 表示密封防酸雾式。

"YYY"指的是蓄电池额定容量，单位为安时（Ah）。

例如，24-GFM-300 表示-48 V/300 Ah 蓄电池。

3）蓄电池的容量

蓄电池组的容量与很多因素有关，在进行室内分布系统设计时通常要对蓄电池容量进行测算，工程中蓄电池组容量的计算公式如下：

$$Q \geqslant \frac{KIT}{\eta[1+\alpha(t-25)]} \tag{4-30}$$

式中，Q 表示蓄电池容量（Ah）；K 为安全系数，通常取 1.25；I 为负荷电流（A），即基站系统直流设备正常工作时所需的电流；T 指放电小时数（h），一般一类市电取 1 h，二类市电取 2 h，三类市电取 3 h，四类市电取 10 h；η 为放电容量系数，按表 4-19 所示取值；t 表示实际电池所在地的环境温度数值，一般按 15 ℃考虑；α 为电池温度系数（1/℃），一般取 0.008。

表 4-19 电池放电容量系数（η）

电池放电小时数（h）	0.5		1	2	3	4	6	8	10	≥20
放电终止电压（V）	1.7	1.75	1.75	1.8	1.8	1.8	1.8	1.8	1.8	≥1.85
放电容量系数（η）	0.45	0.4	0.55	0.45	0.61	0.75	0.79	0.88	0.94	1	1

实例 4-7 在实例 4-4 中，机房内当前设备若配置蓄电池，试测算容量应不低于多少，按满足 3 h 后备电时间计。

解：

机房内直流电负荷：$I = \dfrac{3400+600}{48} \approx 83$（A）

蓄电池容量 $Q \geqslant \dfrac{KIT}{\eta[1+\alpha(t-25)]} = \dfrac{1.25 \times 83 \times 3}{0.75 \times [1+0.008 \times (15-25)]} = 451.1$（Ah）

因此，蓄电池配置容量应不低于 451.1 Ah，查看常见蓄电池型号，向上取整，可以配置 1 台 500 Ah 或 2 台 300 Ah 蓄电池。

由于蓄电池体积较大，通常情况下不同厂家型号、不同批次的蓄电池不能并联混用，因此在机房初次设计安装蓄电池时，往往要考虑较远期的扩容需求，冗余较大。

室内分布系统一般建设在条件较好的建筑内,市电等级通常都能满足三类市电要求,且室内分布信源较分散,单个设备耗电量不高,因此选用的蓄电池容量通常不大。

(1)若信源近端和远端设备采用壁挂,由于安装条件受限,通常采用壁挂式一体化开关电源,内置蓄电池容量多采用 40 Ah、60 Ah 等小容量蓄电池,根据场景具体的市电类别来测算一台开关电源可以符合多少台信源设备。

(2)若 BBU 安装在专门机房内,通常会采用容量稍大的蓄电池,在满足当期设备容量的情况下,还适当考虑后期扩容和新系统接入的远期需求。例如,落地式一体化开关电源,内含 200 Ah 蓄电池,或者采用组合式开关电源配置外置蓄电池 300 Ah 或更大。

4.4.4 电导线的选取

电导线的选取通常有两个需要考虑的因素,一个是实际用电负荷电流不能超过电源导线所能承载的最大电流,另一个是一段电导线上的压降不能超过设备所允许的最大电压幅度。

交流电的电压较高,单位长度的电压降较低,因此在测算交流电导线时主要考虑实际用电负荷电流不能超过电源导线所能承载的最大电流。如表 4-20 所示为通信基站交流电导线额定电流与截面面积的关系,导线要求采用铜芯多股软线。

表 4-20 通信基站交流电导线额定电流与截面面积的关系

额定电流(A)	6	8	10	12	16	20	25	32	40	63	80	100	125	160	200	250
截面面积(mm^2)	2.5	2.5	2.5	2.5	4	4	4	6	10	16	25	35	50	70	95	120

基站设备直流供电时,电压较低,电导线线径选择则通常既要考虑导线所能承受的最大负荷,还要兼顾电导线上的压降满足供电要求。如表 4-21 所示为典型的基站各设备用电导线分类。

表 4-21 典型的基站各设备用电导线分类

线缆	设备	用处	颜色	备注
RVVZ-1×35 mm^2	BTS、BBU	电源线	红色/蓝色	—
RVVZ-1×70 mm^2	开关电源	工作地线	蓝色	—
RVVZ-2×10 mm^2	RRU 电源线	电源线	黑色	—
	220 V 市电引入			市电容量≤5 kW
RVVZ-3×16+1×10 mm^2	380 V 市电引入	电源线	黑色	市电容量≤15 kW
	开关电源			≤300 A
RVVZ-3×25+1×16 mm^2	380 V 市电引入	电源线	黑色	市电容量≤20 kW
	开关电源			≤600 A
RVVZ-4×4+1×2.5 mm^2	空调	电源线	黑色	通常为厂家配置
RVVZ-1×16 mm^2	走线架	保护地线	黄绿色	
	蓄电池架		黄绿色	
	交流箱外壳		黄绿色	
	传输综合柜		黄绿色	
RVVZ-1×35 mm^2	BBU 柜	保护地线	黄绿色	
	BTS 机柜		黄绿色	
	开关电源外壳		黄绿色	
RVVZ-1×95 mm^2	室内总地排		黄绿色	
镀锌扁钢	室外总地排		—	

工程案例 1　传统室内分布系统设计

本案例选用某设计院完成的传统室内分布系统设计工程图进行如下说明。

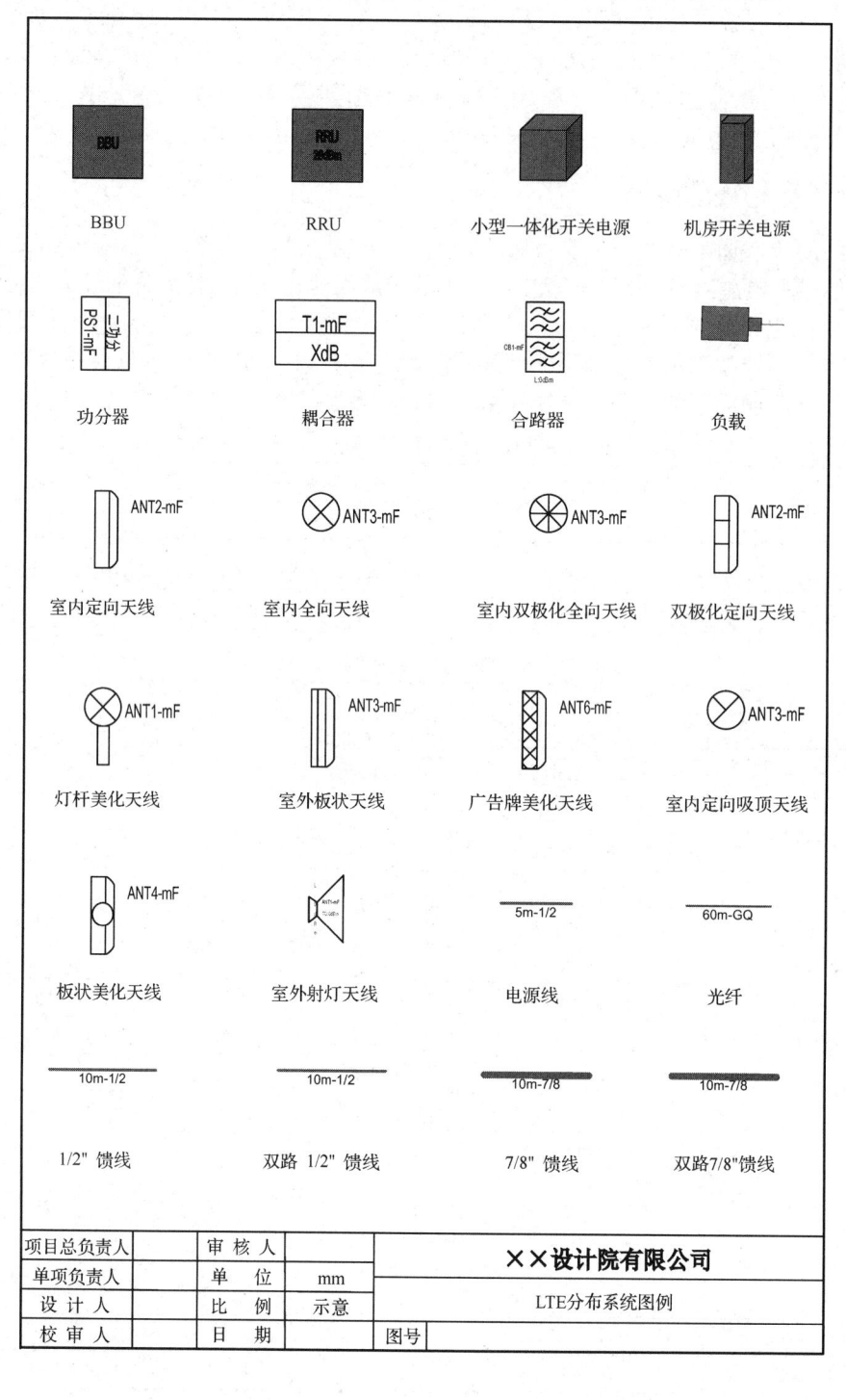

图例	名称	图例	名称	图例	名称	图例	名称
BBU	BBU	RRU 20dBm	RRU		小型一体化开关电源		机房开关电源
PS1-mF 二功分	功分器	T1-mF XdB	耦合器	CB1-mF L≤dBm	合路器		负载
ANT2-mF	室内定向天线	ANT3-mF	室内全向天线	ANT3-mF	室内双极化全向天线	ANT2-mF	双极化定向天线
ANT1-mF	灯杆美化天线	ANT3-mF	室外板状天线	ANT6-mF	广告牌美化天线	ANT3-mF	室内定向吸顶天线
ANT4-mF	板状美化天线		室外射灯天线	5m-1/2	电源线	60m-GQ	光纤
10m-1/2	1/2" 馈线	10m-1/2	双路 1/2" 馈线	10m-7/8	7/8" 馈线	10m-7/8	双路7/8" 馈线

项目总负责人		审 核 人		××设计院有限公司
单项负责人		单　位	mm	
设 计 人		比　例	示意	LTE分布系统图例
校 审 人		日　期		图号

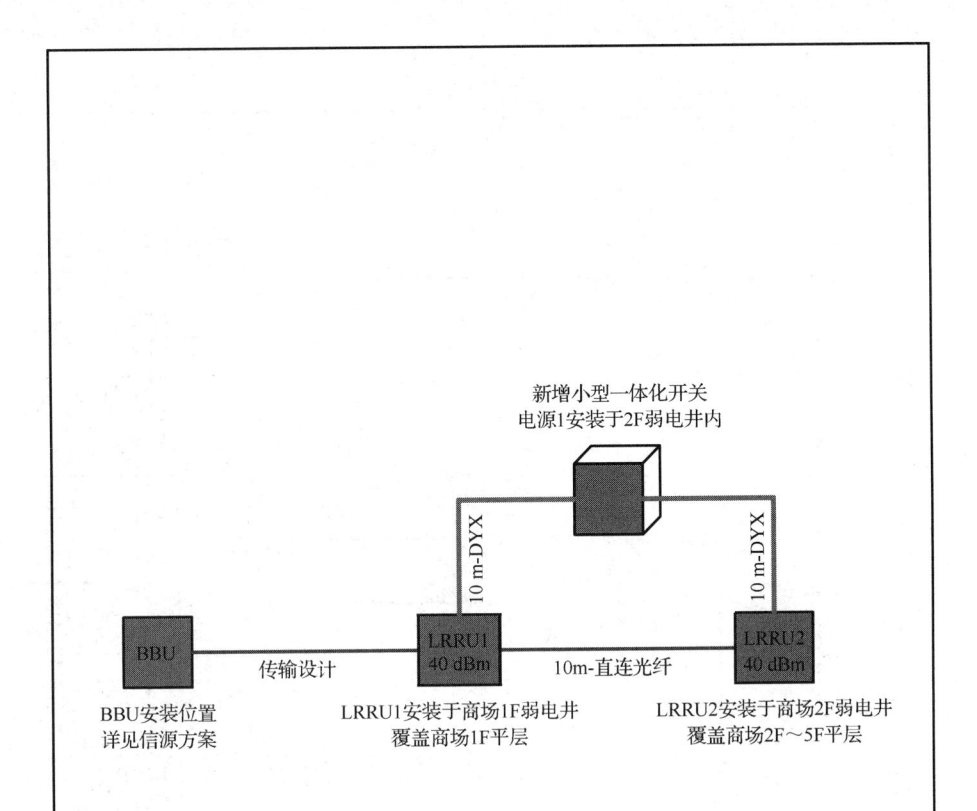

第4章 传统室内分布系统的设计

新增小型一体化开关
电源1安装于2F弱电井内

BBU —— 传输设计 —— LRRU1 40 dBm —— 10m-直连光纤 —— LRRU2 40 dBm

10 m-DYX   10 m-DYX

BBU安装位置
详见信源方案

LRRU1安装于商场1F弱电井
覆盖商场1F平层

LRRU2安装于商场2F弱电井
覆盖商场2F~5F平层

小区划分：
　　小区A：LRRU1、LRRU2，配置1载频覆盖江南商都1F~5F平层

项目总负责人		审 核 人		××设计院有限公司	
单项负责人		单　　位	mm		
设 计 人		比　　例	示意	××LTE室内分布系统图	
校 审 人		日　　期		图号	

室内分布系统设计与实践

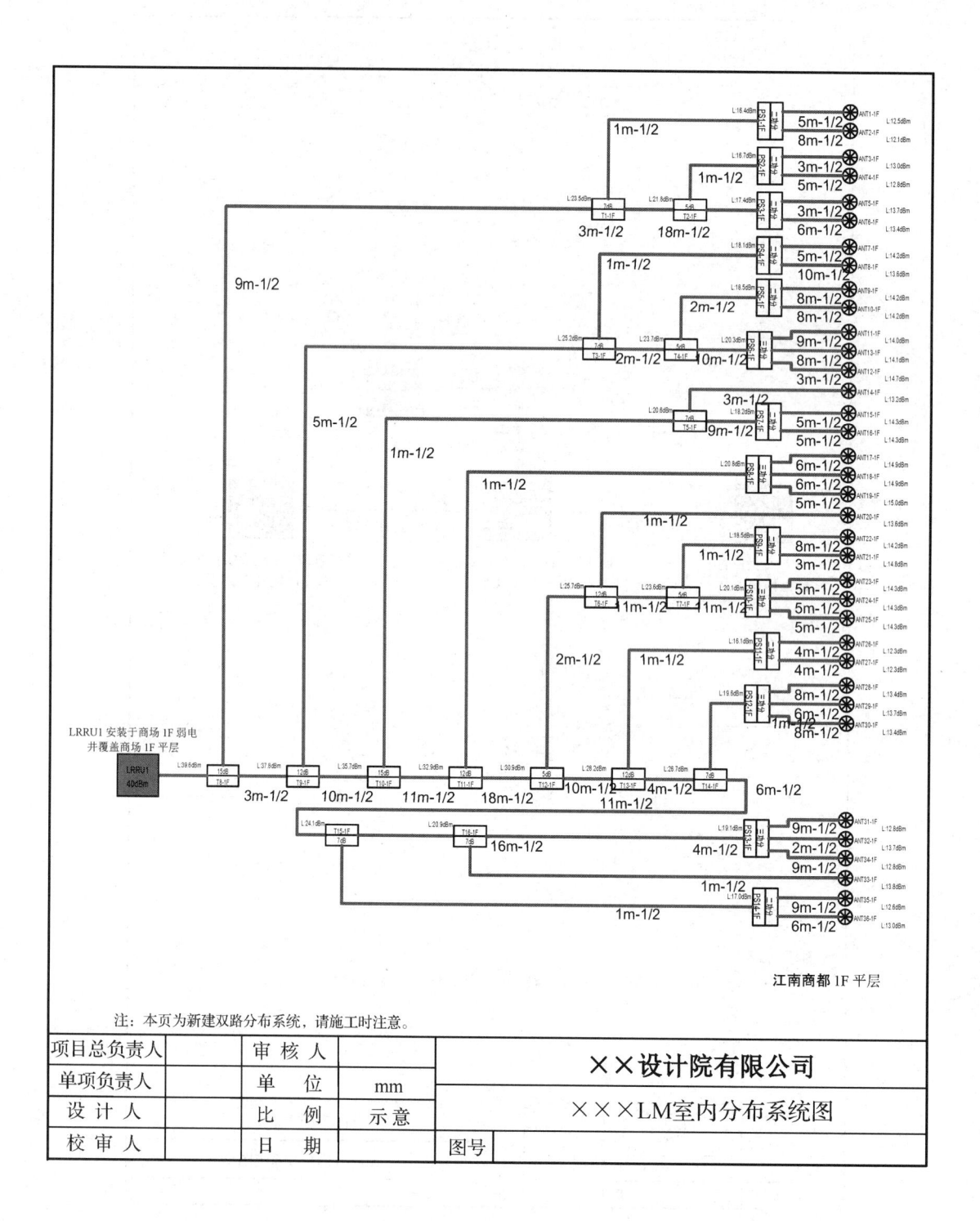

注：本页为新建双路分布系统，请施工时注意。

江南商都 1F 平层

×××LM室内分布系统图

××设计院有限公司

第 4 章 传统室内分布系统的设计

江南商都2F、3F平层

注：本页为新建双路分布系统，请施工时注意

项目总负责人		审核人		××设计院有限公司	
单项负责人		单　位	mm		
设 计 人		比　例	示意	×××LM室内分布系统图	
校 审 人		日　期		图号	

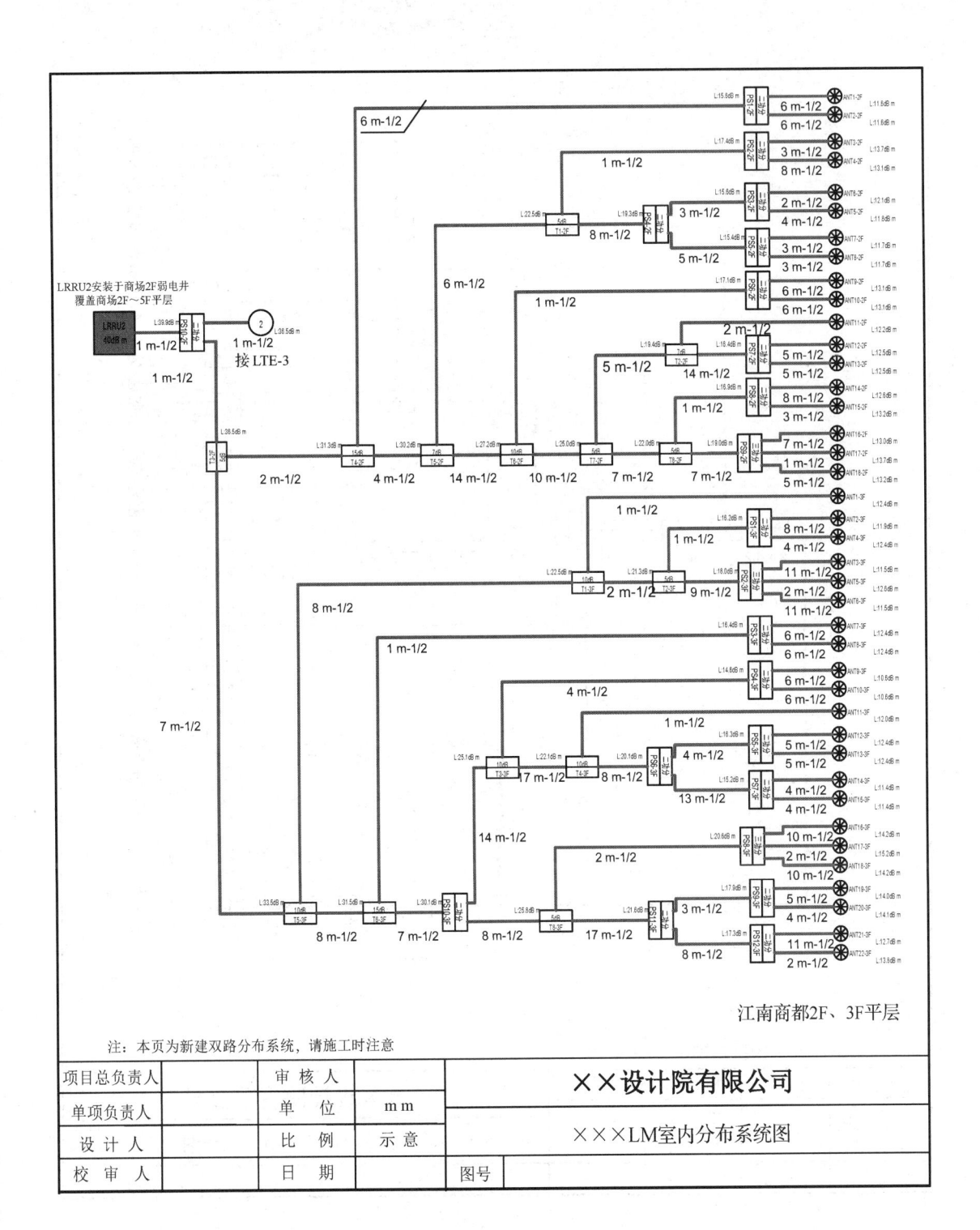

室内分布系统设计与实践

江南商都4F、5F平层

注：本页为新建双路分布系统，请施工时注意。

项目总负责人		审核人			××设计院有限公司
单项负责人		单 位		mm	
设计人		比 例		示意	×××LM室内分布系统图
校审人		日 期			图号

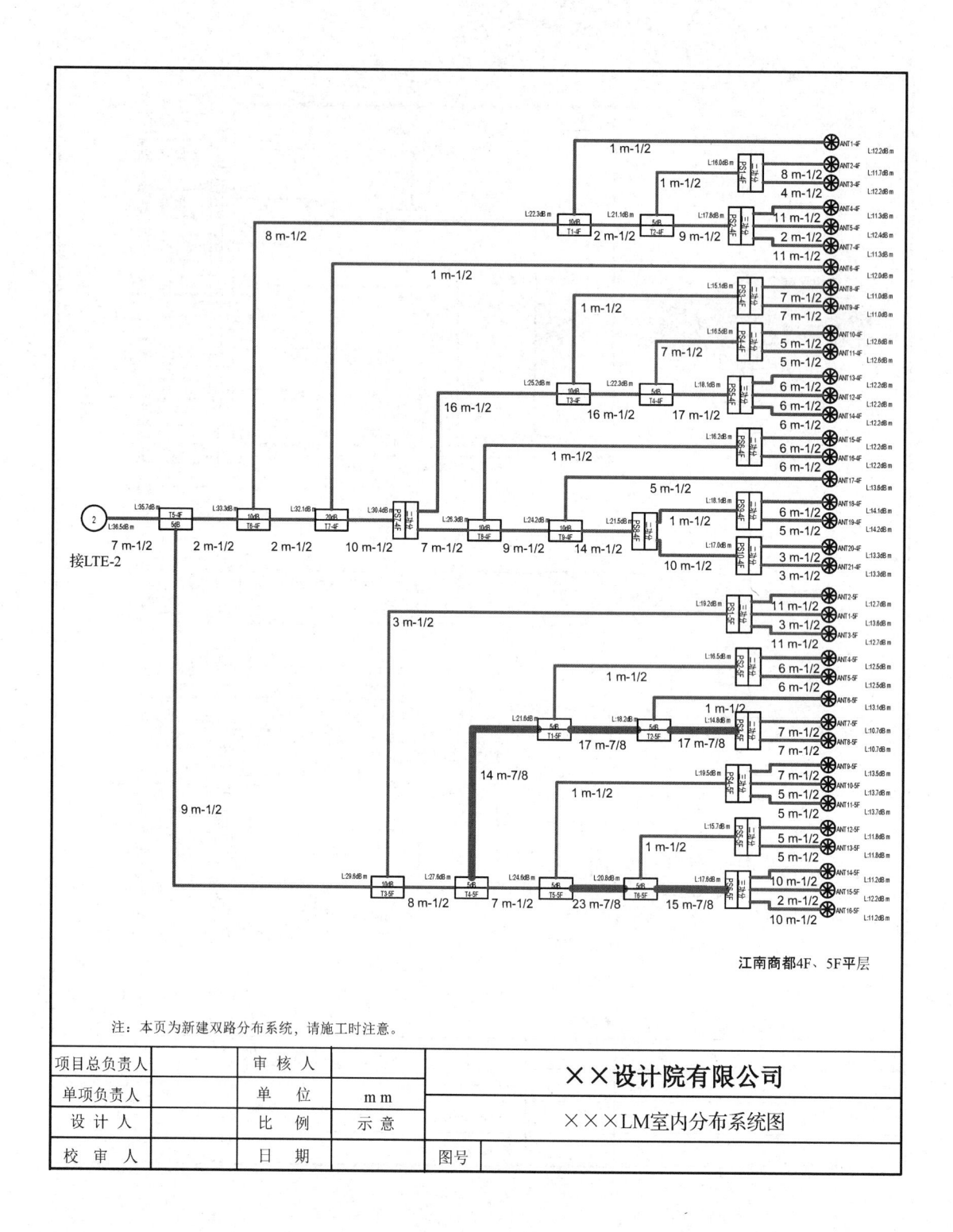

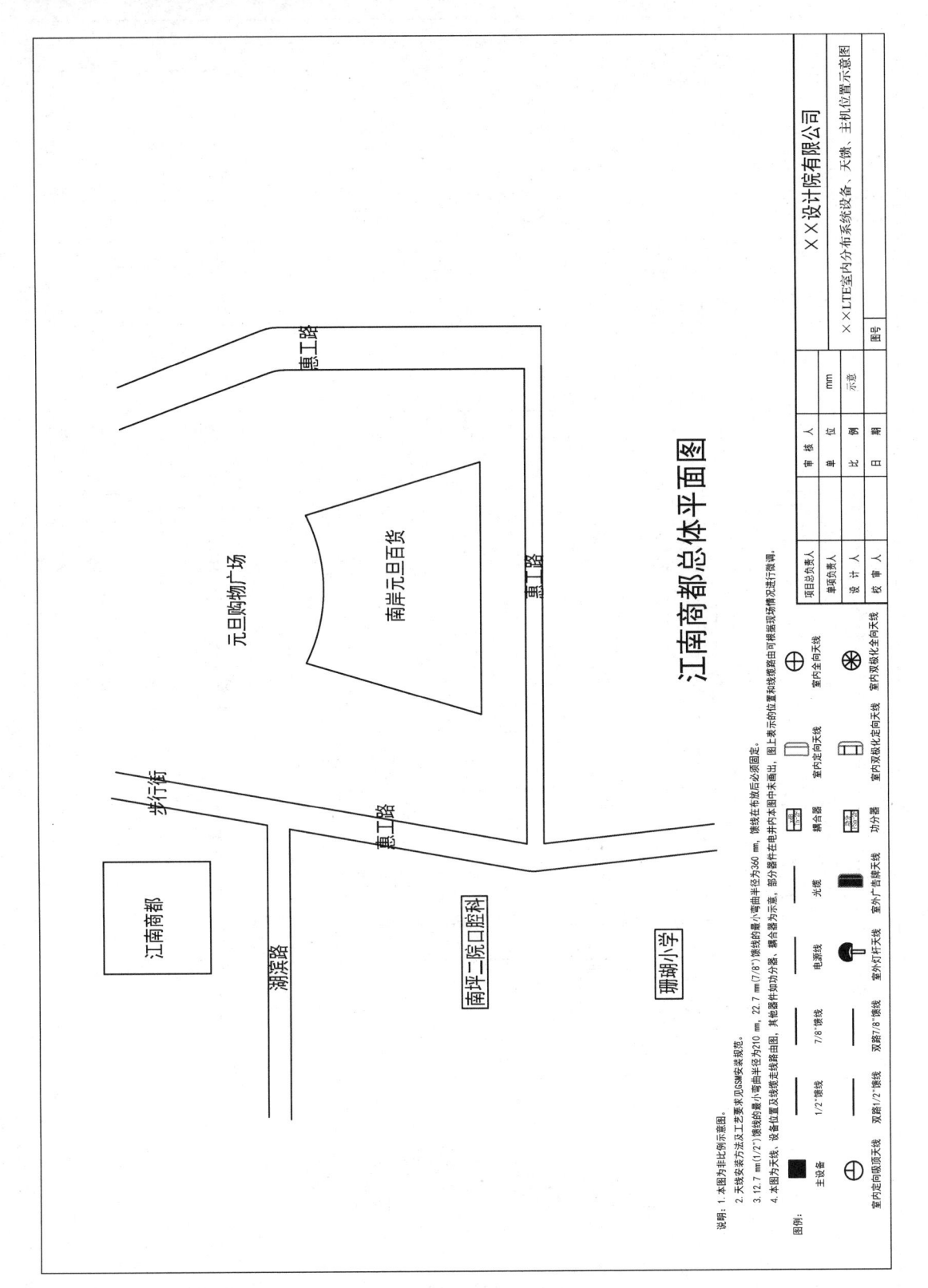

第4章 传统室内分布系统的设计

江南商都总体平面图

说明：
1. 本图为非比例示意图。
2. 天线安装方法及工艺要求见GSM安装规范。
3. 12.7 mm(1/2")馈线的最小弯曲半径为210 mm，22.7 mm(7/8")馈线的最小弯曲半径为360 mm，馈线在布放后必须固定。
4. 本图为天线、设备位置及线缆走线路由图，其他器件加功分器、耦合器件加功分器、部分器件在电井中本图中未画出，图上表示的位置及和线缆路由可根据现场情况进行微调。

图例：
- 主设备
- 室内定向顶天线
- 室内定向顶天线
- 1/2"馈线
- 7/8"馈线
- 双路1/2"馈线
- 双路7/8"馈线
- 电源线
- 光缆
- 室外灯杆天线
- 室外广告牌天线
- 耦合器
- 功分器
- 室内全向天线
- 室内定向天线
- 室内双极化定向天线
- 室内双极化全向天线

项目总负责人		审 核 人	
单项负责人		单 位	
设 计 人		比 例	mm
校 审 人		日 期	示意

XX设计院有限公司

XX LTE室内分布系统设备、天馈、主机位置示意图

图号

室内分布系统设计与实践

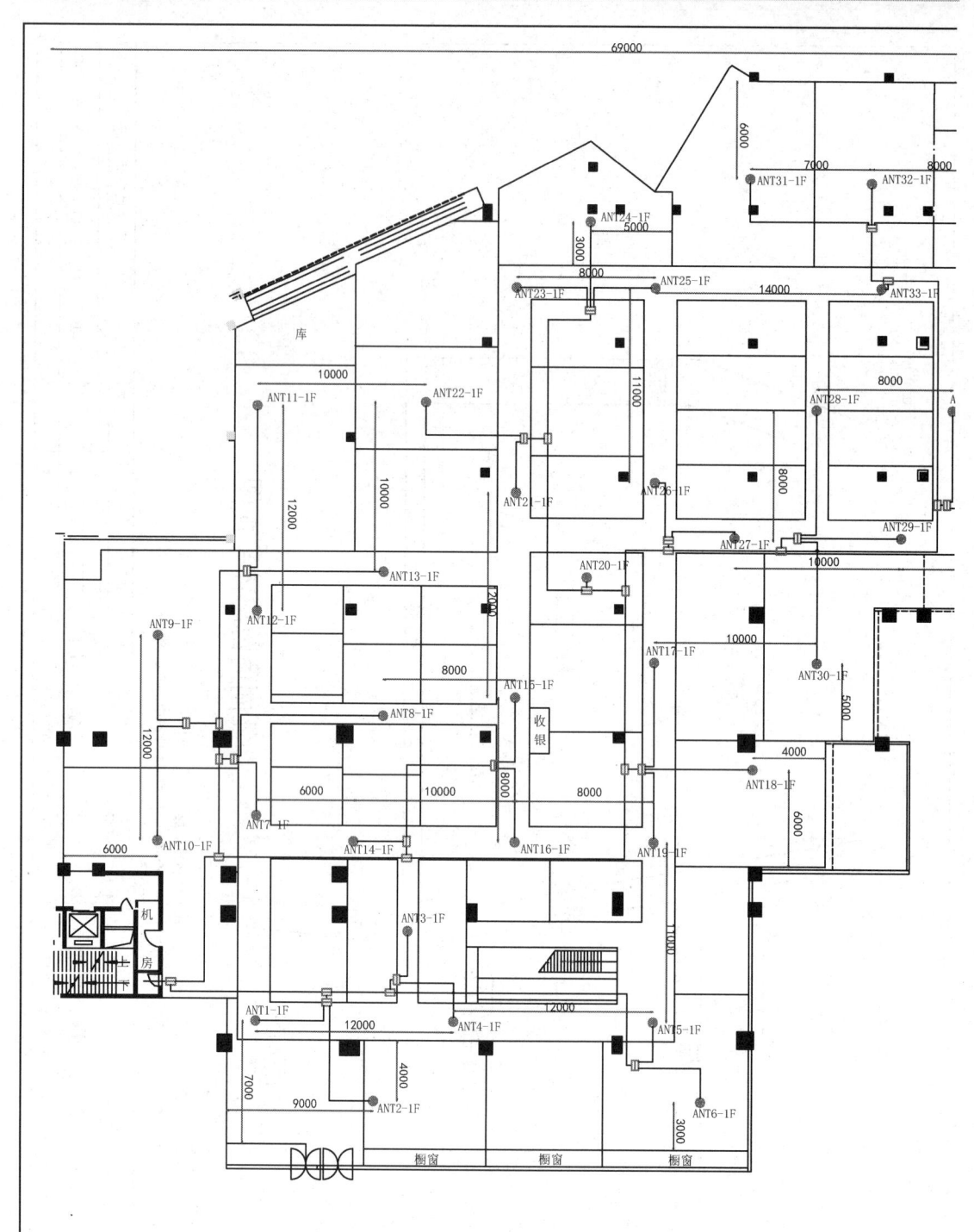

江南商都1F平面图

第 4 章 传统室内分布系统的设计

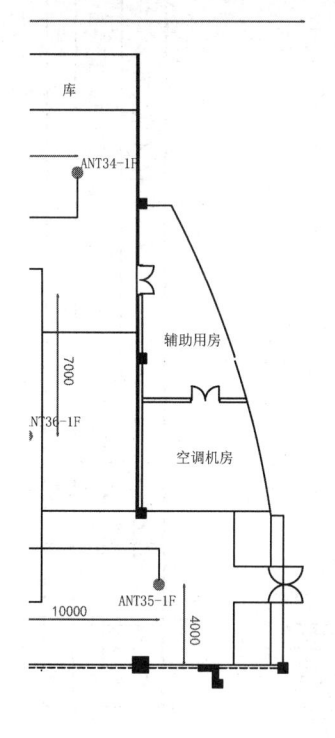

说明：1. 本图为非比例示意图。
2. 天线安装方法及工艺要求见GSM安装规范。
3. 12.7 mm(1/2")馈线的最小弯曲半径为210 mm，22.7 mm(7/8")馈线的最小弯曲半径为360 mm，馈线在布放后必须固定。
4. 本图为天线、设备位置及线缆走线路由图，其他器件如功分器、耦合器为示意，部分器件在电井内本图中未画出，图上表示的位置和线缆路由可根据现场情况进行微调。

图例：

主设备	1/2"馈线	7/8"馈线	电源线
光缆	耦合器	室内定向天线	室内全向天线
室内定向吸顶天线	双路1/2"馈线	双路7/8"馈线	室外灯杆天线
室外广告牌天线	功分器	室内双极化定向天线	室内双极化全向天线

项目总负责人		审核人		XX设计院有限公司
单项负责人		单位	mm	
设计人		比例	示意	XXLTE室内分布系统设备、天馈、主机位置示意图
校审人		日期		图号

江南商都2F平面图

说明：
1. 本图为非比例示意图。
2. 天线安装方法及工艺要求见GSM安装规范。
3. 12.7 mm（1/2"）馈线的最小弯曲半径为210 mm，22.7 mm（7/8"）馈线的最小弯曲半径为360 mm，馈线在布放后必须固定。
4. 本图为天线、设备位置及走线规范走线路由图，设备位置和线路由可根据现场情况进行微调，其他器件走线路由如本图，耦合器、部分器件在电井内本图中未画出，图上表示的位置为示意。

图例：

主设备	耦合器	室内全向天线
1/2″馈线	光纤	室内定向天线
7/8″馈线	电源线	室内双极化全向天线
双路1/2″馈线	室外灯杆天线	室内双极化定向天线
双路7/8″馈线	室外广告牌天线	功分器

××设计院有限公司

××LTE室内分布系统设备、天馈、主机位置示意图

项目总负责人			
单项负责人		单位	mm
设计人		比例	示意
校审人		日期	
审核人		图号	

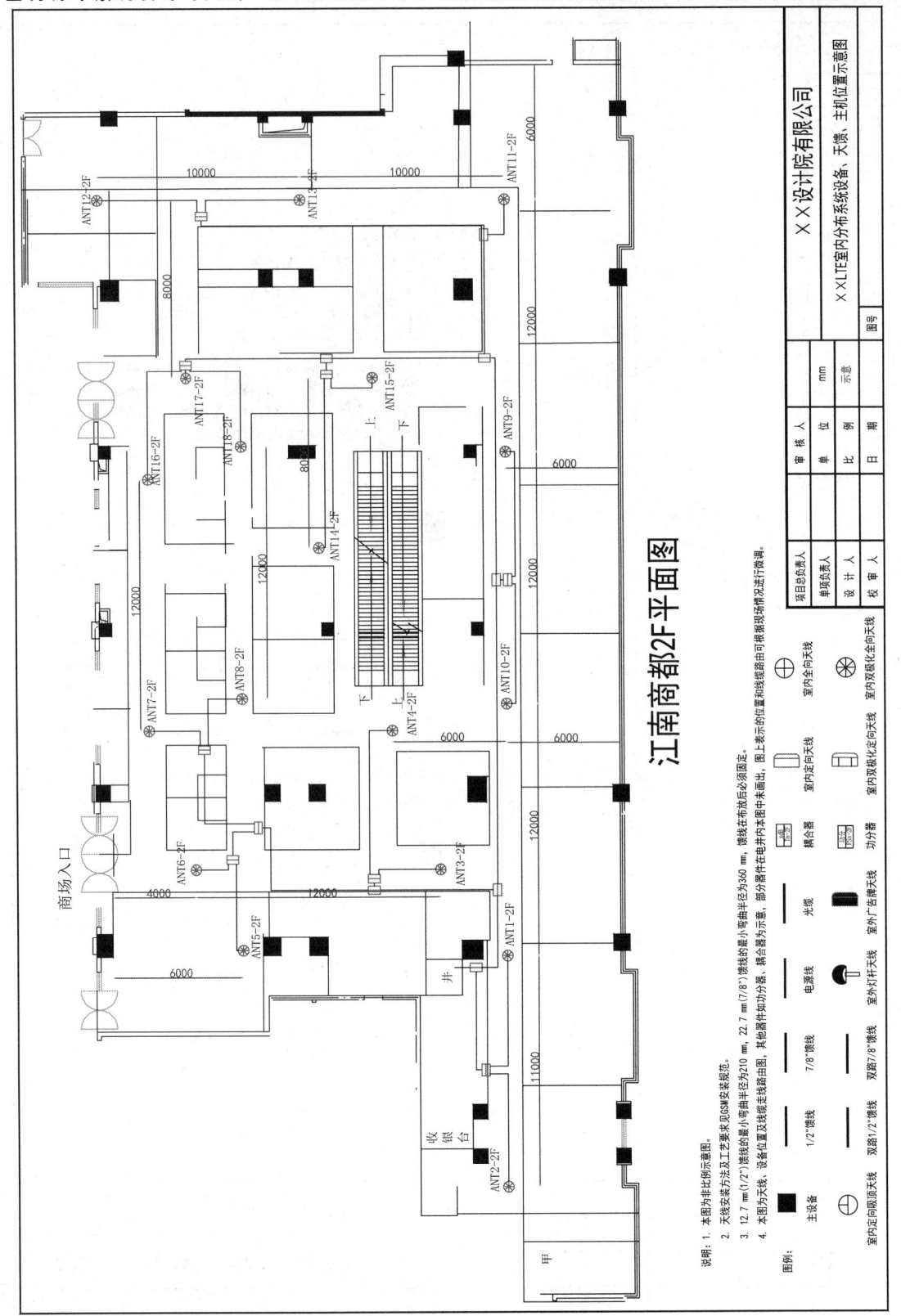

第 4 章 传统室内分布系统的设计

江南商都3F平面图

说明：
1. 本图为非比例示意图。
2. 天线安装方法及工艺要求见GSM安装规范。
3. 12.7 mm(1/2″)馈线的最小弯曲半径为210 mm，22.7 mm(7/8″)馈线的最小弯曲半径为360 mm，馈线在布放后必须固定。
4. 本图天线、设备位置及天线馈线走线路由图，其他器件如功分器、耦合器在电井内本图中未画出，图上表示的位置和线路由可根据现场情况进行微调。部分器件为示意，耦合器为示意。

图例：
| 主设备 | 1/2″馈线 | 7/8″馈线 | 电源线 | 光缆 | 耦合器 | 室内定向天线 | 室内全向天线 |
| 室内定向吸顶天线 | 双路1/2″馈线 | 双路7/8″馈线 | 室外灯杆天线 | 室外广告牌天线 | 功分器 | 室内双极化定向天线 | 室内双极化全向天线 |

XX设计院有限公司		
XX LTE室内分布系统设备、天馈、主机位置示意图		
项目总负责人		审核人	
单项负责人		单位	mm
设 计 人		比例	示意
校 审 人		日期	
		图号	

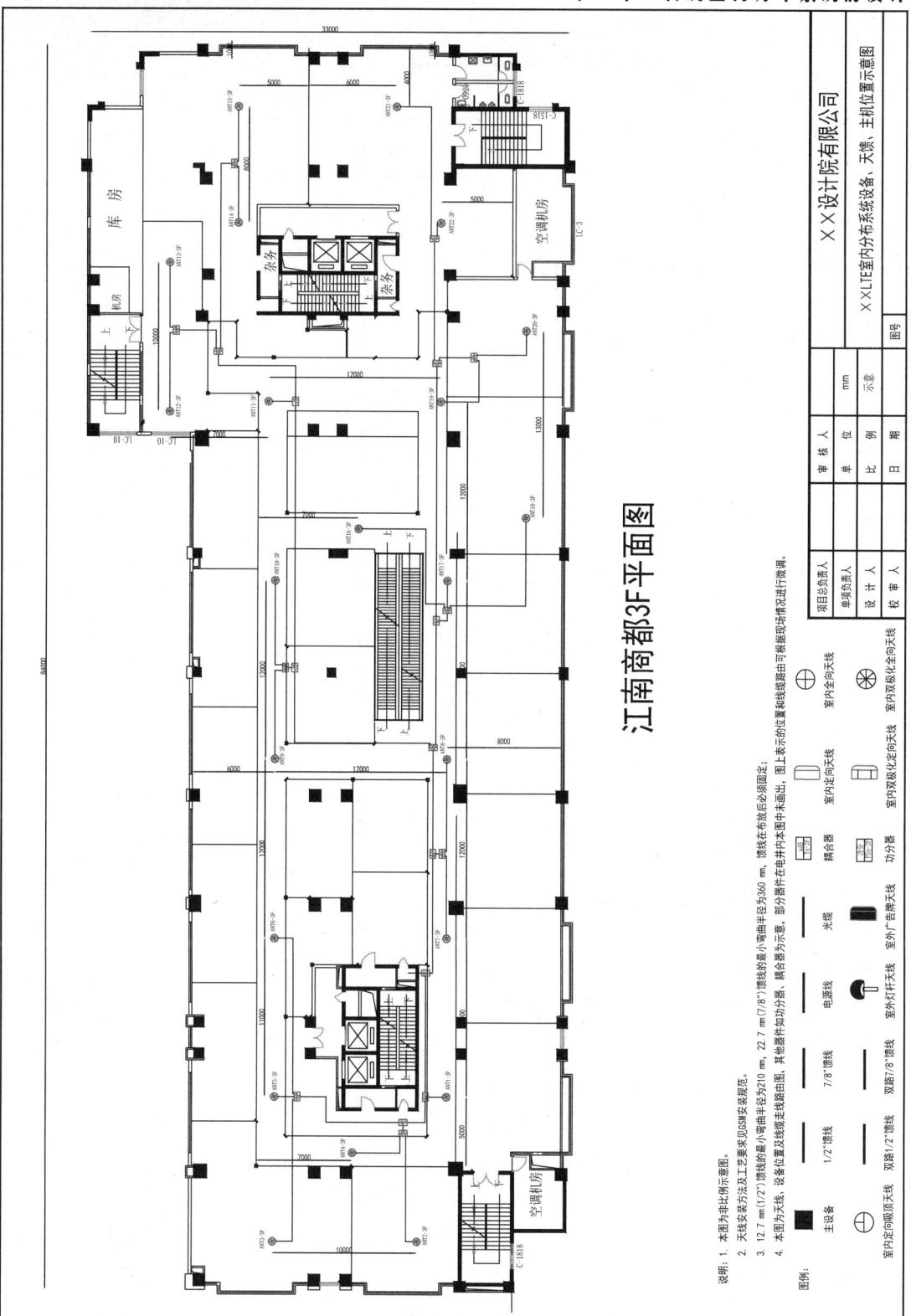

室内分布系统设计与实践

江南商都4F平面图

说明：
1. 本图为非比例示意图。
2. 天线安装方法及工艺要求见GSM安装规范。
3. 12.7mm(1/2″)馈线的最小弯曲半径为210 mm，22.7 mm(7/8″)馈线的最小弯曲半径为360 mm，馈线在布放信心须固定。
4. 本图为天线、设备位置及走线敷设线路示意，耦合器/功分器、耦合器及功分器示意，部分器件在电井内本图中未画出，图上表示的位置和线路可根据现场情况进行微调。

图例：

主设备	1/2″馈线	7/8″馈线	电源线	光缆	耦合器	功分器
室内定向吸顶天线	双路1/2″馈线	双路7/8″馈线	室内灯杆天线	室外广告牌天线	室内定向天线	室内全向天线
室内双极化定向天线						室内双极化全向天线

××设计院有限公司	
×××LM室内分布系统设备、天馈、主机位置示意图	
项目总负责人	
单项负责人	单位 mm
设计人	比例 示意
校审人	日期
审核人	图号

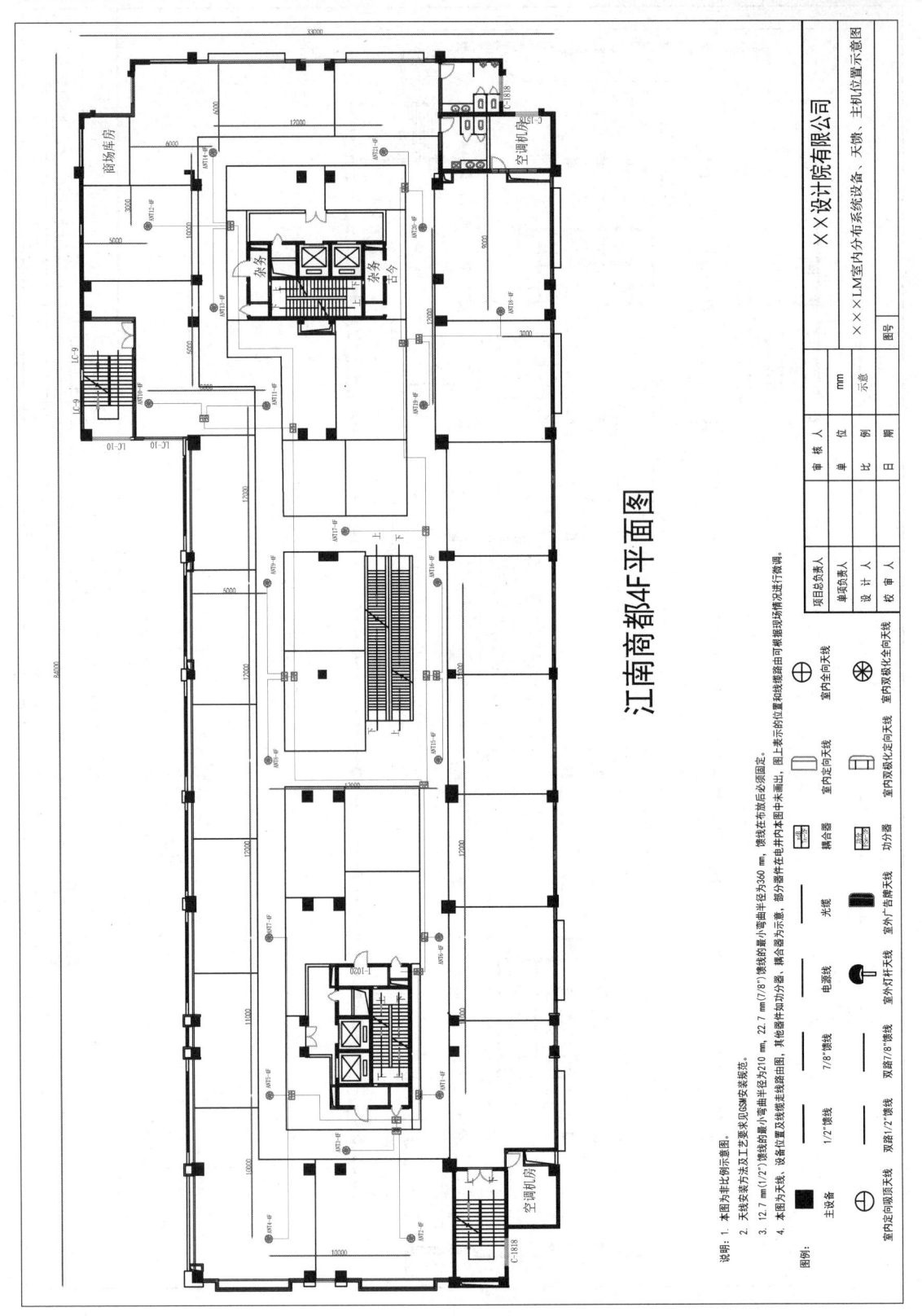

第4章 传统室内分布系统的设计

江南商都5F平面图

说明：
1. 本图为非比例示意图。
2. 天线安装方法及工艺要求见GSM安装规范。
3. 12.7mm(1/2")馈线的最小弯曲半径为210 mm, 22.7 mm(7/8")馈线的最小弯曲半径为360 mm, 馈线在布放后必须固定。
4. 本图为天线、设备位置及走线路主线路由图，部分器件在电井杆架内未画出，图上表示的位置和线路由可根据现场情况进行微调。

图例：

主设备	1/2"馈线	7/8"馈线	耦合器	室内全向天线
室内定向顶置天线	双路1/2"馈线	双路7/8"馈线	功分器	室内定向天线
	电源线	光缆	室外广告牌天线	室内双极化全向天线
			室外灯杆天线	室内双极化定向天线

此区域为劳务市场部分，不属于新世纪区域

井

XX设计院有限公司		
XX LTE室内分布系统设备、天馈、主机位置示意图		
项目总负责人		审 核 人	
单项负责人		单 位	mm
设 计 人		比 例	示意
校 审 人		日 期	
		图号	

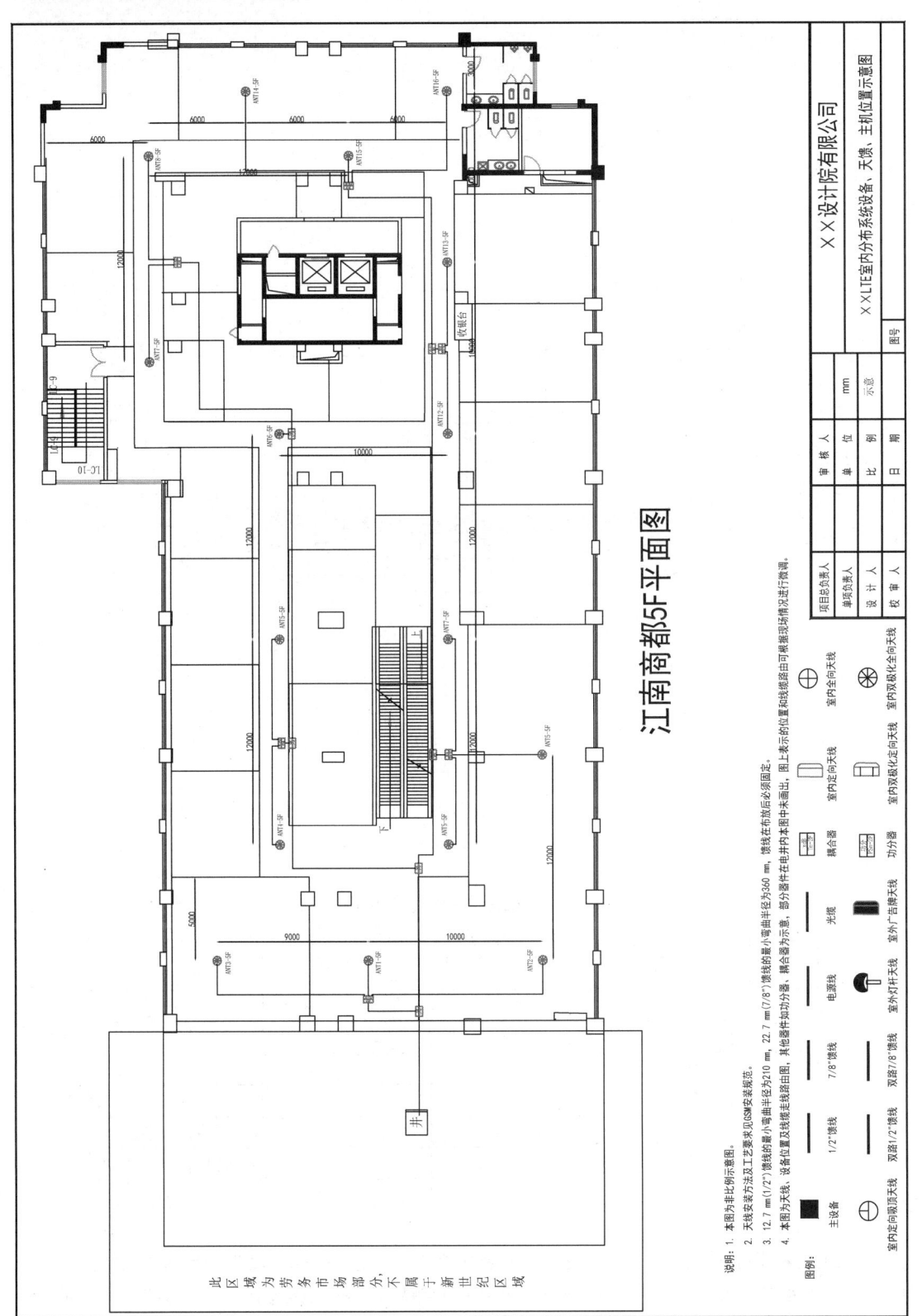

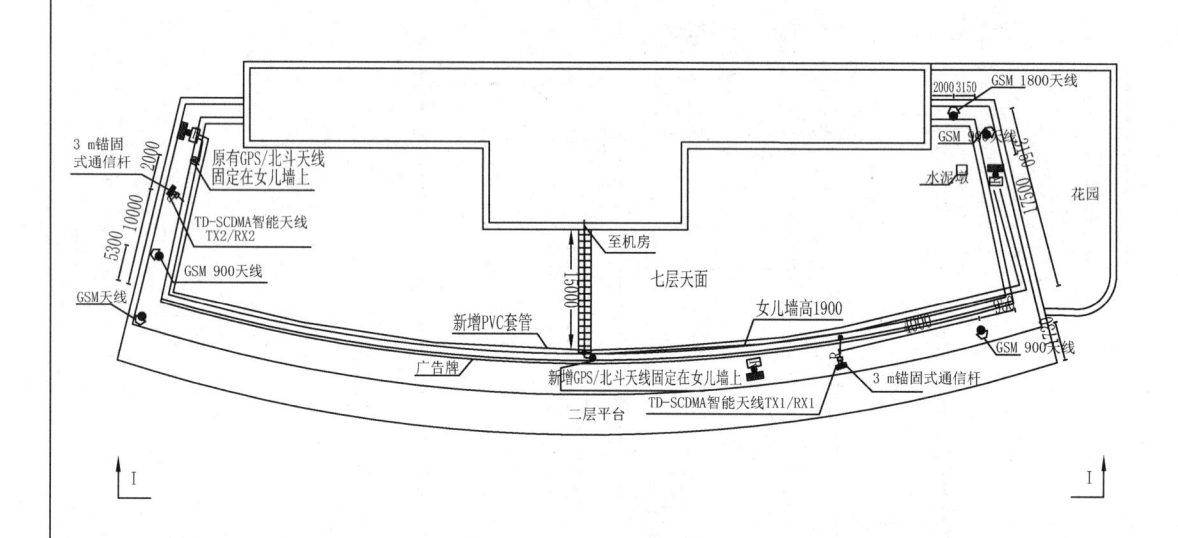

俯视图

天馈线系统安装加固材料表

序号	名称	规格	单位	数量	备注
1	GPS/北斗天线		副	1	—
2	GPS/北斗馈线		m	80	—
3	GPS/北斗馈线接地线及卡子		套	2	—
4	PVC管		m	60	—
5	GPS放大器		个		—
6	避雷针		根		利旧原有避雷针
7	地线排		个		利旧原有室外地排

图例：
- • 避雷针俯视图
- ▮ 避雷针侧视图
- —— GPS/北斗馈线
- ⊙ 接地
- ⊙ GPS/北斗天线俯视图
- ▲ GPS/北斗天线侧视图
- ⊤ 接地排
- ▣ GPS/北斗放大器

第 4 章　传统室内分布系统的设计

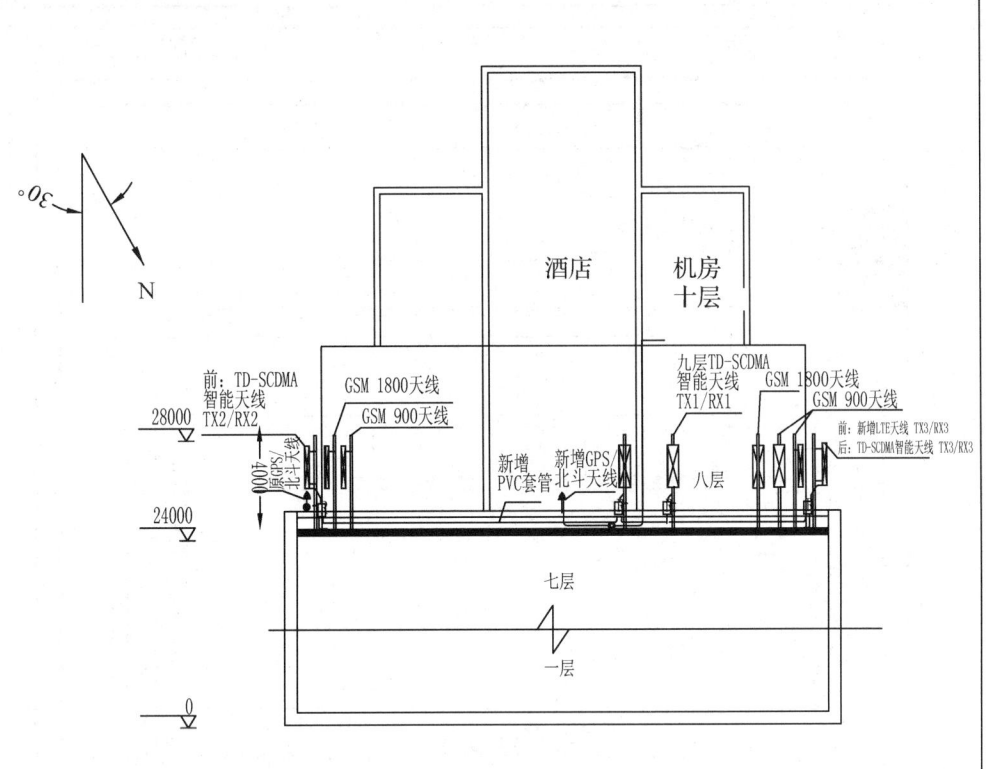

I-I视图

说明：

1. GPS/北斗馈线和GPS/北斗支撑杆应注意做好防雷接地工作，GPS/北斗天线应在避雷针45°保护范围内；由建设单位负责核实本楼的防雷接地电阻，如本楼的防雷接地电阻达不到工程要求，应重新做防雷地网。
2. GPS/北斗天线必须安装在较空旷位置，上方南侧90°范围内应无建筑物遮挡。GPS/北斗馈线应在下支撑杆和下天面前接地。GPS/北斗馈线室外部分套PVC管布放，PVC管应与墙体固定。
3. GPS/北斗馈线接地要求顺着馈线下行方向进行接地，为了减少馈线的接地线的电感，要求接地线的弯曲角度大于90°，曲率半径大于130 mm，每一接地点最多只能连接3条接地线。
4. 室外地排应单独接地，且接地点位置与室内地排接地点位置的距离要满足工程防雷要求。
5. GPS/北斗馈线从沿天面穿PVC管敷设到GPS天线处。

项目总责人		审 核 人		××设计院有限公司
单项负责人		单 位	mm	××LTE室内覆盖GPS/北斗天线位置及GPS/北斗馈线走向图
设 计 人		比 例	1:1	
校 审 人		日 期	2014.09	图号

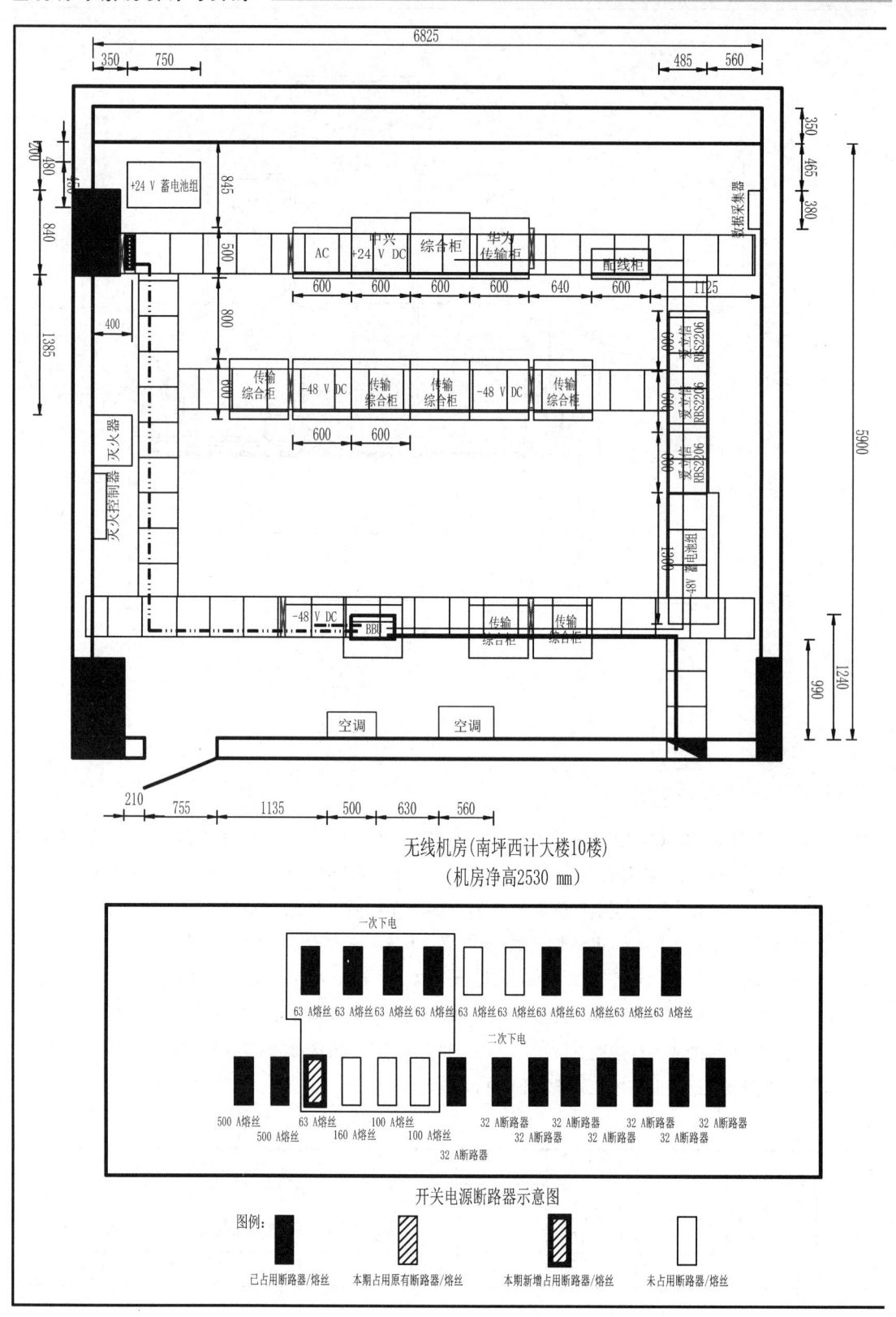

无线机房(南坪西计大楼10楼)
（机房净高2530 mm）

开关电源断路器示意图

图例：
- ■ 已占用断路器/熔丝
- ▨ 本期占用原有断路器/熔丝
- ▨ 本期新增占用断路器/熔丝
- □ 未占用断路器/熔丝

安装工作量表

序号	名称	单位	数量	备注
1	室内水平走线架(宽400)	米		
2	室内垂直走线架	米		
3	PVC管(25 mm)	米		
4	PVC管(50 mm)	米		
5	波纹管(25 mm)	米		
6	波纹管(50 mm)	米		
7	空开(63 A)	个	1	
8	整流模块(50 A/个)	个		
9	整流模块(30 A/个)	个		

图例：

▭▭▭▭ 新增水平走线架   ▬▬▬▬ 已有水平走线架

◆━◆ 新增垂直走线架   ⊠ 已有垂直走线架

注：
1. 室内水平走线架宽350，离地2200。
2. 室内水平走线架与墙固定，如图所示。
3. 走线架每隔2.5m用走线架连接件连接；在水平走线架上相邻固定点之间的距离应小于2.5m，固定方法可以利用吊挂件与天花板或梁固定，或是利用托件与墙或柱固定。

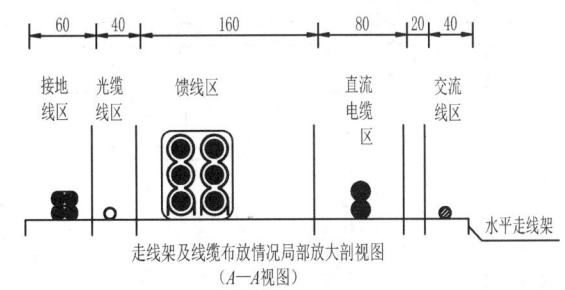

走线架及线缆布放情况局部放大剖视图
（A—A视图）

接地线区 | 光缆线区 | 馈线区 | 直流电缆区 | 交流线区
60 | 40 | 160 | 80 | 20 | 40
水平走线架

注：本图中的交流线区仅供参考，应由建设单位及相关外市电引入设计单位根据实际引入点决定外市电引入走线路由。

1. 图例

——— 馈线   ——— 传输线
- - - 交流线   —·— 直流线   —··— 地线

2. 本图样仅反映新增线缆的路由，机房走线架的安装见相关图。
3. 为了表示清晰，图中仅反映馈线、开关电源交流输入、直流输出、蓄电池电缆及设备接地电缆路由，其余电缆可参照敷设。
4. ACPDB交流引入电源线由建设单位根据实际引入点决定走线路由。
5. 交流电缆与其他电缆之间的布放距离要保持20mm以上；走线架上预留安装线缆区域同A—A视图。
6. 除图中所描述线缆外，走线架两端、走线架连接处需用1×16mm²电缆相连接。
7. 不同层走线架间线缆一定要在本走线架的区域走线。
8. 高层走线架着重解决线缆交叉问题。
9. 线缆布放应尽量避免交叉。

项目总负责人		审核人		××设计院有限公司
单项负责人		单位	mm	×××LM室内分布机房走线布置平面图
设计人		比例	1:1	
校审人		日期		图号

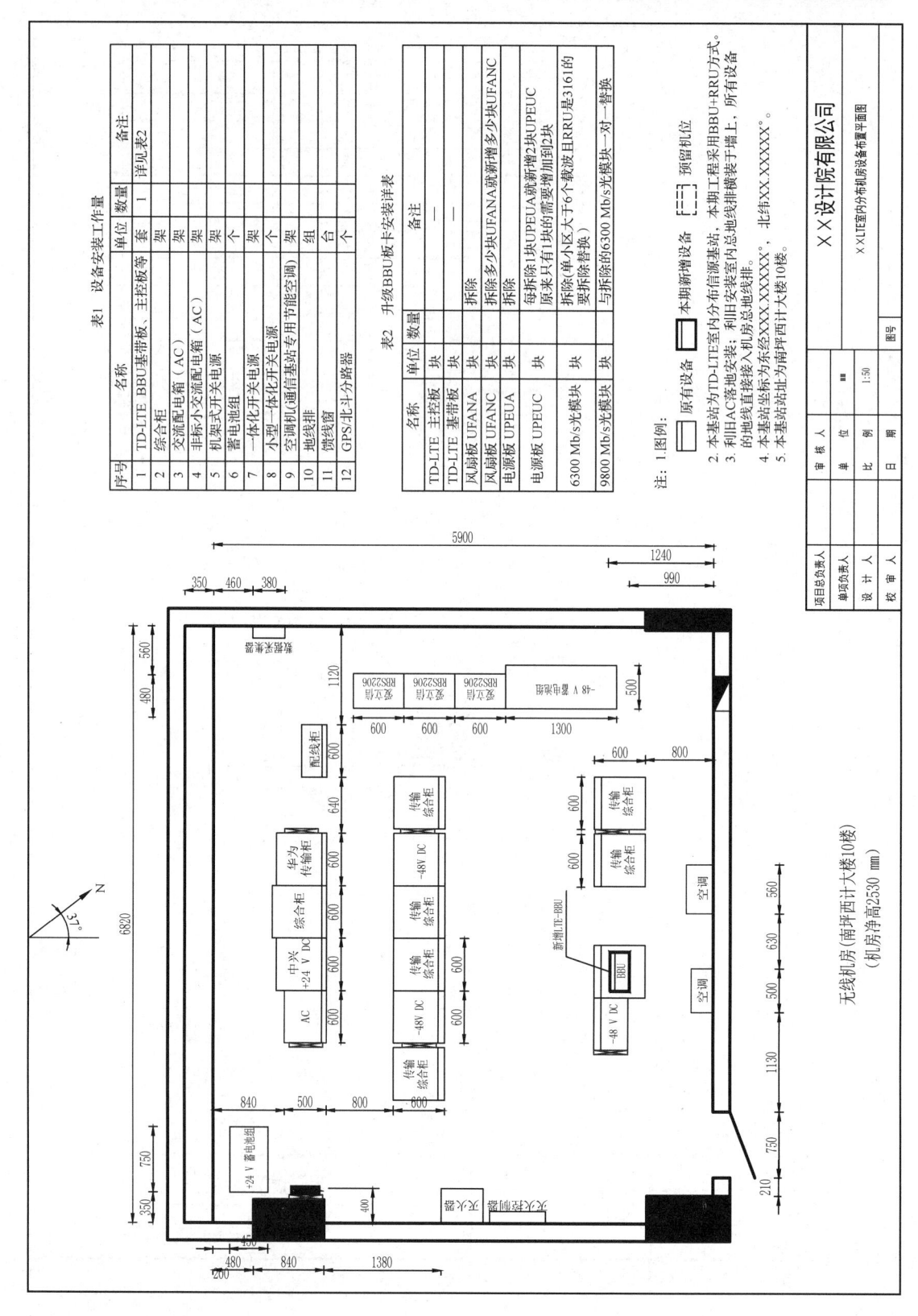

室内分布系统设计与实践

表1 设备安装工作量

序号	名称	单位	数量	备注
1	TD-LTE BBU基带板、主控板等	套	1	详见表2
2	综合柜	架		
3	交流配电箱（AC）	架		
4	非标小交流配电箱（AC）	架		
5	机架式开关电源	架		
6	蓄电池组	个		
7	一体化开关电源	个		
8	小型一体化通信基站专用节能空调	架		
9	空调机	组		
10	地线排	合		
11	馈线窗	个		
12	GPS/北斗分路器			

表2 升级BBU板卡安装详表

名称	单位	数量	备注
TD-LTE 主控板	块		拆除
TD-LTE 基带板	块		拆除
风扇板 UFANA	块		拆除多少块UFANA就新增多少块UFANC
风扇板 UFANC	块		
电源板 UPEUA	块		每拆除1块UPEUA就新增2块UPEUC
电源板 UPEUC	块		原来只有1块的需要增加到2块
6300 Mb/s光模块	块		拆除(单小区大于6个载波且RRU是161的需要替换)
9800 Mb/s光模块	块		与拆除的6300 Mb/s光模块一对一替换

注：1.图例：
□ 原有设备 □ 本期新增设备 [三] 预留机位

2. 本基站为TD-LTE室内分布信源基站，本期工程采用BBU+RRU方式。
3. 利旧AC落地安装；利用室内总地线横排下墙上，所有设备的地线直接接入机房总地线排。
4. 本基站坐标为东经XXX.XXXXXX°，北纬XX.XXXXXX°。
5. 本基站站址为南坪西计大楼10楼。

无线机房（南坪西计大楼10楼）
（机房净高2530 mm）

XX设计院有限公司		
XX LTE室内分布机房设备布置平面图		
项目总负责人		
单项负责人		
设 计 人	比 例	1:50
校 审 人		
审 核 人	日 期	
单 位	图号	

技能训练 5　教学楼的 TD-LTE 分布系统设计

1．实训目的

（1）掌握分布系统路由设计的方法与技巧。
（2）掌握分布系统的系统图绘制方法。
（3）掌握分布系统链路预算及功率调整方法。
（4）掌握分布式基站组网及小区分配配置的方法。

2．实训工具

CAD 软件。

3．实训内容与步骤

（1）依据第 3 章的技能训练 3 勘察的天线点位设置，按照"天线分簇"方法完成分布系统平面图中分布系统路由连接（对天线、器件进行编号，便于向拓扑图的转换）

（2）依据分布系统平面图完成分布系统组网拓扑图，在拓扑图中进行功率链路预算（RRU 功率 37 dBm），对天线口功率不符合要求的链路进行修正。

（3）依据链路拓扑图，修正分布系统平面图，并在平面图中完善 RRU 及开关电源的安装位置设计（注意 RRU 的安装位置及编号）

（4）结合完善后的分布系统平面图，对分布式基站 BBU-RRU 组网拓扑进行设计，并完成小区划分与载频配置。

4．实训结果

（1）分布系统平面图。

_____
_____
_____
_____

（2）分布系统组网拓扑图。

_____
_____
_____
_____

（3）信源连接拓扑图，含小区划分与载频配置方案。

_____
_____
_____
_____

5．总结与体会

_____

技能训练6 分布系统共址机房的设计

1. 实训目的

（1）掌握机房平面图的绘制方法。

（2）掌握机房走线路由图的绘制方法。

（3）掌握 GPS/北斗天线馈线俯视图和侧视图的绘制方法。

2. 实训工具

CAD 软件。

3. 实训内容与步骤

（1）依据第 3 章的技能训练 4 中勘察的共址机房资料，绘制共址机房平面图，图中应包括原设备情况和本次新增设备的设计。

（2）根据本次新增设备的安装位置，绘制机房走线路由图。

（3）根据勘察情况，绘制 GPS/北斗天线和馈线的俯视图与侧视图。

4. 实训结果

（1）机房平面图。

（2）机房走线路由图。

（3）GPS/北斗天线和馈线的俯视图与侧视图。

5. 总结与体会

第4章 传统室内分布系统的设计

内容梳理与归纳

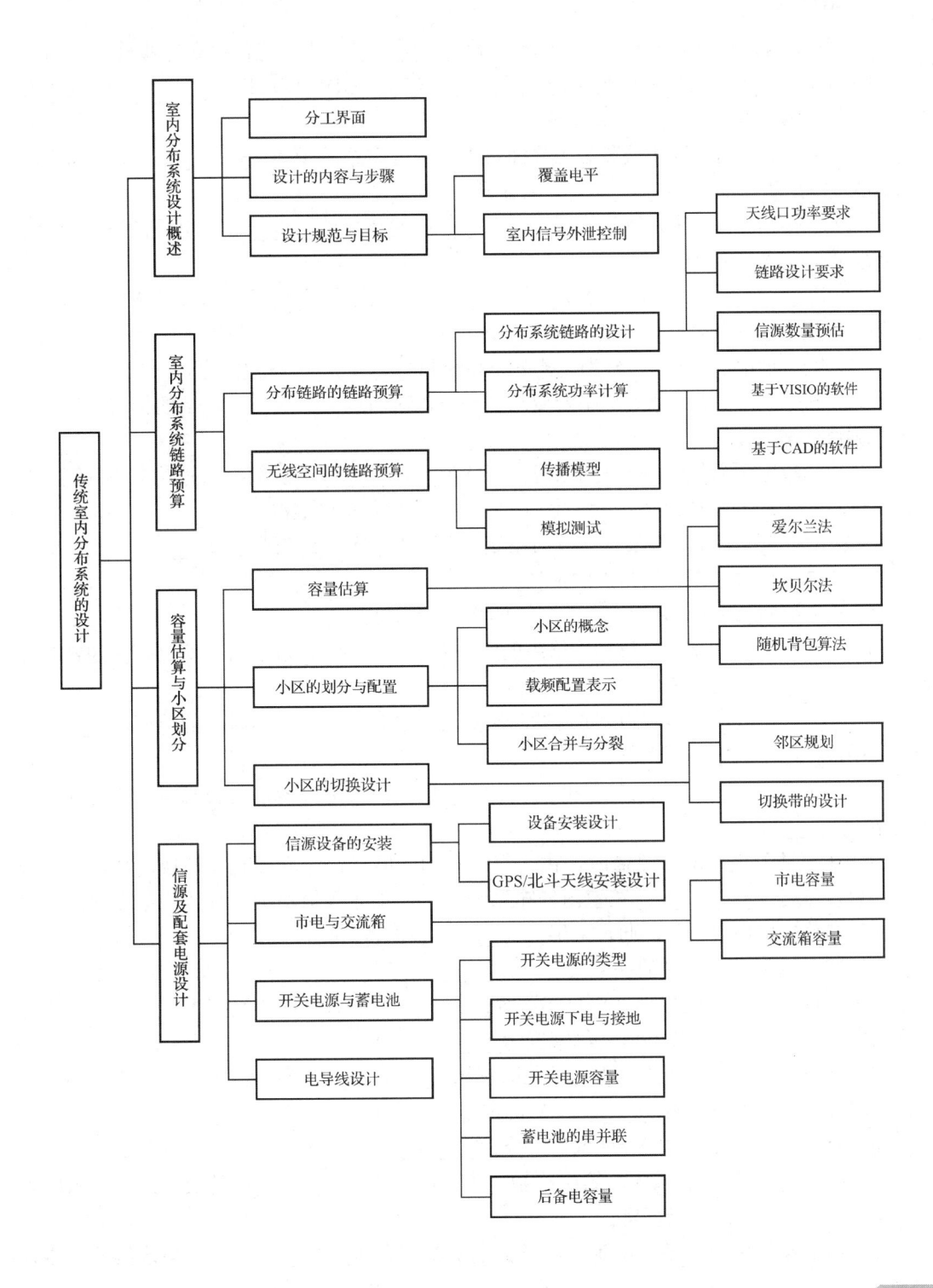

```
传统室内分布系统的设计
├── 室内分布系统设计概述
│   ├── 分工界面
│   ├── 设计的内容与步骤
│   └── 设计规范与目标
│       ├── 覆盖电平
│       └── 室内信号外泄控制
├── 室内分布系统链路预算
│   ├── 分布链路的链路预算
│   │   ├── 分布系统链路的设计
│   │   │   ├── 天线口功率要求
│   │   │   ├── 链路设计要求
│   │   │   └── 信源数量预估
│   │   └── 分布系统功率计算
│   │       ├── 基于VISIO的软件
│   │       └── 基于CAD的软件
│   └── 无线空间的链路预算
│       ├── 传播模型
│       └── 模拟测试
├── 容量估算与小区划分
│   ├── 容量估算
│   │   ├── 爱尔兰法
│   │   ├── 坎贝尔法
│   │   └── 随机背包算法
│   ├── 小区的划分与配置
│   │   ├── 小区的概念
│   │   ├── 载频配置表示
│   │   └── 小区合并与分裂
│   └── 小区的切换设计
│       ├── 邻区规划
│       └── 切换带的设计
└── 信源及配套电源设计
    ├── 信源设备的安装
    │   ├── 设备安装设计
    │   └── GPS/北斗天线安装设计
    ├── 市电与交流箱
    │   ├── 市电容量
    │   └── 交流箱容量
    ├── 开关电源与蓄电池
    │   ├── 开关电源的类型
    │   ├── 开关电源下电与接地
    │   ├── 开关电源容量
    │   ├── 蓄电池的串并联
    │   └── 后备电容量
    └── 电导线设计
```

自我测试 4

一、填空题

1. 在机房内,室内分布专业与传输专业以_____为界,室内分布专业只负责 BBU 与 DDF(ODF)架之间的 2 m 电缆或_____布放,DDF(ODF)架的安装及其与传输设备间的连接设计由_____专业负责。

2. 室内分布系统的设计按照分工界面可以分为分布系统图和_____图,分布系统设计图又分为_____和_____两部分。

3. 分布系统组网拓扑设计,包括_____组网拓扑、_____组网拓扑及从信源设备到天线口信号功率的计算等。

4. 在对_____、TD-SCDMA 和_____网络信源进行设计时,还要对 GPS/北斗天线、馈线进行设计。

5. 室内分布系统设计可以分为新建分布系统和_____分布系统两大类。

6. 通常情况下对边缘覆盖电平的要求是在覆盖区域内_____以上的位置,满足信号电平强度≥规定值。

7. 室内覆盖的链路预算可分为两段,一段为_____中射频电信号功率的分配与衰减,另一段为无线电磁波信号功率在室内_____中传播的衰减。

8. 馈线大多采用 1/2″馈线,当分布系统中主干上单条馈线长度超过_____m 时,通常会使用 7/8″馈线来减少线路上的损耗。

9. 分布系统链路一般采用_____的次序进行设计。

10. _____是指一个移动网络中的业务量在 24 h 中最高的 1 h,基站配置通常是要满足网络_____业务需求。

11. _____是指在一特定时间内呼叫次数与每次呼叫平均占用时间的乘积,_____是指一天中最忙的 1 h 的话务量。

12. 信道分为_____信道和_____信道两大类,爱尔兰公式中所描述的信道数是指_____信道。

13. 在地铁、铁路隧道覆盖时,由于终端移动速度较快,为了减少切换次数,降低掉话率,可以进行_____;在室内分布系统中,如果业务量增加,导致小区无法通过直接增加载频数来增加容量时,通常采用_____来扩容。

14. 邻区规划时,邻区的关系设置有_____和_____两种。在楼宇出入口、地下停车场出入口,一般规划室内外小区为_____邻区;在中高层窗口处,对于引起孤岛效应的室外小区和室内小区之间配置为_____邻区。

15. 通信基站一般从变压器引入独立的三相_____V,50 Hz 的市电作为电源,在条件受限时才考虑引用单相_____V 的市电作为电源。

16. 交流箱和开关电源的接地保护可分为_____接地和_____接地。

17. 在 IP 防护等级表示中,第 1 个数字表示电器防_____的等级,第 2 个数字表示电器防_____的密闭程度。

18. 当基站停电且后备电不足时,开关电源将首先断开_____下电连接的设备,

保证_____下电连接设备的用电。

19. 蓄电池组必须以-48 V 对通信设备进行供电，因此要对蓄电池单体进行_____，形成-48 V 的蓄电池组；当需要配置的蓄电池总容量超过了蓄电池单体的容量时，则需要对蓄电池组再进行_____。

二、单选题

1. （　　）是指分布系统组网拓扑图。
   A．平面图　　　　　　　　　　B．设备及配套电源的平面布置示意图
   C．系统图　　　　　　　　　　D．GPS/北斗天线及馈线安装示意图

2. 某物业原有一套 2G 单路分布系统，其分布系统的无源器件和天线支持 LTE 频段，现在准备建设 LTE 双路室内分布系统，应采用（　　）建设方式。
   A．"新建单路"　　　　　　　　B．"直接合路"
   C．"新建双路"　　　　　　　　D．"新建一路，合路一路"

3. 通常对室内信号外泄的要求，是指建筑物室外（　　）处参考指标信号电平值不高于对应规定值。
   A．1 m　　　　　　　　　　　　B．5 m
   C．10 m　　　　　　　　　　　D．20 m

4. 无线信号在自由空间传播时，当距离 d 或频率 f 每增加 1 倍，损耗 L 增加（　　）。
   A．2 dB　　　　　　　　　　　B．3 dB
   C．4 dB　　　　　　　　　　　D．6 dB

5. 室内分布系统模拟测试是指在（　　），对覆盖区域进行无线信号测试的过程。
   A．在现场勘察之前　　　　　　B．在现场勘察之后与设计方案之前
   C．在设计方案完成之后与施工之前　　D．在施工之后

6. 呼损率也是影响移动网络容量配置的因素之一，通常移动网络语音业务的呼损率按（　　）设计。
   A．1%　　　　　　　　　　　　B．2%
   C．3%　　　　　　　　　　　　D．5%

7. 下列（　　）不是爱尔兰 B 表中的指标。
   A．呼损率 B　　　　　　　　　B．话务量 A
   C．通话时长 t　　　　　　　　D．信道数 n

8. 假如某室内分布基站有一个 BBU 多个 RRU，划分为 3 个小区，载频均为 1，正确的表示方式是（　　）。
   A．O1/1/1　　　　　　　　　　B．S1/1/1
   C．O1+O1+O1　　　　　　　　　D．S1+S1+S1

9. 下面（　　）设备不能用作增加室内分布系统的业务容量。
   A．宏基站　　　　　　　　　　B．微基站
   C．分布式基站　　　　　　　　D．光纤直放站

10. 在建筑物的中高楼层，因室外宏基站信号的影响，导致用户手机在多个室外小区或室外小区与室内小区间频繁切换，该现象称为（　　）。

A. 孤岛效应 B. 针尖效应
C. 乒乓效应 D. 多径效应

11. 交流箱的容量单位为（　　）。
A. 瓦特（W） B. 伏特（V）
C. 安培（A） D. 安时（Ah）

12. 内置蓄电池的开关电源称为（　　）。
A. 组合式开关电源 B. 一体化开关电源
C. 落地式开关电源 D. 壁挂式开关电源

三、多选题

1. 下列（　　）属于分布系统平面图设计的内容。
A. 天线选型与安装位置的设计
B. 无源器件选型与安装位置的设计
C. 馈线选型与路由设计
D. 估算 RRU 覆盖楼层数和 RRU 数量，设计 RRU 安装位置

2. 以下（　　）属于信源图的内容。
A. 机房设备平面布置示意图 B. 机房走线布置平面图
C. GPS/北斗天线及馈线安装示意图 D. 天线及馈线安装平面图

3. 机房走线路由布置图通常包括（　　）等线缆的走线路由设计。
A. 电源线 B. 接地线
C. 馈线 D. 光纤

4. 在设计时，控制信号外泄主要有（　　）等几种典型方式。
A. 选择方向性强的天线
B. 天线安装位置尽量选择在有天然建筑结构遮挡信号外泄的位置
C. 适当降低靠近窗口、出口位置的天线口输出功率
D. 减少天线使用数量

5. 在分布系统中的功率消耗包括以下（　　）部分。
A. 信号在馈线传输过程中的传播损耗
B. 信号在器件传输过程中的介质损耗
C. 信源信号分配到多个天线上的分配消耗
D. 信号从天线口辐射到无线空间中的能量转换的消耗

6. 模拟测试时对于测试设备和接收设备有（　　）要求。
A. 模拟测试天线位置必须同设计天线位置一致
B. 模拟测试天线类型必须同设计天线类型一致
C. 模拟测试天线安装高度必须与设计位置高度一致
D. 接收天线性能必须同手机天线性能类似

7. 常见的多业务下分析话务模型进行信道估算的方法有（　　）。
A. 等效爱尔兰法 B. 后爱尔兰法
C. 坎贝尔法 D. 随机背包算法

8. 室内分布系统中所涉及的小区切换主要有（　　）。
   A．室内分布小区与室外宏基站小区的覆盖切换
   B．室内分布小区与室内分布小区之间的切换
   C．室外宏基站小区与室外宏基站小区的覆盖切换
   D．室内分布系统小区内的覆盖切换
9. GPS/北斗天线安装设计时，下列描述正确的是（　　）。
   A．安装位置正上方和南方无遮挡
   B．安装位置必须在避雷针斜下方 45°保护范围内
   C．GPS/北斗馈线路由不能超过 GPS/北斗天线正常工作的长度限制
   D．两台安装在一起的 BBU，可以共用一个 GPS/北斗天线

四、判断题

1. BBU 与 RRU 及 RRU 之间的所有光缆或光纤连接都由室内分布专业设计。（　　）
2. 室内分布平面图中画出物业整体结构和所在位置及周边环境示意图，可指导在设计时考虑控制信号对外部的影响。（　　）
3. 室内分布基站信源设备可以采用直流-48 V 供电，也可以采用交流供电。（　　）
4. 共址机房不需要绘制出已有设备的尺寸和相对位置标注。（　　）
5. 在相同位置和覆盖范围情况下，2G 的天线口功率要求大于 4G 3~5 dB。（　　）
6. 室内信号外泄控制的重点是在中高楼层。（　　）
7. 分布系统链路设计时，只要保证各天线口信号功率相对均衡就可以了。（　　）
8. 无线传播模型用于描述无线电波电平随地点不同的变化规律，其核心思想是通过算法模拟出电磁波的传播过程。（　　）
9. LTE 网络取消了 CS 域，只有 PS 域。（　　）
10. 多个 BBU 不能设置为一个小区，一个单通道 RRU 也不能配置为多个小区。（　　）
11. 在进行室内分布小区分裂扩容时，如果扩容小区只包含一个 RRU，则需要增加 RRU，并对原分布系统进行整改。（　　）
12. 室内分布站存在多个小区时，切换区域设置应遵从切换区域数尽量少，切换区域人流量尽量小的原则。（　　）
13. 小区间切换设计时，应尽量让两个小区的重叠覆盖区域小，可以增加切换速率。（　　）
14. 功率为 1 匹的空调是指其用电功率为 1 匹。（　　）

五、简答题

1. 简述新建分布系统设计的流程。
2. 简述合路分布系统设计的流程。
3. 简述"一耦到底"链路设计方法存在的问题。

六、计算题

某 LTE 室内分布系统基站机房内，拟新建设 1 套 TD-LTE 设备，包括含 1 台 BBU，5 台单通道 RRU，且都从 BBU 所在机房供电，单台设备功耗分别为 500 W 和 200 W；传输设备 1 套，功耗为 600 W；安装 1.5 P 空调挂机 1 台，节能等级为一级；另监控和照明功耗约为 500 W。

（1）若按 3 h 后备电时间计，该机房配置蓄电池容量应不低于多少？

（2）如果该机房配置 1 组 500 Ah 蓄电池，请问该机房新增开关电源的容量应不低于多少？若整流模块为每块 50 A，至少需要配置多少块整流模块？

（3）如果该机房配置 1 组 500 Ah 蓄电池，该机房所引入的外市电容量应不低于多少？该机房若采用 220 V/32 A 的交流箱，容量是否满足要求？

第5章

分布式皮基站的应用与室内分布系统设计

学习目标

1. 掌握分布式皮基站单系统组网、多系统共同组网的结构。
2. 了解分布式皮基站各网元设备的特性。
3. 了解pRRU的安装规范,掌握pRRU的选型与设计要求。
4. 掌握分布式皮基站室内分布系统设计的小区划分和配置的要求与限制。

内容导航

分布式皮基站是整合无线平台资源及多元技术,推出的室内热点扩容和盲点补充的无线室内多模深度覆盖解决方案。它具备易部署、配置灵活、软分裂提升容量、平滑演进等特点,可以很好地满足室内环境的无线网络容量和覆盖需求。设备在4G室内覆盖中首先得到应用,它可以接入其他网络信号实现多网络的覆盖,目前已经在4G和5G室内覆盖基站广泛使用,有逐步取代传统室内分布系统的趋势。

本章首先讲解行业内主流厂家的分布式皮基站设备在进行室内分布系统建设时的组网结构,包括单系统组网和多系统共同组网,然后介绍分布式皮基站各设备网元的特性,最后从pRRU的选型与安装及小区划分与配置两部分详细介绍分布式皮基站设计的要求与规范。

5.1 分布式皮基站的原理

5.1.1 分布式皮基站的组网结构

1. 单系统组网

分布式皮基站是在分布式基站的基础上新开发出扩展单元（又称作集线器单元 RHUB）和射频拉远单元（pRRU）两款设备，利用光纤和以太网线承载，和基带单元（BBU）一起构成新的室内解决方案。

分布式皮基站采用三层组网架构，在单网络覆盖时的组网结构如图 5-1 所示，包括 BBU、RHUB 和 pRRU 3 部分。

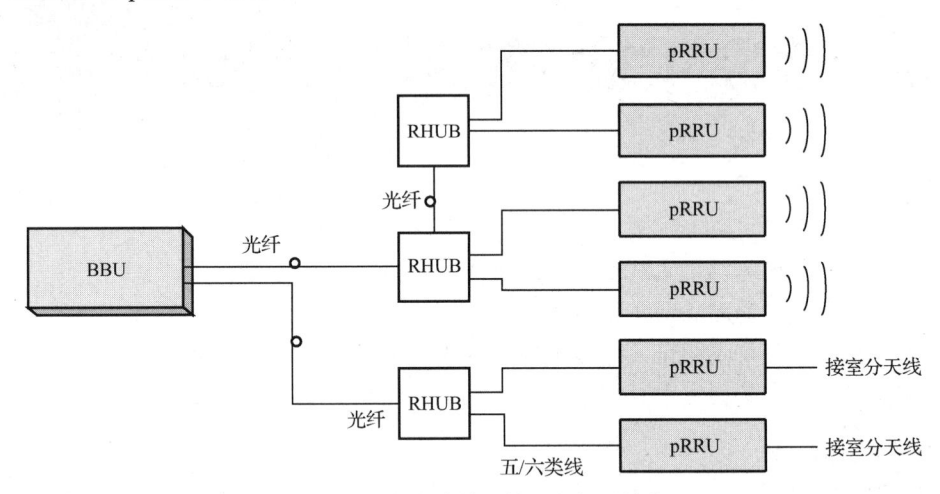

图 5-1 分布式皮基站的三层组网结构

BBU 与 RHUB 间采用光纤连接，最大拉远距离为 10 km，一台 BBU 可以星形连接和级联若干台 RHUB，BBU 最大连接 RHUB 的数量，不同的厂家有差异。

PHUB 与 pRRU 之间采用五类线或六类线连接，最新技术可实现拉远最大距离为 200 m，实现通信的同时可以为 pRRU 进行 POE 供电，大部分厂家的扩展单元支持星形连接 8 台 pRRU。

2. 多系统共同组网

分布式皮基站出现初期，现网中 4G 系统和 2G 系统仍然共存，许多场景有 2G 和 4G 共同覆盖的需求，因此设备厂家提供了分布式皮基站 2G 和 4G 共同组网的方案。不同厂家因设备特性差异，组网的方式区别较大，较为典型的有以下几种。

1）2G 信源馈入组网

这种组网方式是将 2G 射频信号以类似合路的方式接入分布式皮基站系统中，分布式皮基站对 2G 信号进行中继处理，实现 2G 信号网络的信号覆盖。

2G 信号有两种馈入方式，一种是利用接入板卡直接馈入 4G BBU，如图 5-2 所示；另一种是利用外置的接入设备实现 2G 信号的馈入，如图 5-3 所示。

第 5 章 分布式皮基站的应用与室内分布系统设计

从图中可以看出，第一种方式是利用接入板卡直接将 2G 射频信号馈入 BBU 中，第二种方式是通过外置接入设备馈入，第一种方式少一个网络设备，组网相对简单。

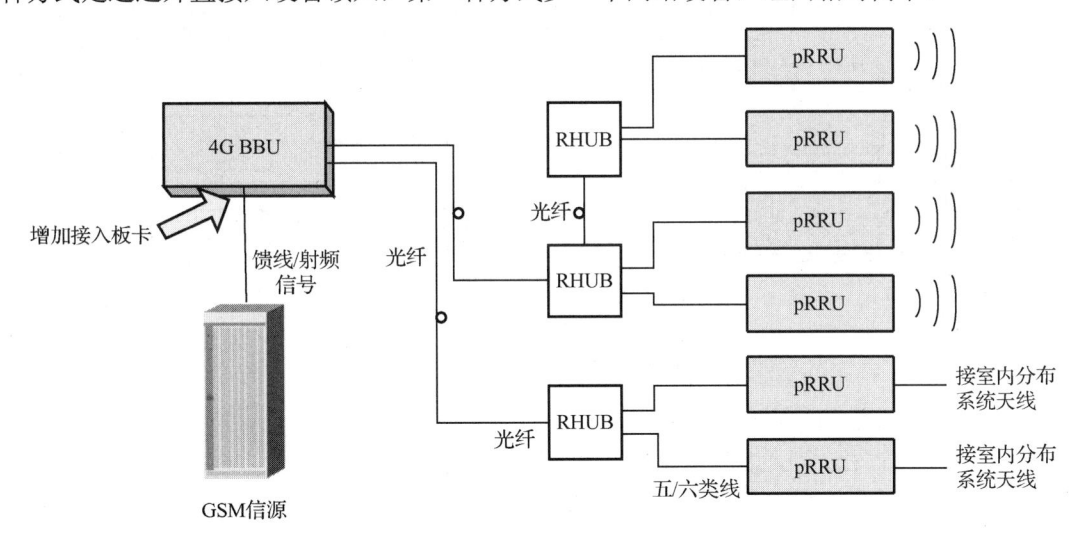

图 5-2　2G 信源通过接入板卡馈入分布式皮基站

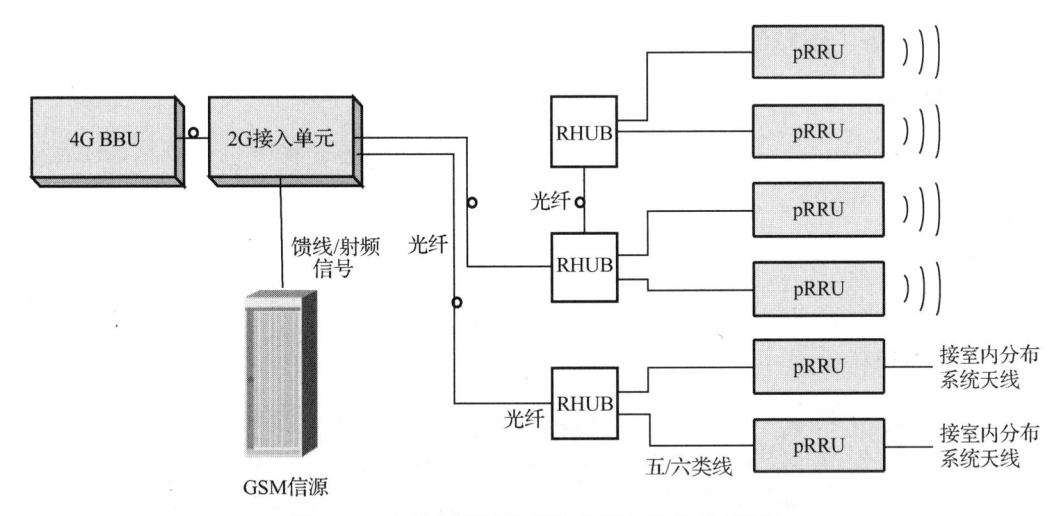

图 5-3　2G 信源通过外置设备馈入分布式皮基站

但是两种方式的本质都是将 2G 射频信号馈入分布式皮基站中，分布式皮基站相对于 2G 系统都是中继。而且分布式皮基站的扩展单元和 RRU 都支持接入 2G 系统，远端单元内配置有对应的 2G 射频模块。

2）2G 与 4G 并行组网

由于不同厂家设备的特性与成熟度差异，部分厂家的扩展单元和 RRU 并不支持直接接入 2G，此时需要单独设置一套 2G 的扩展单元和 RRU。

如图 5-4 所示，这种组网实际上是另建一套 2G 的中继系统，新增的 2G 扩展单元与 4G 扩展单元安装在同一地方，2G RRU 与 4G RRU 也安装在同一地方，两套系统的网络架构完全相同，无须单独设计。

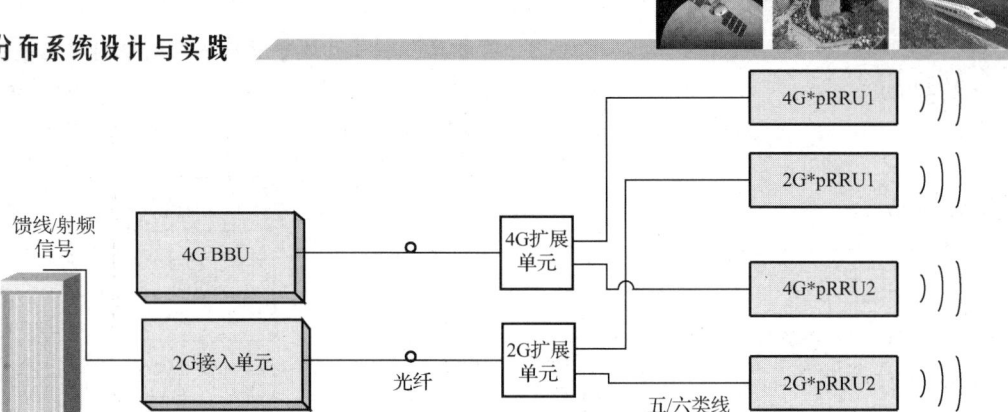

图5-4 2G与4G单独组网的分布式皮基站系统

3）5G与4G共用设备组网

现网主流的4G分布式皮基站设备可以通过改造方式支持5G NR，5G与4G网络共用一套分布式皮基站设备，并且可实现4×4 MIMO。在BBU上新增5G板卡，在pRRU上增加5G射频模块，采用6类网线或带电光缆连接即可实现。

5.1.2 分布式皮基站的设备特性

1. 基带单元

基带单元即BBU，主要完成基站基带信号的处理，是集中控制管理整个基站系统的设备。

BBU通常是一个19英寸宽、1U～2U的小型化盒式设备，如图5-5所示，可以安装在标准19英寸综合柜中，也可以挂墙安装。BBU采用插槽设计，可以根据需要安装不同的单板。BBU主要包括主动传输板、基带处理板、传输扩展板、基带扩展板、星卡时钟板、电源模块、监控模块等功能单板，支持即插即用。

图5-5 BBU外形

BBU的主要功能包括以下两种。

（1）提供与传输设备、射频模块、外部时钟源、外部监控管理系统连接的外部接口，实现信号传输、基站软件自动升级、接受GPS/北斗时钟信号及BBU的维护功能。

（2）集中管理整个基站系统，完成上下行数据的处理、信令处理、资源管理和操作维护功能。

分布式皮基站使用的BBU和现网分布式基站中的BBU完全一样，建网时可以共用现网室外宏基站或室内分布系统的BBU。

2. 扩展单元

扩展单元又被厂家称为 RHUB、P-Bridge 或 IRU，在分布式皮基站中起着承上启下的作用。它是一个 19 英寸、1U 高的设备，如图 5-6 所示，其既可安装在标准 19 英寸综合柜中，也可以挂墙安装。

扩展单元的主要功能包括以下两种。

（1）信号的光电转换，接收 BBU 发送的下行基带数据传给 pRRU，并将 pRRU 的上行基带数据经过一定的合路处理，数据汇聚后向 BBU 发送。

图 5-6　扩展单元外形

（2）为 pRRU 实现 POE 集中供电。扩展单元有 8 个网口，支持连接 8 个 pRRU 并为它们供电。

3. 射频拉远单元

射频拉远单元又称为 pRRU（Pico RRU）或 Radio Dot，它是室内小功率射频拉远模块，其单通道输出功率为 125～250 mW，可实现射频信号处理功能，通过内置或外接的天线实现信号覆盖。按照支持的网络制式，pRRU 可以分为单模 pRRU 和多模 pRRU，多模 pRRU 可以实现多网络同时覆盖。

不同厂家 pRRU 的外形有所不同，如图 5-7 所示为部分厂家内置天线的 pRRU 外观图。pRRU 外形较小，安装位置非常灵活，可以安装在室内墙面、室内天花板上，也可以固定在龙骨、吊筋、圆杆、型钢上，从而满足不同场景、不同区域的信号覆盖需求。

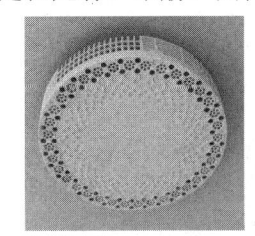

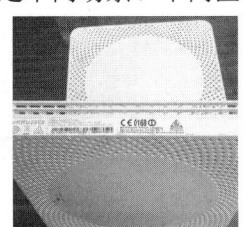

图 5-7　部分厂家内置天线的 pRRU 外观

外接室分天线的 pRRU 尺寸与形态相似，接口支持 2×2MIMO，可以直接接一个双通道天线或两个单通道天线。如果 pRRU 是多模，则在接入天线前需要设置合路器，如图 5-8 所示为多模 pRRU 外接天线示意图。

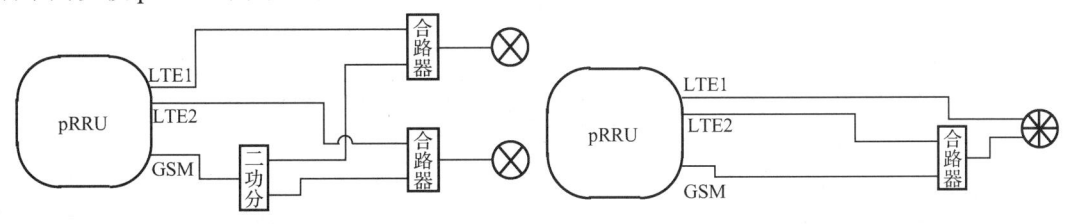

(a) 外接单极化天线　　　　　　　　(b) 外接双极化天线

图 5-8　多模 pRRU 外接天线示意

图 5-8（a）所示为外接两个单极化天线，覆盖两个不同的区域；图 5-8（b）所示为外接一个双极化天线，可以实现 2×2MIMO，提高系统速率。

pRRU 的主要功能包括以下两种。

（1）负责传送和处理 BBU 和天馈系统之间的射频信号。

（2）内置天线的 pRRU 还有天线的功能，实现有线与无线信号的转换和信号覆盖。

5.2 分布式皮基站的设计

5.2.1 pRRU 的选择与安装设计

分布式皮基站的 pRRU 存在内置天线和外接天线两种形态，两种形态各有优势。pRRU 内置天线在进行室内覆盖时由于完全不使用无源器件，其形态对整个网络都可以监控，因此应用得更为广泛。

1. pRRU 的安装规范

pRRU 内置天线为全向天线，点位布放原则与传统室内分布系统天线类似，既可吸顶又可壁挂安装，设计安装时要注意安装位置及周围环境的情况。

（1）pRRU 安装位置侧面、前方或下方各方向 500 mm 范围内不得有障碍物，尤其是金属物体、立柱、墙体等，如图 5-9 所示。同时要关注遮挡物对信号覆盖损耗的影响，要尽量减少 pRRU 与覆盖区域之间的遮挡物，以避免信号的衰减。

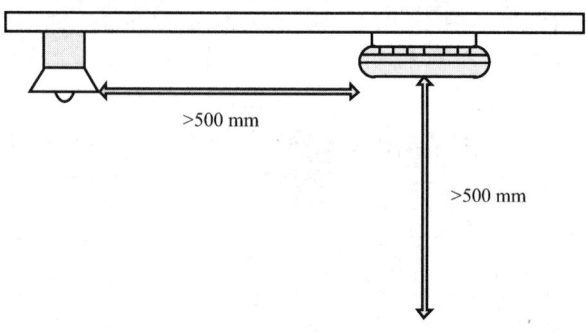

图 5-9 pRRU 安装位置示意

（2）由于金属对无线信号屏蔽严重，因此如果天花板或吊顶为金属材质时，应安装在天花板或吊顶下方，如图 5-10 所示。

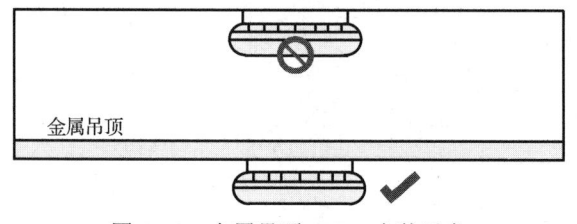

图 5-10 金属吊顶 pRRU 安装示意

（3）设计安装 pRRU 的位置还要注意安装的可行性、维护便利性及安全性等因素。设计安装的位置要满足物业要求，安装的墙体要满足承重能力要求，能够施工走线；如果有

检修孔,尽量安装在检修孔附近,方便后续维护;安装时 pRRU 还要远离消防喷头等影响设备安全的位置 1 m 以外。

2. 内置天线 pRRU 的设计

内置天线 pRRU 安装主要基于覆盖区域的规划,合理设置 pRRU 的安装位置和间隔,满足覆盖要求。

(1)有规则房间且房间面积较小的场景,如学生宿舍、酒店、医院住院部等,pRRU 布放如图 5-11 所示。当房间门为金属材质或房间较大时,单个 pRRU 覆盖双侧 4 个房间(或单侧 2 个房间);当房间门为木质结构或有玻璃窗且房间尺寸不大时,可以单个 pRRU 覆盖双侧 6 个房间(或单侧 3 个房间)。

(a)房间门为金属材质或房间较大

(b)房间门为木质结构或有玻璃窗且房间较小

图 5-11 规则房间 pRRU 的布放示意

(2)空旷无隔断或少隔断的场景,如商场、写字楼、超市等,pRRU 布放如图 5-12 所示。

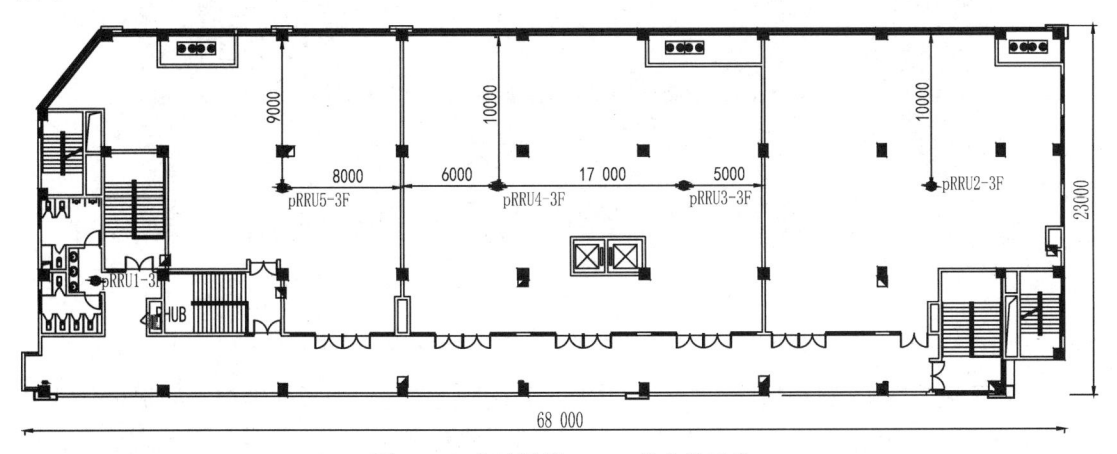

图 5-12 空旷场景 pRRU 的布放示意

空旷区域要结合具体的空高、隔断内空间的面积等因素综合考虑 pRRU 布放的位置、数量与间隔。通常来说，pRRU 布置的间距比传统室内吸顶天线要略大，较为典型的几种场景，其 pRRU 布放间隔如表 5-1 所示，在实际设计时可以用作参考。

（3）实际室内覆盖的场景，内部结构较为复杂，在 pRRU 布放时应根据实际的覆盖区域的隔断情况、面积等综合（1）、（2）中 pRRU 布放的要求灵活布置。在保证各覆盖区域满足覆盖效果及容量需求的前提下，pRRU 的使用数量尽量少。

表 5-1　典型场景空旷区域的 pRRU 布放间距

场景类别	间距
办公楼	20～25 m
大型商场	20～25 m
超市	25～30 m
会展中心	25～35 m
交通枢纽	20～30 m

3. 外置天线 pRRU 的设计

内置天线 pRRU 能满足普通场景大部分区域的覆盖需求，因此在普通场景的覆盖时，优先使用内置天线 pRRU 进行覆盖。但由于 pRRU 内置天线为全向天线，在一些特殊的区域或场景要考虑选用外接定向天线才能满足覆盖需求。

（1）pRRU 吸顶安装位置受限，覆盖深度要求较高的区域。在深度覆盖时，某些区域 pRRU 只能壁挂安装在目标覆盖区域边缘，但目标覆盖区域狭长或穿透损耗较大，必须采用外置定向天线才能满足覆盖需求，如车库进出口、走廊等。

（2）覆盖区域空旷且容量需求巨大，需要多个小区覆盖的场景。此时需要通过外接定向天线精确控制 pRRU 覆盖范围，减少重叠覆盖区域，分流业务量、降低干扰，如图 5-13 所示，较为典型的场景有体育馆看台、运动场、会展中心等。

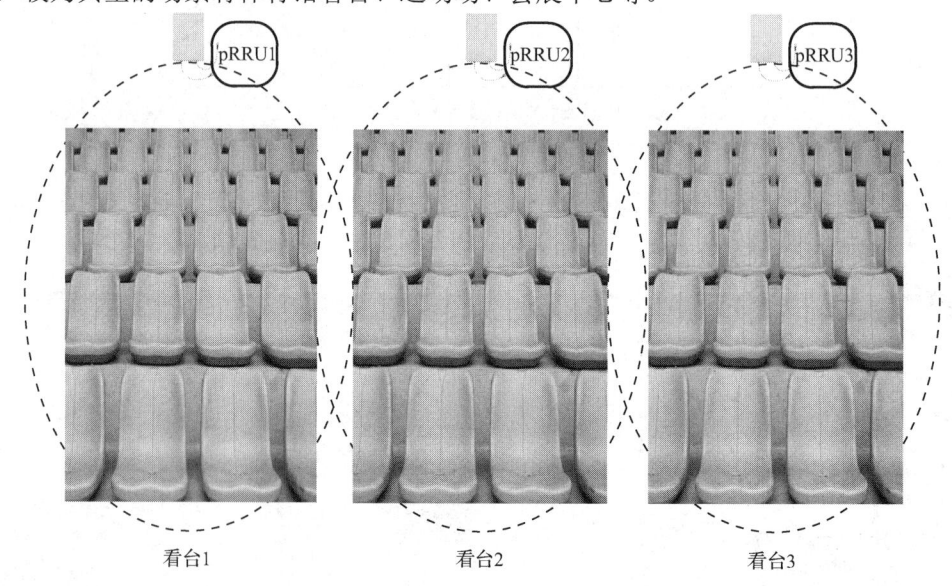

图 5-13　大容量场景 pRRU 外接定向天线的应用

（3）无建筑物隔离信号外泄的区域。对低楼层的建筑物，为了控制信号外泄，优选内置天线 pRRU 安装在侧墙，利用建筑物墙面遮挡，控制信号外泄。但是如果无合适的建筑物墙面隔离信号时，则可选用外接定向天线控制信号外泄的强度。

（4）要求天线入室且房间很小的场景。在对宾馆、宿舍等类似的结构较规则、房间很小的场景覆盖时，如果门为金属材质，而该场景较为重要，在业主允许的情况下，可以 pRRU 外接吸顶天线或定向天线的方式对房间内部进行覆盖，使房间内有良好的覆盖，同时不会因为每个房间都要安装 pRRU 而过分增加投资，浪费资源。如果房间很大，或者房间内还有隔断，则可以直接把 pRRU 放入室内进行覆盖。

4. pRRU 与传统室内分布系统的结合设计

分布式皮基站因其鲜明的优点在 4G 和 5G 室内覆盖中迅速得到了推广应用，它适合绝大部分场景和区域的覆盖需求，但是有部分区域，如电梯和车库，分布式皮基站不是最佳的覆盖解决方案，仍然优先选择传统室内分布系统进行覆盖。

（1）在电梯覆盖时，若采用内置全向天线 pRRU 进行覆盖，由于电梯金属轿厢对于信号的严重衰减，电梯内的覆盖效果会较差，因此仍需要采用与传统室内分布系统类似的在井道内安装定向天线的覆盖方式。特别是高层电梯，采用"RRU+传统分布系统"覆盖的效果更优，也更节约成本。

（2）车库覆盖时，由于车库空旷且面积较大，若采用内置全向天线 pRRU 覆盖，需要pRRU 的数量较大，但是车库内的固定用户较少、业务量低，采用大量的 pRRU 来覆盖会非常浪费，因此从节约成本方面考虑，车库覆盖时，特别是大型车库，采用"RRU+传统分布系统"更节约成本。

在同一个建筑内，既有高业务区域，也有低业务区域如电梯、车库，此时可以采用 pRRU 与传统室内分布系统结合方式进行室内覆盖。如图 5-14 所示，分布式皮基站和分布式基站共用 BBU，pRRU 布置在楼内对平层覆盖，RRU 外接传统分布系统对电梯和车库进行覆盖，此方案解决了电梯、车库不适合采用 pRRU 进行覆盖的问题。

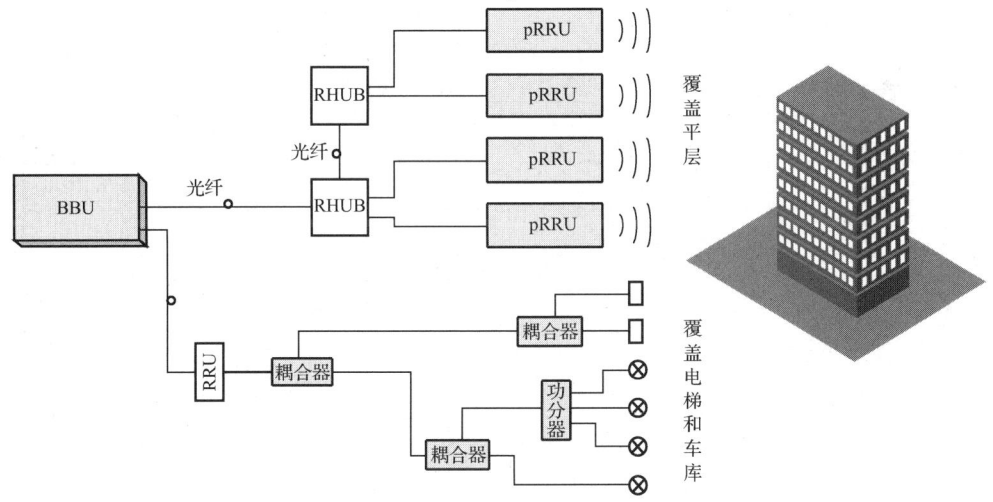

图 5-14 pRRU 与传统分布系统的结合覆盖

5.2.2 小区设计

1. 小区切换设计

分布式皮基站进行室内覆盖的建筑在进行小区划分时，小区划分与小区切换的思路与传统室内分布系统类似。

（1）室内小区与室外宏基站的切换：将切换区域规划在建筑物的出入口处。若是人行出入口，重叠覆盖区设置在出入口外侧 5 m 左右，区域长度为 3～5 m；若是车行出入口，重叠覆盖区域长度设置得更长。

（2）电梯的小区划分：将电梯与低层划分为同一小区，电梯厅尽量使用与电梯同小区信号覆盖，确保电梯与平层之间的切换在电梯厅内发生，防止因电梯开关门引起的信号快速衰减而切换失败。

（3）平层的小区划分：需结合建筑物结构将小区切换带尽量规划在人流量较少的区域。尽量将同一楼层设在一个小区内，这样切换只会发生在楼道内，人流量相对较少；如果平层面积很大，必须要将同一楼层划分到多个小区时，则尽量将切换带规划在楼层内人流量少的隔断或通道处。

分布式皮基站小区的划分还应考虑小区间的干扰，主要从小区边界划分和重叠覆盖区域设置进行控制，部分场景合理选用定向天线控制重叠覆盖区域，减少干扰。

分布式皮基站小区设置时还要注意与传统室内分布系统的小区间干扰控制。当分布式皮基站与传统室内分布系统覆盖区域相同时，必须保证分布式皮基站与传统室内分布系统异频组网，避免同频干扰。当分布式皮基站与传统室内分布系统覆盖不同区域时，建议使用同频覆盖，配置正常的邻区关系。

2．小区划分与配置

分布式皮基站对于 GSM 系统来说相当于中继，因此 GSM 网络的载频划分取决于接入分布式皮基站 BBU 的 GSM 信源载频配置。本节以移动公司 4G 为例，重点介绍分布式皮基站在进行 TD-LTE 覆盖时的小区划分和载频配置。移动 TD-LTE 网络使用的频段 F、D、E 3 个频段，详细如表 5-2 所示。

表 5-2 移动 TD-LTE 频段的使用情况

频　段	频　点	频率范围（MHz）	中心频点（MHz）	频率宽度（MHz）
F 频段 （1885～1915 MHz）	F1	1885～1905	1895	20
	F2	1904.4～1914.4	1909.4	10
D 频段 （2575～2635 MHz）	D1	2575～2595	2585	20
	D2	2594.8～2614.8	2604.8	20
	D3	2614.6～2634.6	2624.6	20
E 频段 （2320～2370 MHz）	E1	2320～2340	2330	20
	E2	2339.8～2359.8	2349.8	20
	E3	2359.2～2369.2	2364.2	10

其中，E 频段的 E1、E2 频点主要用于室内覆盖，对于业务量较小的区域，单小区只设置 1 个载频；业务量较大的区域，单小区设置 2 个载频。对于业务量特别大的区域，可以引入 D1、D2、D3 频点，减少小区间的干扰。

小区设计时除了要依据业务量预估进行划分和配置外，还要结合不同厂家分布式皮基站的单小区最大设备限制。行业内各设备厂家分布式皮基站的设备特性与成熟度有所差异，在进行小区配置时的最大设备限制也有不同，本节以中兴通讯股份有限公司和华为技术有限公司的两款分布式皮基站设备为例，介绍分布式皮基站在组网和小区配置时需要考虑的因素。

表 5-3　两款分布式皮基站的组网与小区划分特性

厂家（设备型号）	类　型	最大级联扩展单元个数	扩展单元数/每BBU	pRRU数/每扩展单元	pRRU数（工程建议）/每BBU	最大小区数/BBU	小区合并最大pRRU个数	是否可跨基带板划分小区	是否可跨扩展单元划分小区
中兴（R8108 T2023）	单载波	4	24	8	96	72	32	否	是
中兴（R8108 T2023）	双载波	4	24	8	96	72	16	否	是
华为（PRRU5921/22）	单载波	4	24	8	96	32	32	否	是
华为（PRRU5921/22）	双载波	4	24	8	96	32	32	否	是

如表 5-3 所示，两款设备单个 BBU 都支持 6 条链路，每条链路最大级联扩展单元为 4 个，总共 24 个扩展单元的连接。每个扩展单元最大支持连接 8 台 pRRU，理论上每台 BBU 都可以物理连接 192 台 pRRU，但实际工程上单个 BBU 建议最多只设计 96 台 pRRU，同一个光口（一条链路）不超过 16 台 pRRU，16 台 pRRU 可以不均匀地连接到多台扩展单元上，如图 5-15 所示。

由于各厂家设备更新升级很快，表中数据仅供参考，在设计时应该以当期使用设备的厂家所提供的数据为准。

在小区配置设计时，还要注意分布式皮基站设备的限制，在组网设计时要兼顾覆盖区域的连续性与设备限制。

（1）单个小区最多 pRRU 数量限制。华为 59 系列设备，单小区最多设计 32 台 pRRU。而中兴 R8108 T2023 设备当单小区配置一块载频时，最多可以设计 32 台 pRRU；当单小区配置两块载频时，最多可以设计 16 台 pRRU。

（2）单 BBU 最大小区数限制。华为 59 系列设备，单台 BBU 最多可以设计 32 个小区；而中兴 R8108 T2023 设备最多可设计 72 个小区。

（3）同一小区 pRRU 是否可以跨扩展单元。

华为 59 系列设备与中兴 R8108 T2023 设备都支持跨扩展单元的 pRRU 设计为同一个小区，如图 5-16 所示，pRRU1～pRRU4 可以设计在同一个小区。但是仍然有个别厂家设备不支持跨扩展单元设置小区，即图中只能 pRRU1 和 pRRU2 设置为同一个小区，pRRU1 和 pRRU3、pRRU4 均不能设置为一个小区。

（4）同一小区 pRRU 是否可以跨光口。

华为 59 系列设备支持跨光口设置小区，但是中兴 R8108 T2023 设备不支持。如图 5-16 所示，如果为华为 59 系列设备，pRRU1～pRRU7 均可划分在同一小区；而若为中兴 R8108 T2023 设备，pRRU5～pRRU7 只能单独划分在一个小区。

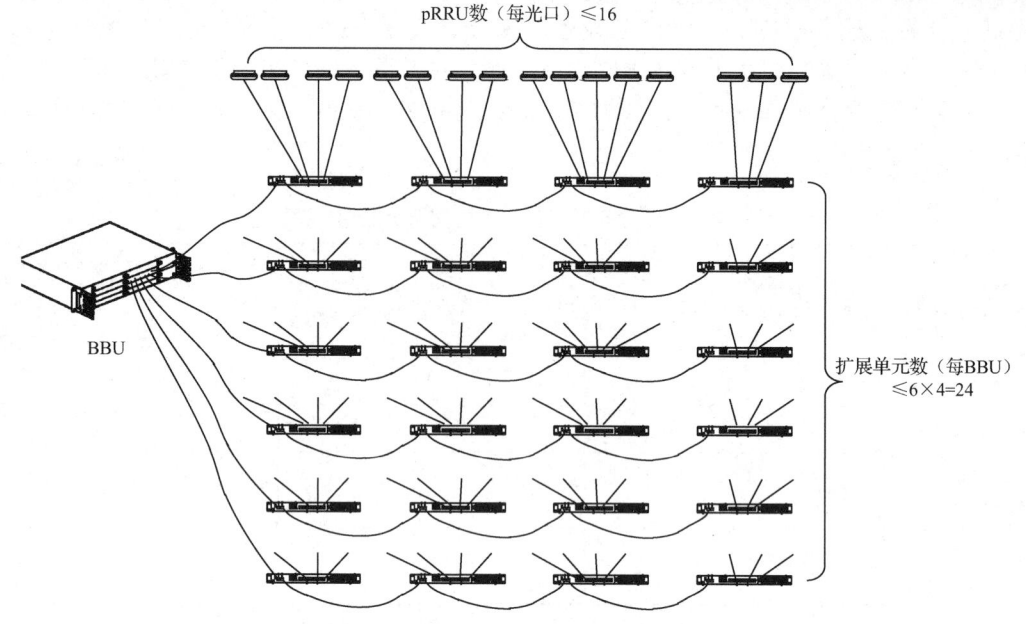

图 5-15 分布式皮基站的组网连接图

（5）同一小区 pRRU 是否可以跨基带板。

现阶段两个厂家设备均不支持跨基带板设置小区。如图 5-16 所示，pRRU8 不能和 pRRU1～pRRU7 划分在同一小区。

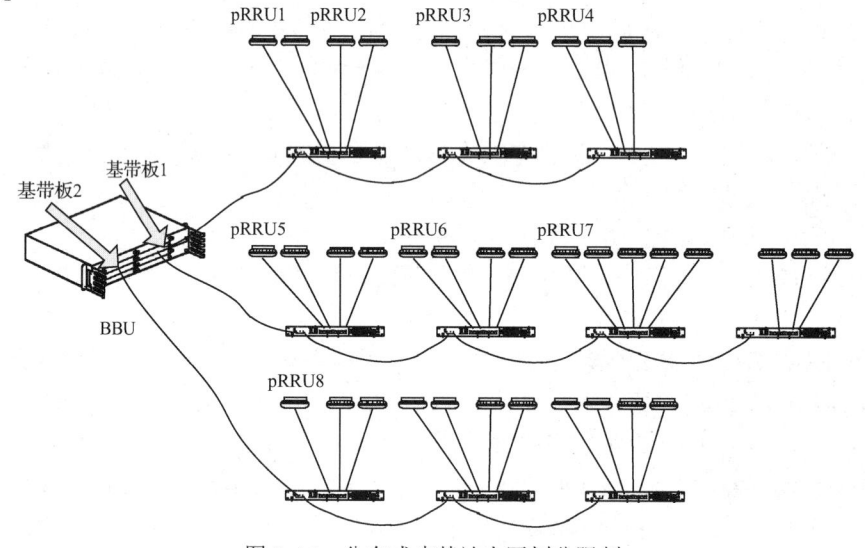

图 5-16 分布式皮基站小区划分限制

工程案例 2　分布式皮基站室内分布系统设计

采用内置天线分布式皮基站进行室内覆盖时，pRRU 可以对天线的射频输出功率进行设置，在建筑内部发生变化时，还可以按照需求进行调整，与传统分布系统相比，能够更精确地覆盖。在设计时，分布式皮基站的设计不用进行链路预算，设计周期更短。下面通过

第5章 分布式皮基站的应用与室内分布系统设计

某设计院完成的分布式皮基站室内分布系统设计工程图进行说明。

图例	名称
LBBU	LBBU
LRRU/RU (40)	LRRU/RU
MU/RHUB	MU/RHUB
开关电源	机房开关电源
pRRU	pRRU
EU	EU
开关电源/UPS	小型一体化开关电源/UPS
	室外射灯天线
	功分器
	耦合器
合路器	合路器
	负载
	室内定向天线
	室内全向天线
	室内双极化全向天线
	室外板状天线
	板状美化天线
	室内定向吸顶天线
	电源线
	光缆
	1/2"馈线
	7/8"馈线
	单股网线
	复合光缆
	双股六类网线

项目总负责人		审 核 人		××设计院有限公司
单项负责人		单 位	mm	
设 计 人		比 例	示意	系统图图例
校 审 人		日 期		图 号

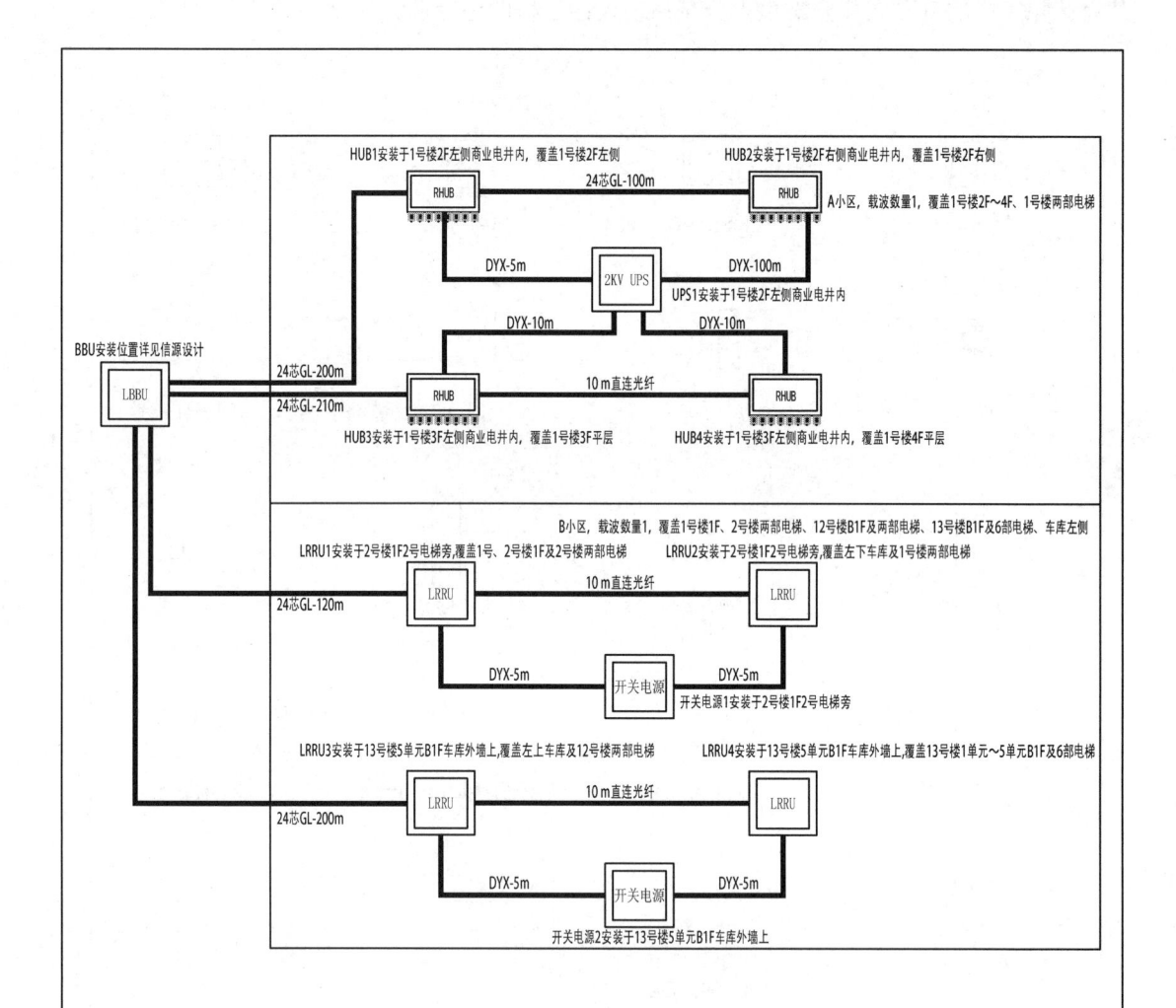

```
                    HUB1安装于1号楼2F左侧商业电井内,覆盖1号楼2F左侧        HUB2安装于1号楼2F右侧商业电井内,覆盖1号楼2F右侧
                                          ┌──────┐  24芯GL-100m  ┌──────┐
                                          │ RHUB │───────────────│ RHUB │  A小区, 载波数量1,覆盖1号楼2F～4F、1号楼两部电梯
                                          └──────┘               └──────┘
                                     DYX-5m  │    ┌────────┐   │ DYX-100m
                                             └────│ 2KV UPS│───┘
                                                  └────────┘      UPS1安装于1号楼2F左侧商业电井内
  BBU安装位置详见信源设计     24芯GL-200m   DYX-10m │        │ DYX-10m
           ┌──────┐                        ┌──────┐               ┌──────┐
           │ LBBU │────────────────────────│ RHUB │ 10m直连光纤    │ RHUB │
           └──────┘       24芯GL-210m      └──────┘───────────────└──────┘
                                      HUB3安装于1号楼3F左侧商业电井内,覆盖1号楼3F平层   HUB4安装于1号楼3F右侧商业电井内,覆盖1号楼4F平层
```

小区划分：

  A小区：RHUB1-4，配置1载频，覆盖1号楼2F～4F；接标配基带板。

  B小区：LRRU1-4，配置1载频，覆盖1号楼1F及两部电梯、2号楼1F及两部电梯、12号楼B1F及两部电梯、13号楼B1F及6部电梯、车库左侧；接新增基带板1。

说明： 1．本次工程采用华为新增传统室分+分布皮站，采用E频段。
      2．无传输需求。

项目总负责人		审 核 人		×× 设计院有限公司
单项负责人		单 位	mm	
设 计 人		比 例	示意	××HLW系统图
校 审 人		日 期		图 号

第5章 分布式皮基站的应用与室内分布系统设计

本次RHUB与pRRU之间用两条第六类网线连接,仅一条示意。

RHUB (HUB1) — pRRU1-2F dBm (16 m), pRRU2-2F dBm (27 m), pRRU3-2F dBm (38 m), pRRU4-2F dBm (43 m), pRRU5-2F dBm (32 m), pRRU6-2F dBm (17 m), pRRU7-2F dBm (17 m)

HUB1安装于1号楼2F左侧商业电井内,覆盖1号楼2F左侧

RHUB (HUB2) — pRRU8-2F dBm (15 m), pRRU9-2F dBm (24 m), pRRU10-2F dBm (34 m), pRRU11-2F dBm (28 m), pRRU12-2F dBm (18 m)

HUB2安装于1号楼2F右侧商业电井内,覆盖1号楼2F右侧

RHUB (HUB3) — pRRU1-3F dBm (13 m), pRRU2-3F dBm (79 m), pRRU3-3F dBm (59 m), pRRU4-3F dBm (43 m), pRRU5-3F dBm (28 m)

HUB3安装于1号楼3F左侧商业电井内,覆盖1号楼3F平层

RHUB (HUB4) — pRRU1-4F dBm (18 m), pRRU2-4F dBm (83 m), pRRU3-4F dBm (64 m), pRRU4-4F dBm (48 m), pRRU5-4F dBm (33 m)

配置中继器

HUB4安装于1号楼3F左侧商业电井内,覆盖1号楼4F平层

说明:本图中网线均采用双股六类网线,以虚线示意。

项目总负责人		审 核 人			××设计院有限公司
单项负责人		单 位	mm		
设 计 人		比 例	示 意		××HLW系统图
校 审 人		日 期			图 号

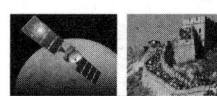

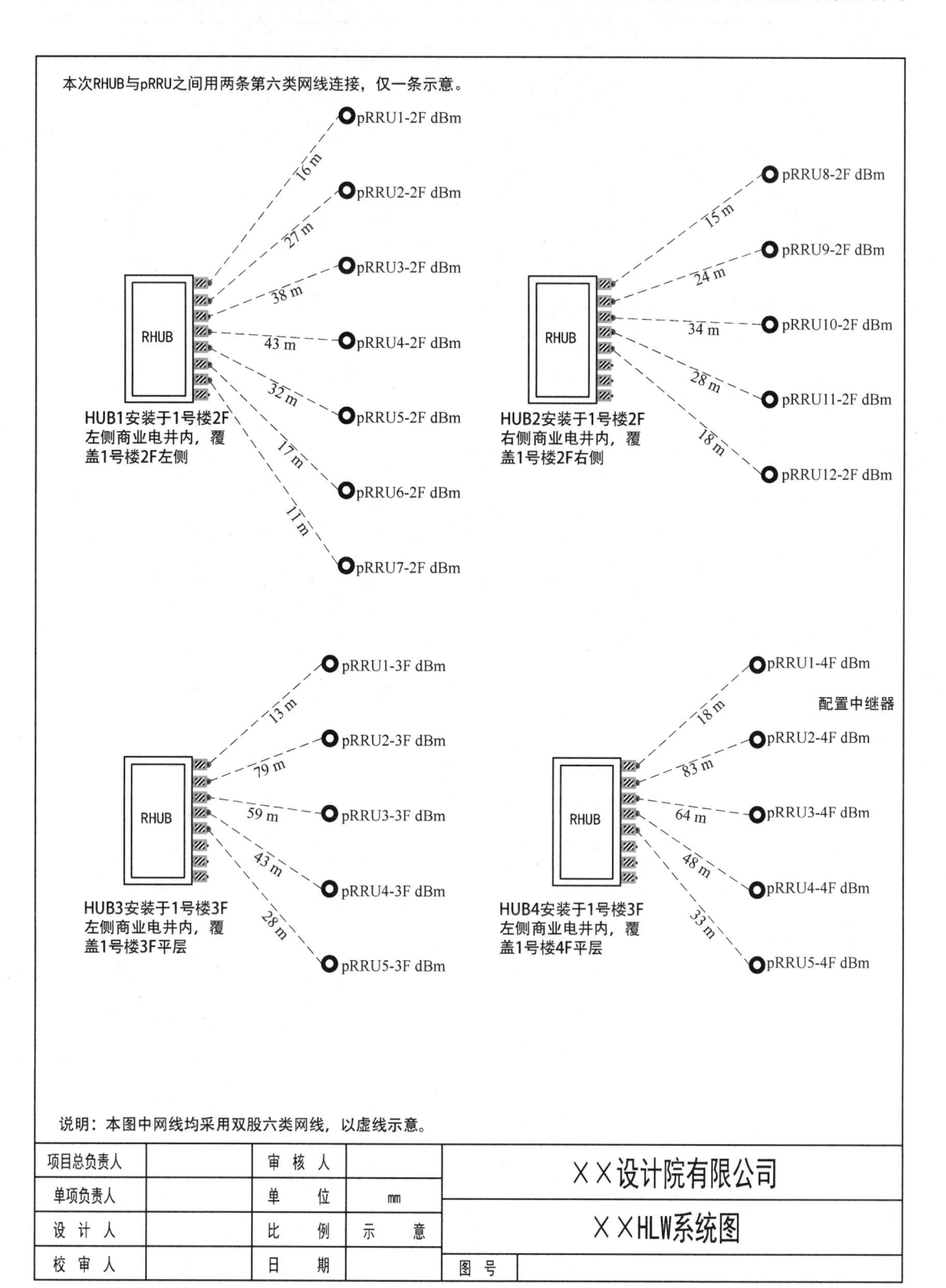

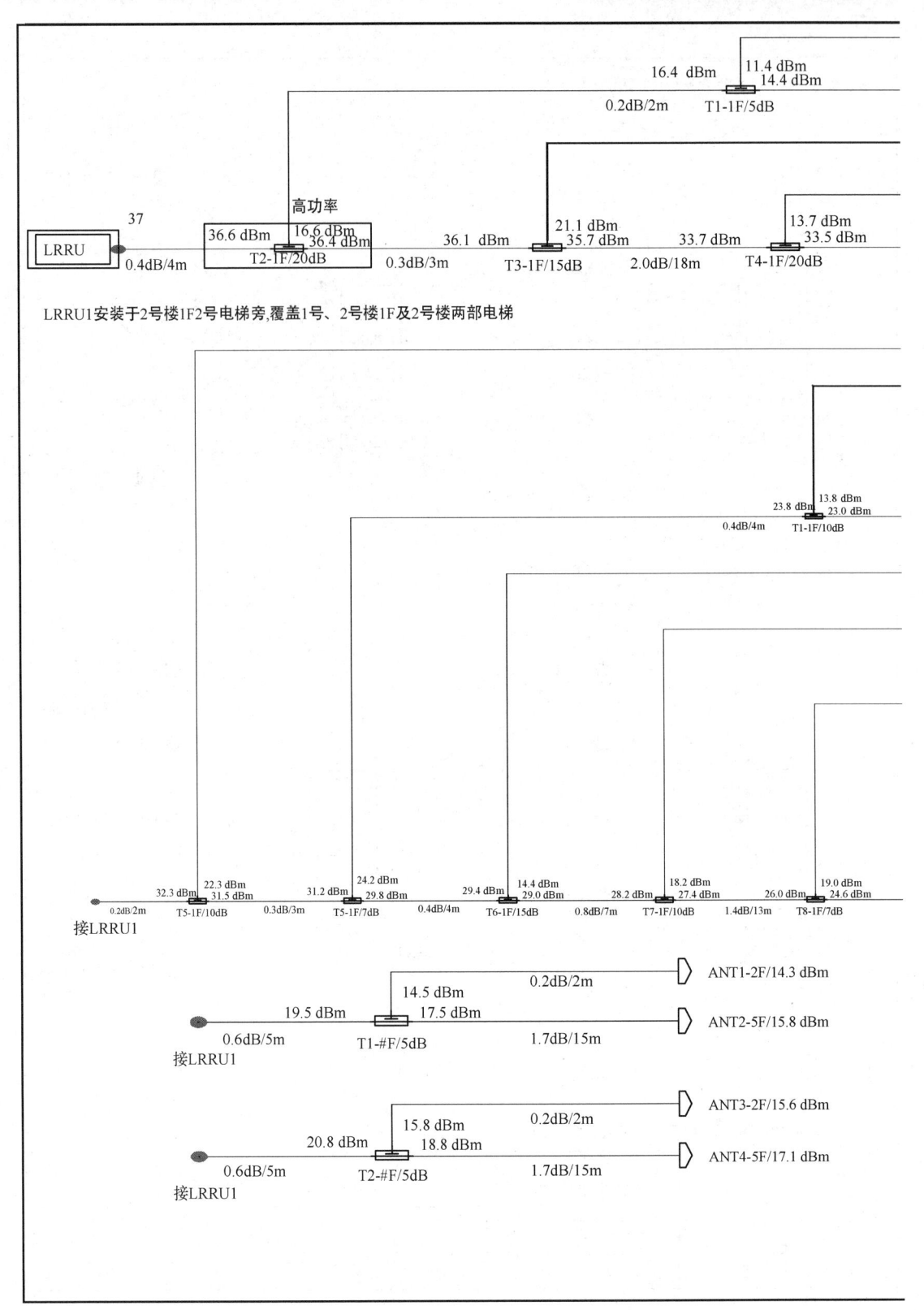

室内分布系统设计与实践

```
                                                                         16.4 dBm  ┌──┐ 11.4 dBm
                                                                                   │  │ 14.4 dBm
                                                              0.2dB/2m             └──┘
                                                                                  T1-1F/5dB

                              高功率                                    21.1 dBm ┌──┐               13.7 dBm ┌──┐
        ┌────┐  37  ┌─────────┐ 36.6 dBm                                         │  │ 35.7 dBm               │  │ 33.5 dBm
        │LRRU│──────│         │ 16.6 dBm  36.1 dBm                               └──┘      33.7 dBm          └──┘
        └────┘      └─────────┘ 36.4 dBm                                       T3-1F/15dB                 T4-1F/20dB
        0.4dB/4m    T2-1F/20dB   0.3dB/3m                                                   2.0dB/18m

LRRU1安装于2号楼1F2号电梯旁,覆盖1号、2号楼1F及2号楼两部电梯

                                                                                                    23.8 dBm ┌──┐ 13.8 dBm
                                                                                                             │  │ 23.0 dBm
                                                                                         0.4dB/4m            └──┘
                                                                                                         T1-1F/10dB


          32.3 dBm ┌──┐ 22.3 dBm            24.2 dBm ┌──┐           14.4 dBm ┌──┐          18.2 dBm ┌──┐          19.0 dBm ┌──┐
                   │  │ 31.5 dBm 31.2 dBm            │  │ 29.8 dBm           │  │ 29.0 dBm          │  │ 27.4 dBm          │  │ 24.6 dBm
 接LRRU1  0.2dB/2m └──┘  0.3dB/3m                    └──┘  0.4dB/4m 29.4 dBm └──┘  0.8dB/7m 28.2 dBm└──┘  1.4dB/13m 26.0 dBm└──┘
                  T5-1F/10dB                       T5-1F/7dB               T6-1F/15dB             T7-1F/10dB              T8-1F/7dB

                                                  14.5 dBm ┌──┐    0.2dB/2m
                                          19.5 dBm         │  │ ─────────────▷ ANT1-2F/14.3 dBm
                                   ●──────────────         │  │ 17.5 dBm
                                                           └──┘    1.7dB/15m ─▷ ANT2-5F/15.8 dBm
                                   0.6dB/5m              T1-#F/5dB
                                   接LRRU1

                                                  15.8 dBm ┌──┐    0.2dB/2m
                                          20.8 dBm         │  │ ─────────────▷ ANT3-2F/15.6 dBm
                                   ●──────────────         │  │ 18.8 dBm
                                                           └──┘    1.7dB/15m ─▷ ANT4-5F/17.1 dBm
                                   0.6dB/5m              T2-#F/5dB
                                   接LRRU1
```

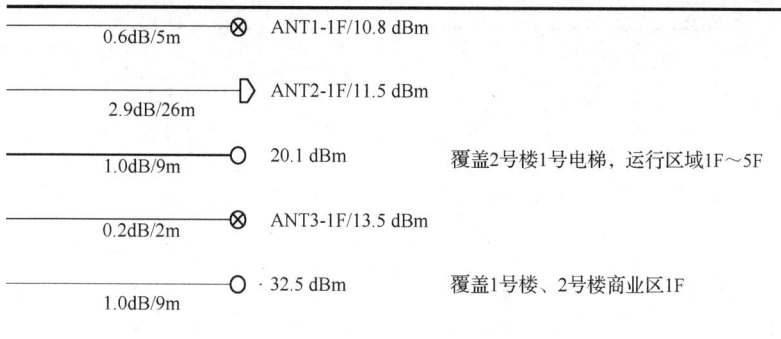

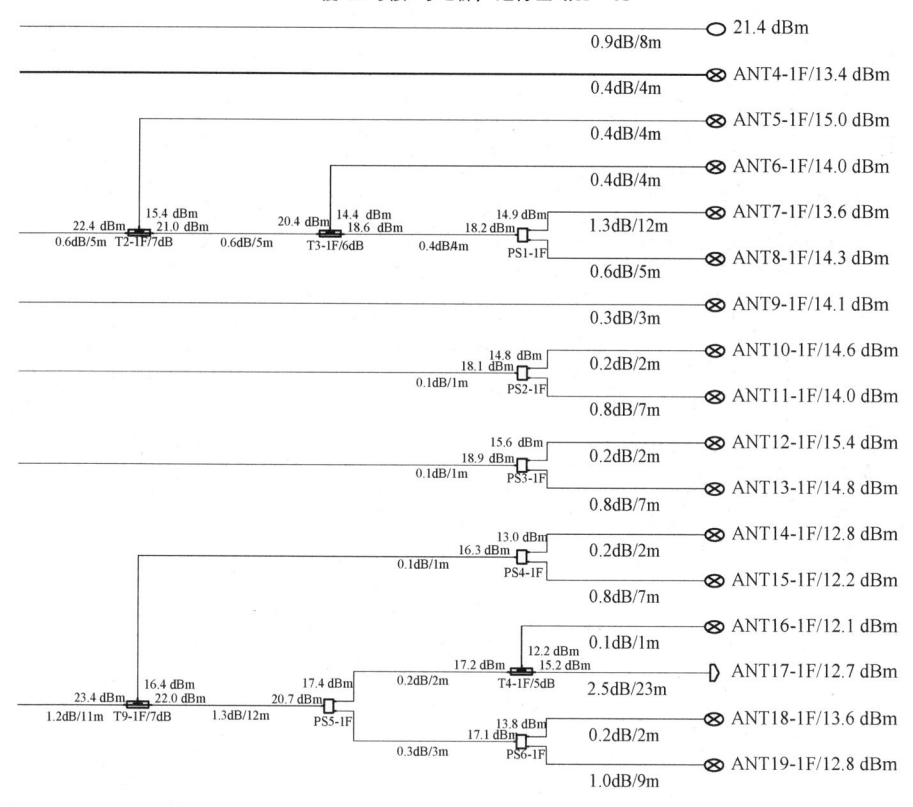

第5章 分布式皮基站的应用与室内分布系统设计

```
                                    ⊗ ANT1-1F/10.8 dBm
            0.6dB/5m
                                    ▷ ANT2-1F/11.5 dBm
          2.9dB/26m
                                    ○ 20.1 dBm      覆盖2号楼1号电梯，运行区域1F~5F
            1.0dB/9m
                                    ⊗ ANT3-1F/13.5 dBm
            0.2dB/2m
                                    ○ 32.5 dBm      覆盖1号楼、2号楼商业区1F
            1.0dB/9m
```

覆盖2号楼2号电梯，运行区域1F~5F

```
                                                              ○ 21.4 dBm
                                                   0.9dB/8m
                                                              ⊗ ANT4-1F/13.4 dBm
                                                   0.4dB/4m
                                                              ⊗ ANT5-1F/15.0 dBm
                                                   0.4dB/4m
                                                              ⊗ ANT6-1F/14.0 dBm
                                                   0.4dB/4m
                              15.4 dBm    14.4 dBm    14.9 dBm
                22.4 dBm      21.0 dBm    20.4 dBm  18.6 dBm  18.2 dBm   1.3dB/12m   ⊗ ANT7-1F/13.6 dBm
                0.6dB/5m  T2-1F/7dB  0.6dB/5m  T3-1F/6dB  0.4dB/4m  PS1-1F
                                                                         0.6dB/5m    ⊗ ANT8-1F/14.3 dBm

                                                              ⊗ ANT9-1F/14.1 dBm
                                                   0.3dB/3m
                                              14.8 dBm   0.2dB/2m
                                              18.1 dBm              ⊗ ANT10-1F/14.6 dBm
                                              0.1dB/1m   PS2-1F
                                                          0.8dB/7m  ⊗ ANT11-1F/14.0 dBm

                                              15.6 dBm   0.2dB/2m
                                              18.9 dBm              ⊗ ANT12-1F/15.4 dBm
                                              0.1dB/1m   PS3-1F
                                                          0.8dB/7m  ⊗ ANT13-1F/14.8 dBm

                                              13.0 dBm   0.2dB/2m
                                              16.3 dBm              ⊗ ANT14-1F/12.8 dBm
                                              0.1dB/1m   PS4-1F
                                                          0.8dB/7m  ⊗ ANT15-1F/12.2 dBm

                                                    12.2 dBm   0.1dB/1m
                                                    17.2 dBm  15.2 dBm           ⊗ ANT16-1F/12.1 dBm
               16.4 dBm    17.4 dBm    0.2dB/2m     T4-1F/5dB   2.5dB/23m        ▷ ANT17-1F/12.7 dBm
    23.4 dBm   22.0 dBm    20.7 dBm
    1.2dB/11m  T9-1F/7dB  1.3dB/12m  PS5-1F        13.8 dBm   0.2dB/2m
                                         0.3dB/3m  17.1 dBm              ⊗ ANT18-1F/13.6 dBm
                                                              PS6-1F
                                                                1.0dB/9m  ⊗ ANT19-1F/12.8 dBm
```

覆盖2号楼2号电梯，运行区域1F~5F

覆盖2号楼2号电梯，运行区域1F~5F

项目总负责人		审核人			××设计院有限公司
单项负责人		单 位		mm	
设计人		比 例		示意	××HLW系统图
校审人		日 期			图号

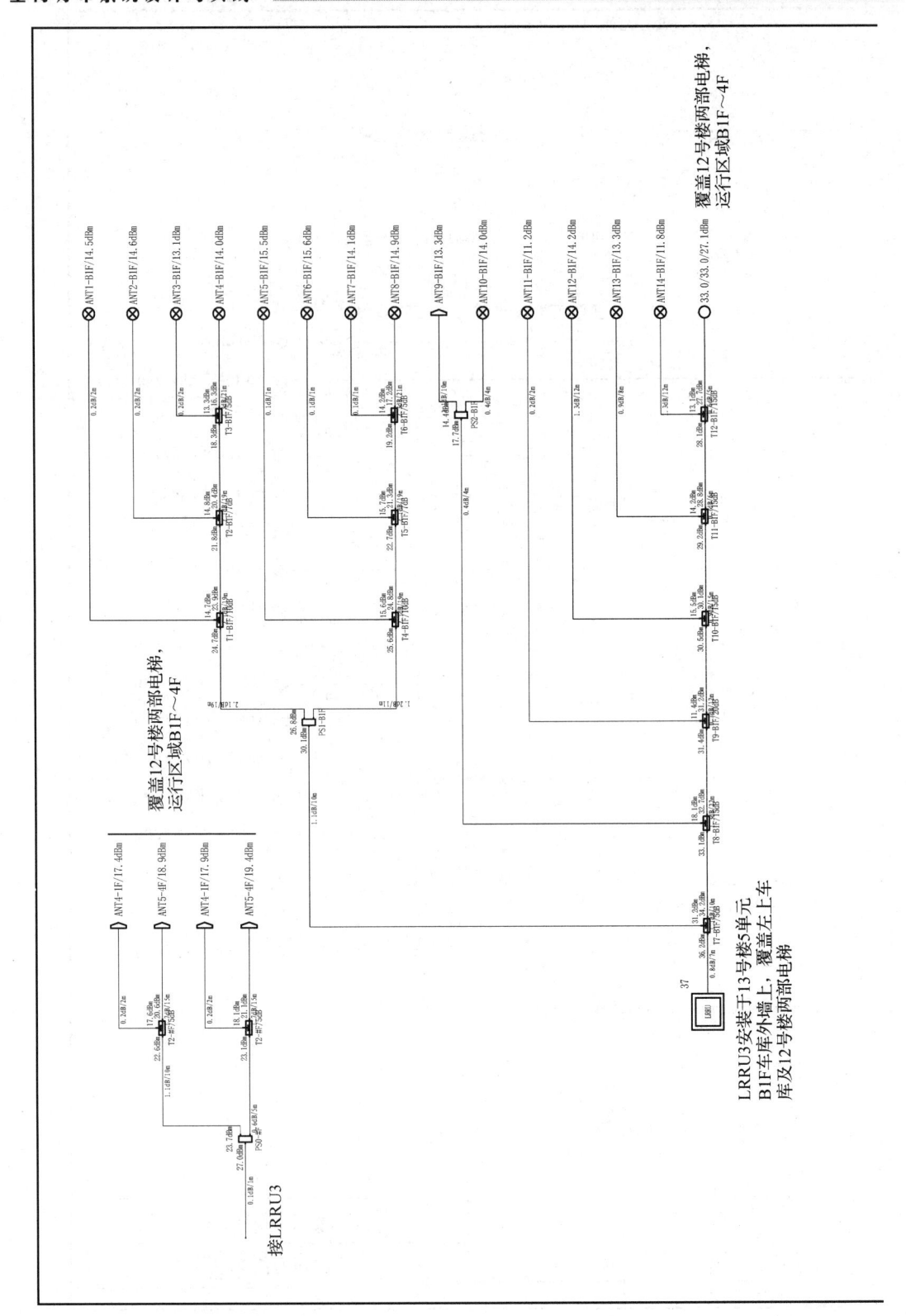

室内分布系统设计与实践

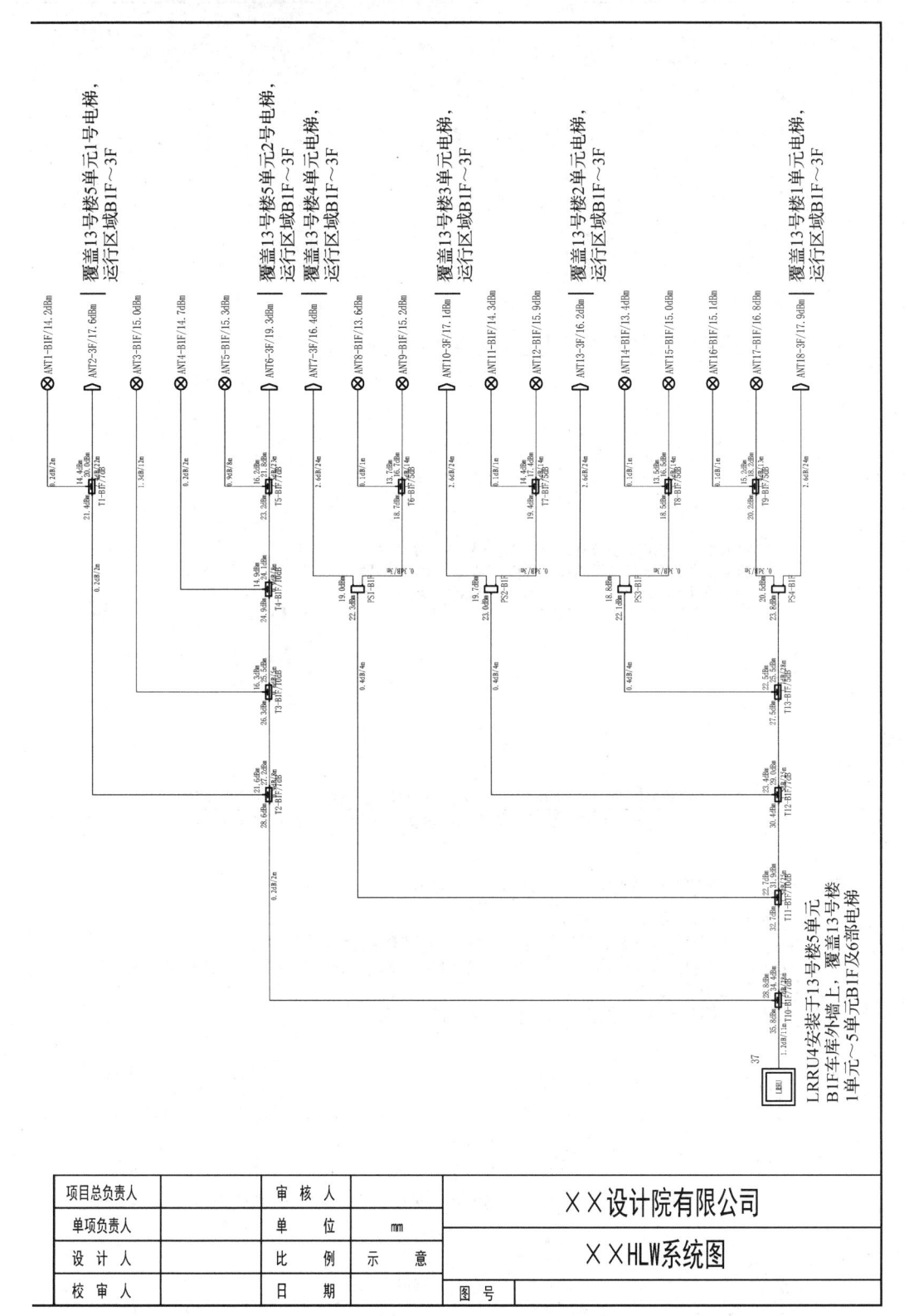

第5章 分布式皮基站的应用与室内分布系统设计

××HLW系统图

室内分布系统设计与实践

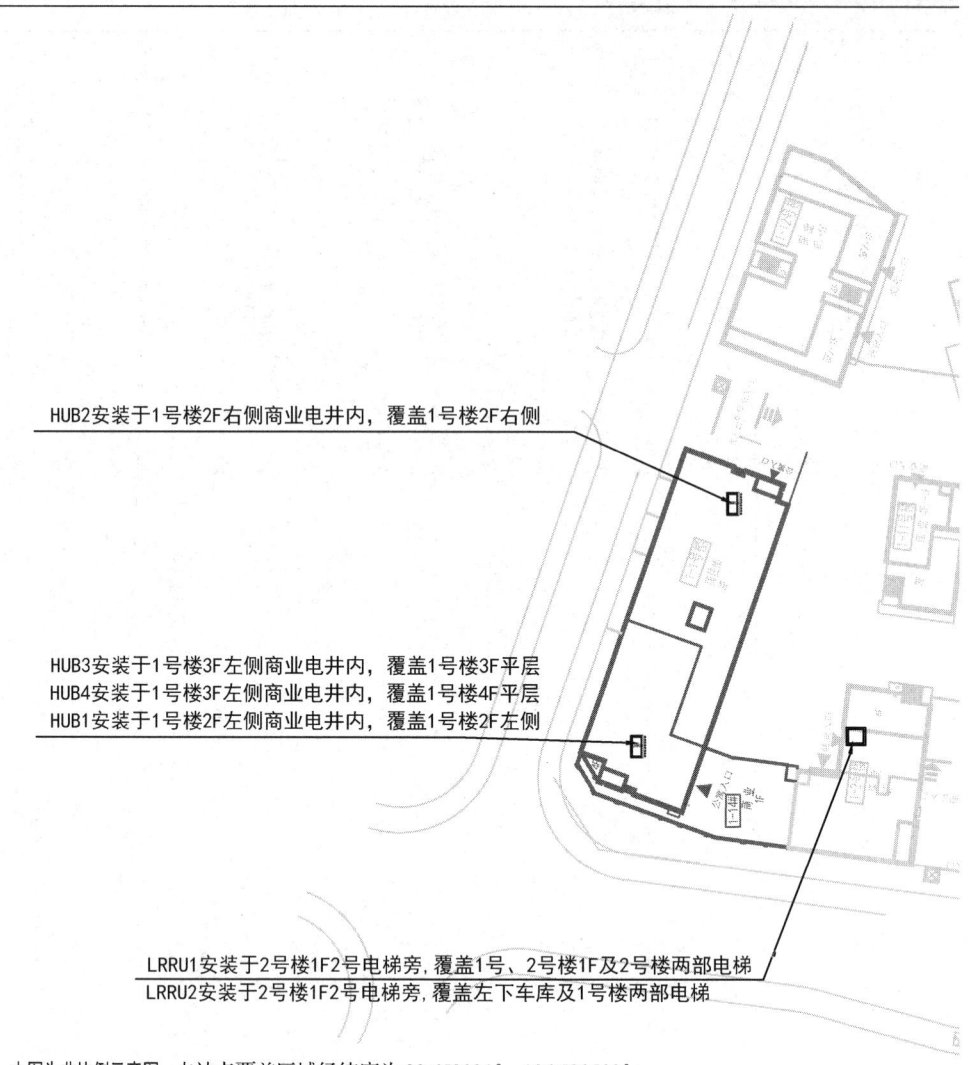

HUB2安装于1号楼2F右侧商业电井内，覆盖1号楼2F右侧

HUB3安装于1号楼3F左侧商业电井内，覆盖1号楼3F平层
HUB4安装于1号楼3F左侧商业电井内，覆盖1号楼4F平层
HUB1安装于1号楼2F左侧商业电井内，覆盖1号楼2F左侧

LRRU1安装于2号楼1F2号电梯旁，覆盖1号、2号楼1F及2号楼两部电梯
LRRU2安装于2号楼1F2号电梯旁，覆盖左下车库及1号楼两部电梯

说明：1. 本图为非比例示意图。本站点覆盖区域经纬度为29.652031°、106.530509°。
2. 天线安装方法及工艺要求见GSM安装规范。
3. 12.7 mm(1/2")馈线的最小弯曲半径为210 mm，22.7 mm(7/8")馈线的最小弯曲半径为360 mm，馈线在布放后必须固定。
4. 本图为天线、设备位置及线缆走线路由图，其他器件如功分器、耦合器为示意，部分器件在电井内本图中未画出，图上表示的位置和线缆路由可根据现场情况进行微调。
5. 本图中双股六类网线以黄色单虚线示意，单股网线以黄色单实线示意。

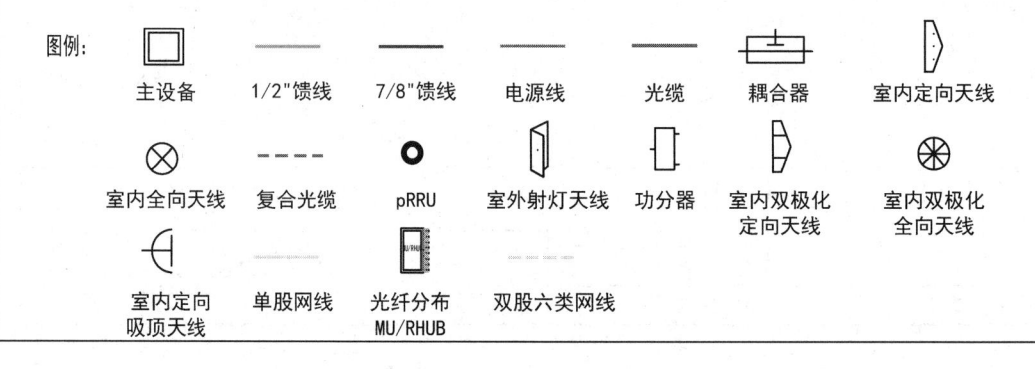

图例：
- 主设备
- 1/2"馈线
- 7/8"馈线
- 电源线
- 光缆
- 耦合器
- 室内定向天线
- 室内全向天线
- 复合光缆
- pRRU
- 室外射灯天线
- 功分器
- 室内双极化定向天线
- 室内双极化全向天线
- 室内定向吸顶天线
- 单股网线
- 光纤分布MU/RHUB
- 双股六类网线

第5章 分布式皮基站的应用与室内分布系统设计

LRRU3安装于13号楼5单元B1F车库外墙上，覆盖左上车库及12号楼两部电梯
LRRU4安装于13号楼5单元B1F车库外墙上，覆盖13号楼1单元～5单元B1F及6部电梯

两江新区北大资源公司整体平面图

项目总负责人		审 核 人		××设计院有限公司	
单项负责人		单 位	mm	××LTE设备、天馈、主机位置示意图	
设 计 人		比 例	示 意		
校 审 人		日 期		图号	

室内分布系统设计与实践

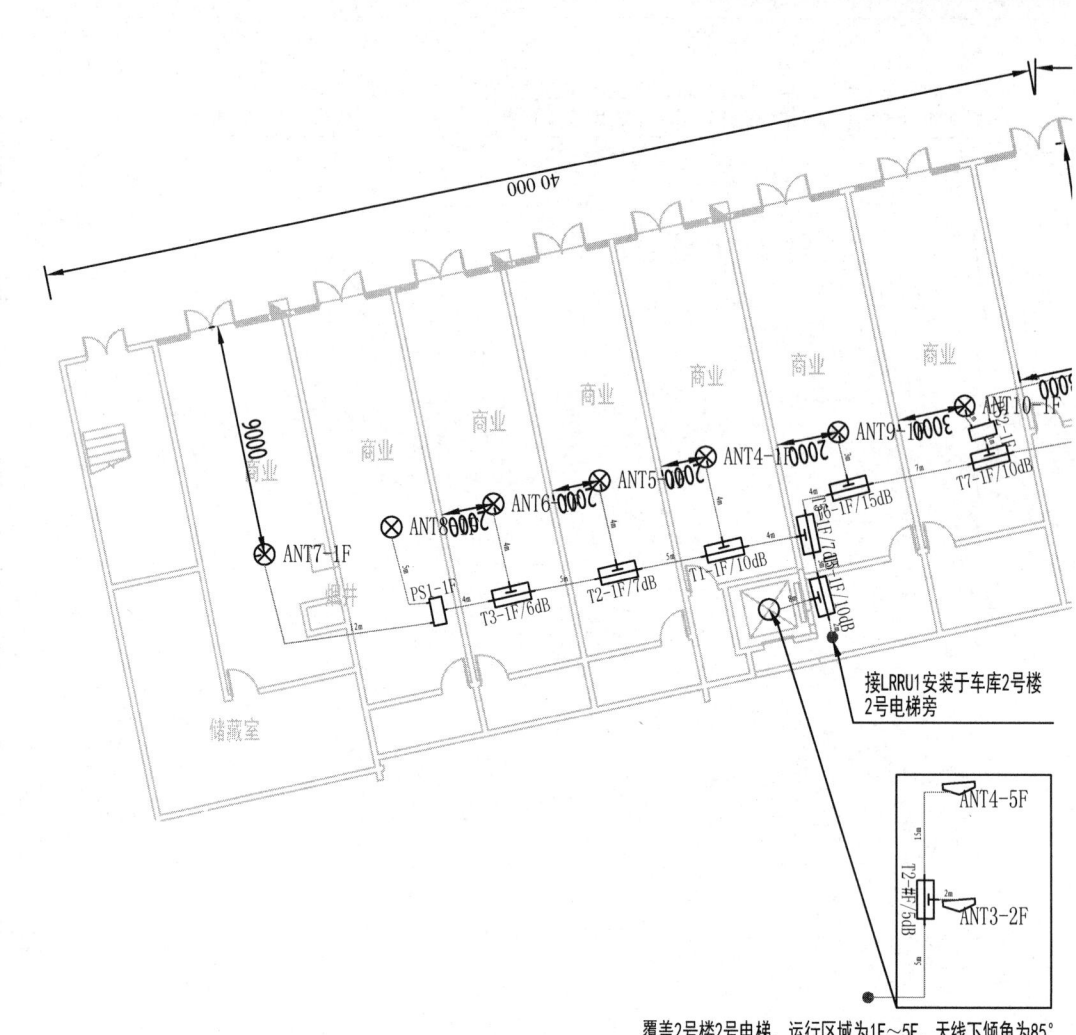

覆盖2号楼2号电梯，运行区域为1F～5F，天线下倾角为85°

北大资源公司1-2栋1F位置示意图

说明：1. 本图为非比例示意图。
2. 天线安装方法及工艺要求见GSM安装规范。
3. 12.7 mm(1/2")馈线的最小弯曲半径为210 mm，22.7 mm(7/8")馈线的最小弯曲半径为360 mm，馈线在布放后必须固定。
4. 本图为天线、设备位置及线缆走线路由图，其他器件如功分器、耦合器为示意，部分器件在电井内本图中未画出，图上表示的位置和线缆路由可根据现场情况进行微调。
5. 本图中双股六类网线以黄色单虚线示意，单股网线以黄色单实线示意。

图例：
主设备　1/2"馈线　7/8"馈线　电源线　光缆　耦合器　室内定向天线
室内全向天线　复合光缆　pRRU　室外射灯天线　功分器　室内双极化定向天线　室内双极化全向天线
室内定向吸顶天线　单股网线　光纤分布MU/RHUB　双股六类网线

208

第5章 分布式皮基站的应用与室内分布系统设计

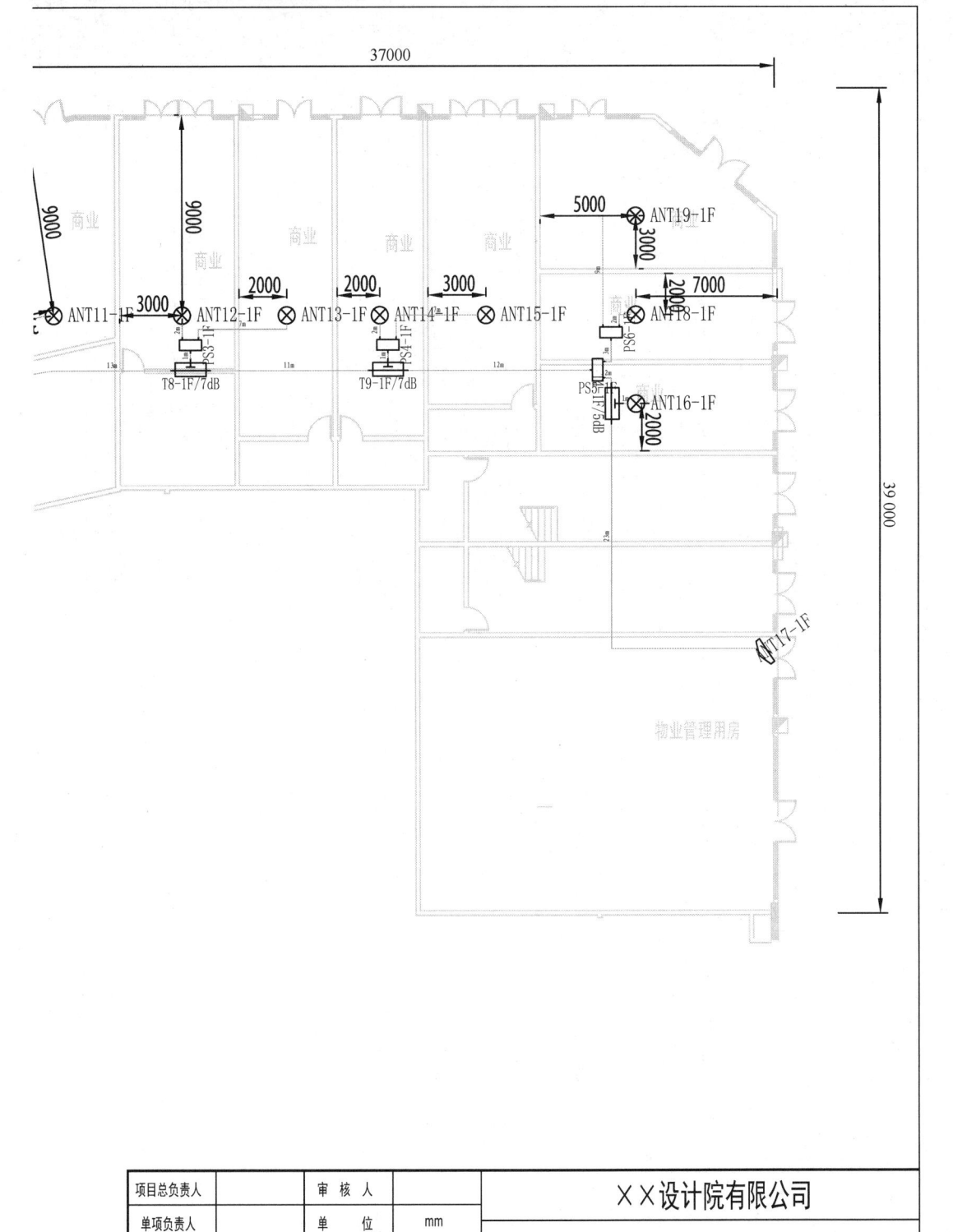

XX LTE设备、天馈、主机位置示意图

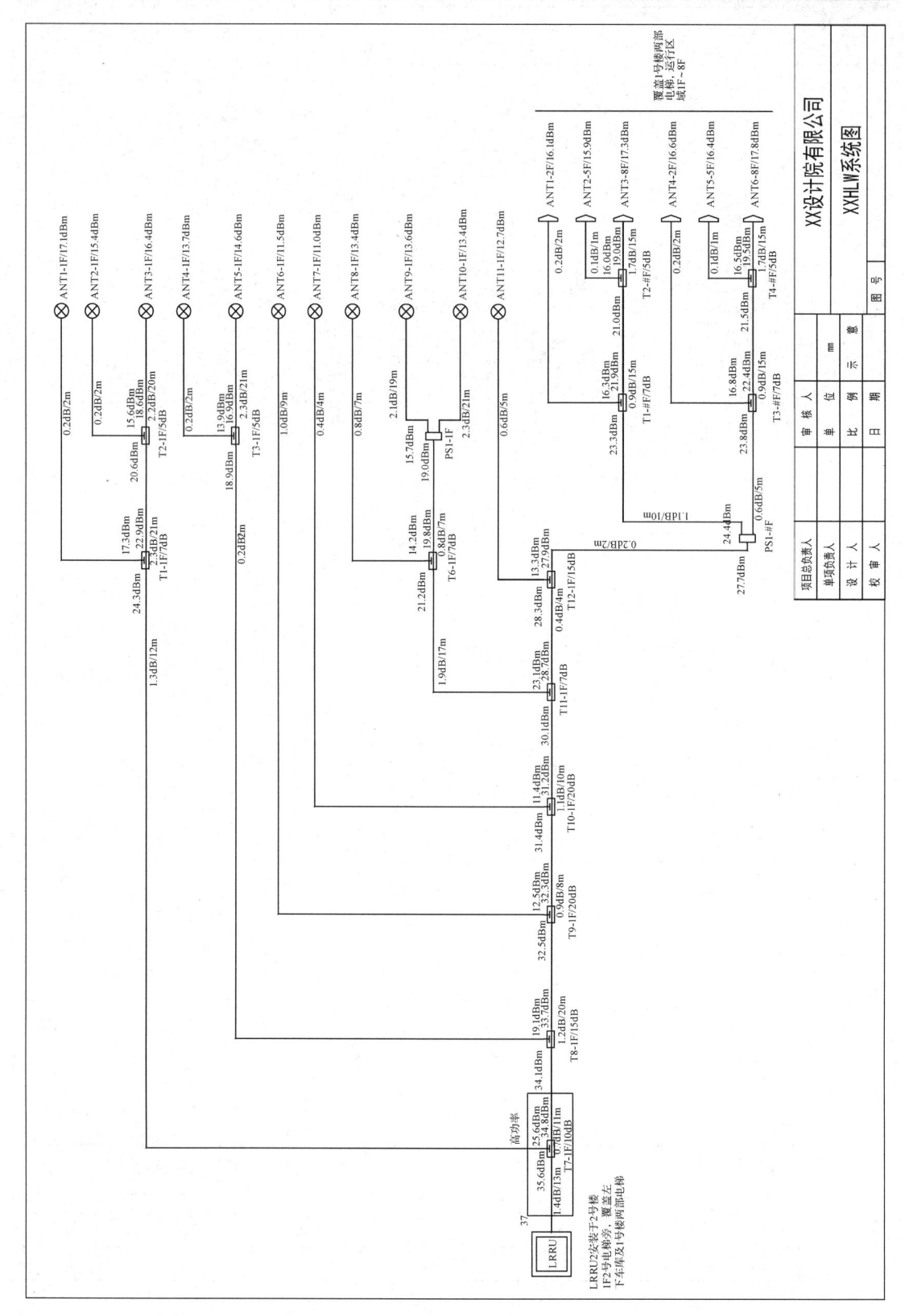

室内分布系统设计与实践

XXHLW系统图

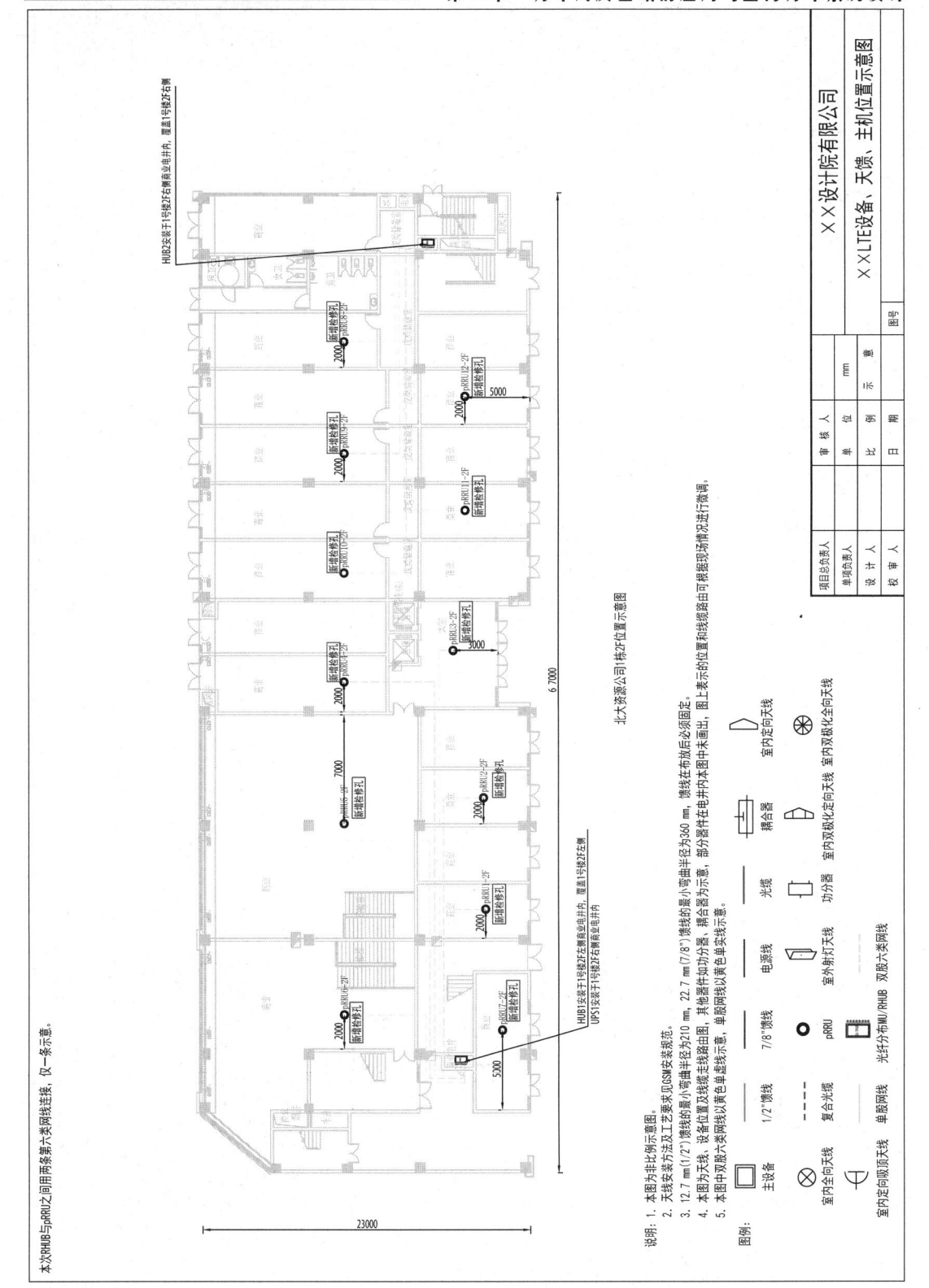

第5章 分布式皮基站的应用与室内分布系统设计

本次RHUB与pRRU之间用两条第六类网线连接，仅一条示意。

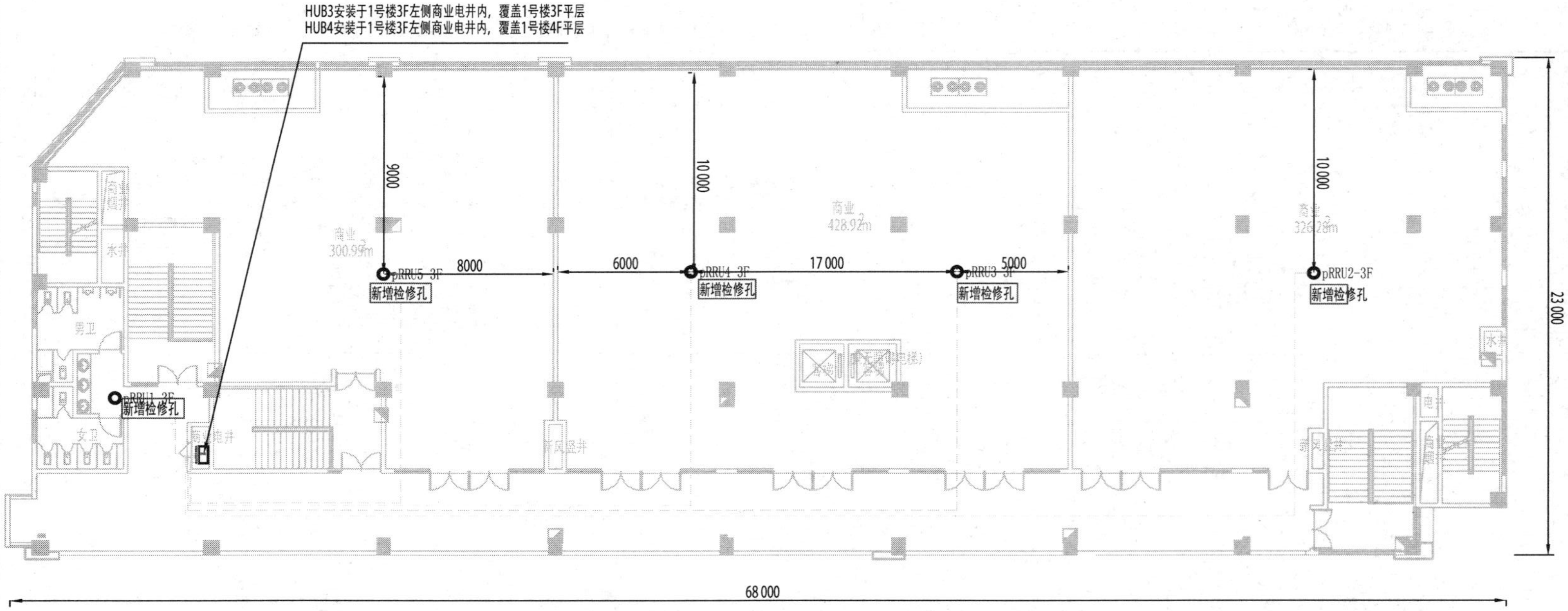

北大资源公司1栋3～4F位置示意图

说明：1. 本图为非比例示意图。

2. 天线安装方法及工艺要求见GSM安装规范。

3. 12.7 mm(1/2")馈线的最小弯曲半径为210 mm，22.7 mm(7/8")馈线的最小弯曲半径为360 mm，馈线在布放后必须固定。

4. 本图为天线、设备位置及线缆走线路由图，其他器件如功分器、耦合器为示意，部分器件在电井内本图中未画出，图上表示的位置和线路由可根据现场情况进行微调。

5. 本图中双股六类网线以黄色单虚线示意，单股网线以黄色单实线示意。

图例：

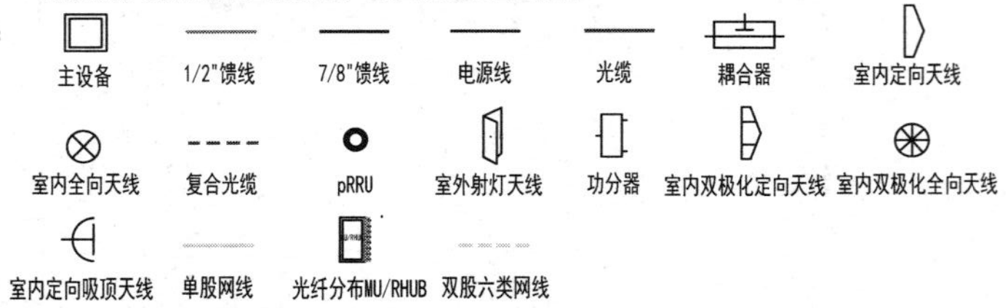

项目总负责人		审 核 人		X X设计院有限公司
单项负责人		单 位	mm	X X LTE设备、天馈、主机位置示意图
设 计 人		比 例	示 意	
校 审 人		日 期		图号

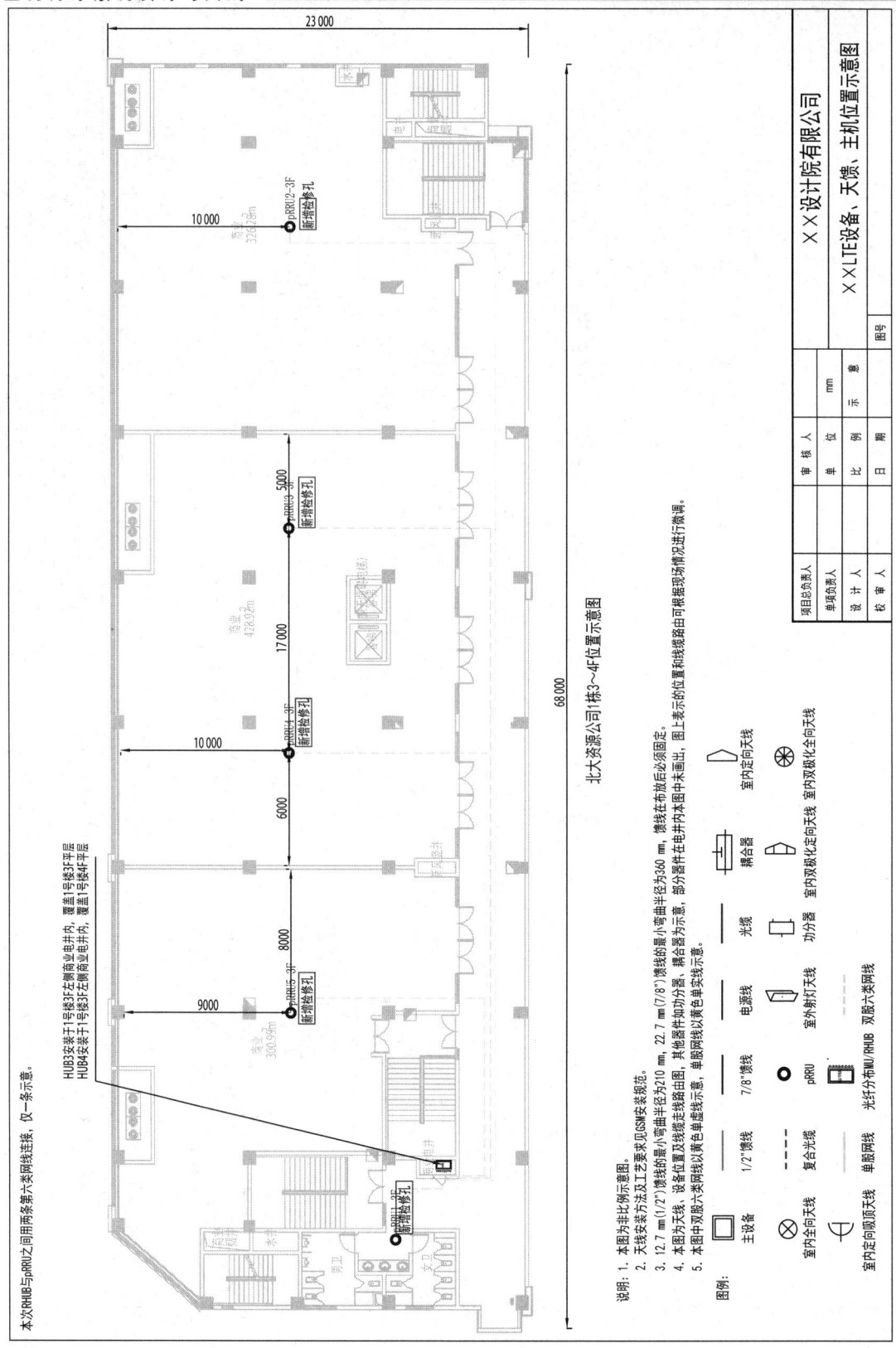

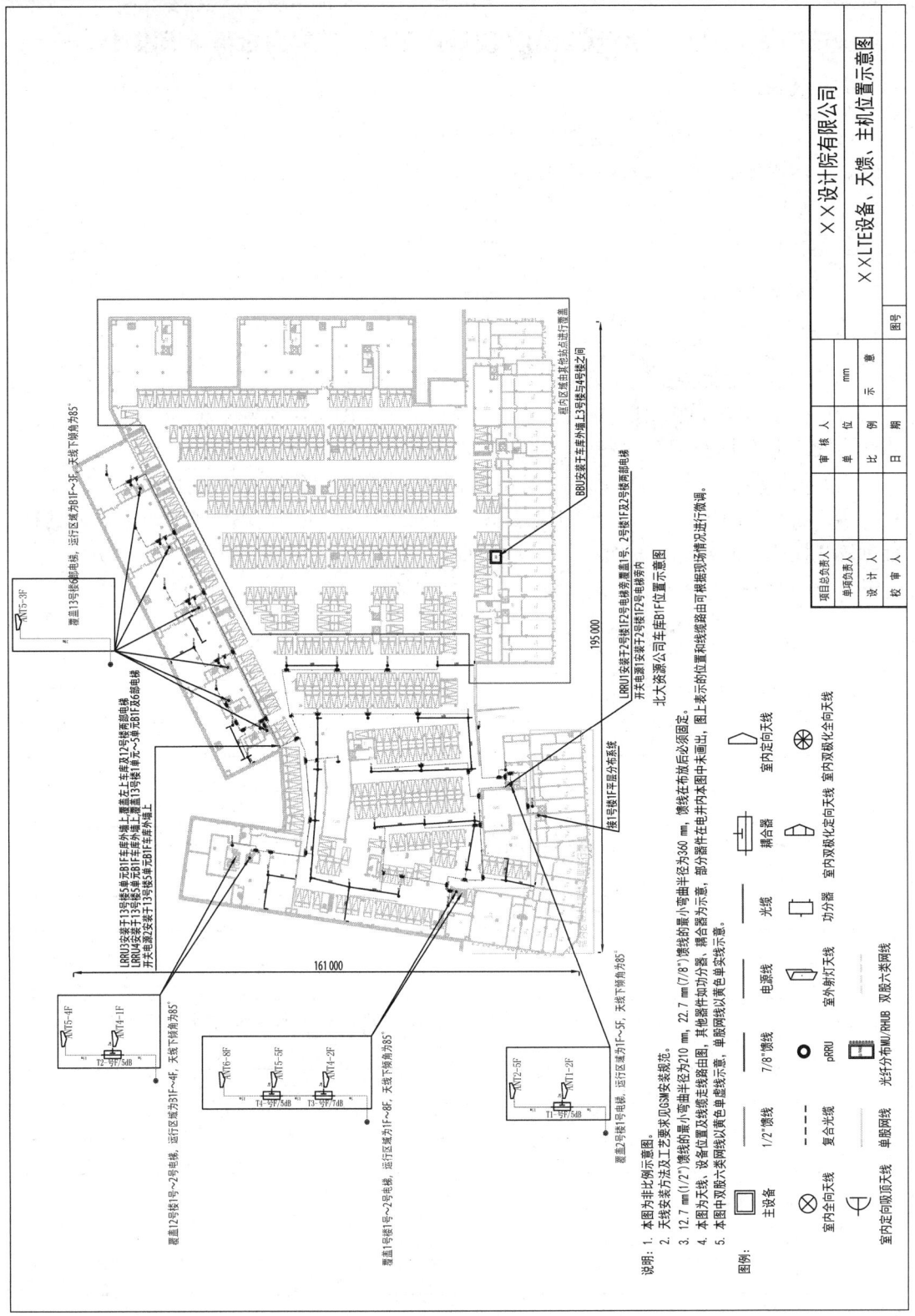

第5章 分布式皮基站的应用与室内分布系统设计

213

技能训练 7　学生宿舍楼分布式皮基站 TD-LTE 室内分布系统设计

1. 实训目的

（1）掌握宿舍楼 pRRU 的选型与点位设计方法。

（2）掌握分布皮基站的设备特性与组网设计方法。

（3）掌握分布式皮基站的小区规划与配置方法。

2. 实训工具

CAD 软件。

3. 实训内容与步骤

（1）对学生宿舍楼建筑情况进行勘察，并绘制建筑平面图。

（2）参照建筑平面图对学生宿舍楼的 pRRU 点位、RHUB 安装位置（弱电井）、五/六类线走线路由等进行勘察，并完成对应的草图、勘察表格和照片的记录。

（3）依据勘察结果绘制分布式皮基站的平面布置安装示意图。

（4）绘制 RHUB-pRRU、BBU-RHUB 的组网拓扑图（拟将 BBU 安装在第 4 章的技能训练 2 设计的机房），并完成小区划分与配置、RHUB 配套电源的设计。

4. 实训结果

（1）勘察草图、勘察记录表与勘察照片。

_____
_____
_____
_____

（2）分布式皮基站的平面布置安装示意图。

_____
_____
_____
_____

（3）分布式皮基站组网拓扑图（含小区划分与配置设计、配套电源设计）。

_____
_____
_____
_____

5. 总结与体会

_____
_____
_____

第5章 分布式皮基站的应用与室内分布系统设计

内容梳理与归纳

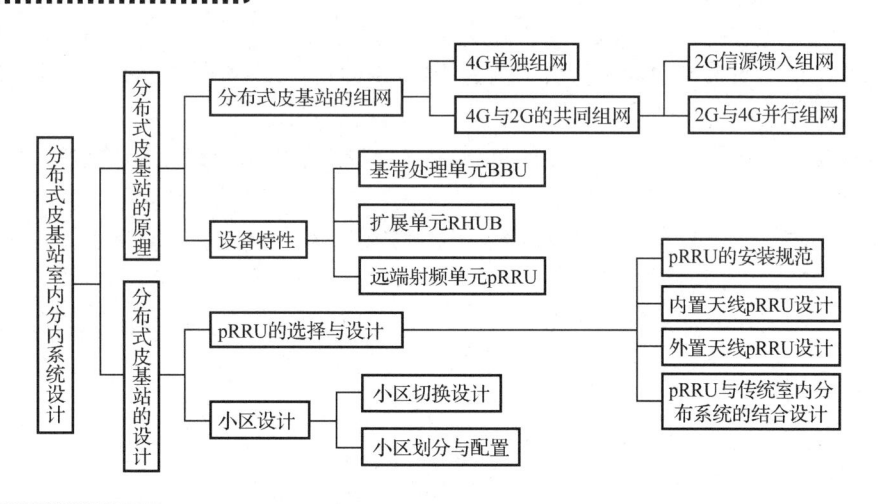

```
                                    ┌─ 分布式皮基站的组网 ─┬─ 4G单独组网         ┌─ 2G信源馈入组网
                                    │                   └─ 4G与2G的共同组网 ─┤
                                    │                                       └─ 2G与4G并行组网
              ┌─ 分布式皮基站的原理 ─┤
              │                     │                   ┌─ 基带处理单元BBU
分布式皮基站   │                     └─ 设备特性 ────────┼─ 扩展单元RHUB
室内分布      ┤                                         └─ 远端射频单元pRRU
系统设计      │                                                              ┌─ pRRU的安装规范
              │                     ┌─ pRRU的选择与设计 ──────────────────── ┼─ 内置天线pRRU设计
              └─ 分布式皮基站的设计 ┤                                         ├─ 外置天线pRRU设计
                                    │                                        └─ pRRU与传统室内分
                                    │                                           布系统的结合设计
                                    └─ 小区设计 ─┬─ 小区切换设计
                                                └─ 小区划分与配置
```

自我测试5

一、填空题

1. 分布式皮基站采用三层组网架构,包括_____、_____和_____3部分。

2. RHUB 与 RRU 之间采用_____连接,最大拉远距离为_____m,大部分厂家的 RHUB 支持星形连接_____台 RRU。

3. 内置天线 pRRU 安装位置侧面、前方或下方各方向_____范围内不得有障碍物。

二、单选题

1. 下列（　　）不属于 BBU 的主要功能。
   A．提供与传输设备的外部接口　　　B．接受时钟
   C．集中管理整个基站系统　　　　　D．负责处理天馈系统的射频信号

2. 下列（　　）设备通常采用 POE 供电。
   A．基带处理单元　　　　　　　　　B．扩展单元
   C．远端射频单元　　　　　　　　　D．2G 接入单元

三、多选题

1. 下列（　　）场景不适合使用内置天线 pRRU 直接覆盖。
   A．车库　　　　　B．电梯　　　　　C．足球场看台　　　　　D．隧道

2. 分布式皮基站进行小区划分和配置时,应注意（　　）。
   A．单个小区最多 pRRU 数量限制　　　B．单 BBU 最大小区数限制
   C．同一小区 pRRU 是否可以跨扩展单元　D．同一小区 pRRU 是否可以跨光口

215

四、判断题

1．使用分布式皮基站进行 4G 与 2G 的共同组网时，分布式皮基站相对于 2G 系统都是中继。（　　）

2．如果天花板或吊顶为金属材质，内置天线 pRRU 应安装在天花板或吊顶下方。（　　）

3．在有规则房间且房间面积较小的场景，pRRU 按间距 20～25 m 布放进行设计。（　　）

4．在同一建筑内，分布式皮基站和传统室内分布系统只能选择一种方案进行覆盖。（　　）

5．采用分布式皮基站进行室内覆盖时，GSM 系统的载频配置由分布式皮基站完成。（　　）

参 考 文 献

[1] 高泽华，等. 室内分布系统规划与设计：GSM/TD-SCDMA/TD-LTE/WLAN [M]. 北京：人民邮电出版社，2013.

[2] 吴为. 无线室内分布系统实战必读[M]. 北京：机械工业出版社，2012.

[3] 广州杰赛通信规划设计院. 室内分布系统规划设计手册[M]. 北京：人民邮电出版社，2016.

[4] 刘良华. 移动通信技术[M]. 2 版. 北京：科学出版社，2018.

[5] 段水福，历晓华，段炼. 无线局域网设计与实现[M]. 杭州：浙江大学出版社，2007.

[6] 陆健贤，等. 移动通信分布系统原理与工程设计[M]. 北京：机械工业出版社，2008.

[7] 中华人民共和国工业和信息化部. YD/T 5120—2015 无线通信室内覆盖系统工程设计规范[S]. 北京：人民邮电出版社，2015.